高等职业教育教材

水污染控制技术

▶ 杨 巍 主编

▶ 林晓萍 赵九妹 副主编

SHUIWURAN
KONGZHI
JISHU

化学工业出版社

·北京·

内容简介

本书紧密结合水污染治理行业岗位工作实际，采用任务驱动编写模式，每一任务均包含学习目标、任务描述、任务实施、知识储备、技能训练等内容。以任务的完成带动理论知识和操作技能的学习，同时理论知识为技能训练打下坚实的理论基础，提高理论水平和操作技能。任务实施以任务单形式呈现，便于课前预习，也可作为随堂测验，检验掌握情况。

本书分为 5 个情境。情境 1 主要介绍有关污水、水体污染等污水处理必备的基础知识，情境 2 主要介绍污水水量水质调节的方法及构筑物、污水中油类物质和较粗大悬浮物等的去除方法及构筑物，情境 3 主要介绍污水中有机污染物的去除方法、工艺、构筑物，情境 4 主要介绍污水中细小悬浮颗粒、胶体物质、微量重金属离子、难降解有机物、病原微生物的去除方法及构筑物，情境 5 主要介绍污泥浓缩、消化、脱水、焚烧、最终处置的方法、途径及构筑物。

本书体现了党的二十大报告"推进教育数字化"，开发了配套微课、动画和图片数字资源，可通过扫描书中二维码获取。

本书为高等职业教育环境保护类专业的教材，也可作为污水处理职业技能等级培训的参考书，还可供污水处理厂（站）操作及管理岗位等相关工程技术人员参考。

图书在版编目（CIP）数据

水污染控制技术 / 杨巍主编；林晓萍，赵九妹副主
编. -- 北京：化学工业出版社，2024. 10. -- ISBN
978-7-122-46411-8

Ⅰ. X520.6

中国国家版本馆 CIP 数据核字第 2024M5U596 号

责任编辑：李仙华 　　　　　　　　　　文字编辑：张　琳　杨振美
责任校对：宋　夏 　　　　　　　　　　装帧设计：张　辉

出版发行：化学工业出版社（北京市东城区青年湖南街 13 号　邮政编码 100011）
印　　装：北京科印技术咨询服务有限公司数码印刷分部
787mm×1092mm　1/16　印张 14　字数 340 千字　2025 年 1 月北京第 1 版第 1 次印刷

购书咨询：010-64518888 　　　　　　　　售后服务：010-64518899
网　　址：http : //www.cip.com.cn
凡购买本书，如有缺损质量问题，本社销售中心负责调换。

定　　价：48.00 元

2024 年全国生态环境保护工作会议指出，坚持精准、科学、依法治污，持续深入打好蓝天、碧水、净土保卫战，强化固体废物和新污染物治理。党的十八大以来，国家明确提出"节水优先、空间均衡、系统治理、两手发力"的治水思路。党的二十大报告提出，推动绿色发展，促进人与自然和谐共生。水污染治理工作需要大量能够满足行业、企业需要的，能够在生产、技术、管理和服务第一线工作的实用型、复合型人才，针对此现状，我们编写了本书。

本书打破了传统教材学科体系的构建模式，采用任务驱动的教材模式，将废水处理过程所涉及的主要单元采用"情境 任务"形式进行展现，介绍了废水处理包含的物理处理、化学处理、物理化学处理、生物处理技术以及污泥处理包含的减量化、稳定化、资源化处理技术，既包括传统的废水处理技术，又有近年来国内外发展迅速的新技术。

本书包括5个情境，即认识污水、污水的一级处理、污水的二级处理、污水的三级处理、污泥的处理与处置。每一情境紧密结合水污染治理行业岗位对高技能型人才在知识、能力、素质等方面的实际需求，强调知识的实用性，建立了以职业能力、职业素质培养为目标，以行动为导向，以工作任务为核心，以学生为主体，以真实岗位活动情境为载体，以实训为手段的内容体系。此外，借助污水处理仿真软件操作项目进行技能训练，将理论知识与实践操作相结合。

本书由辽宁石化职业技术学院杨巍主编，辽宁地质工程职业学院林晓萍、锦州师范高等专科学校赵九妹副主编，辽阳职业技术学院刘娇娇、辽宁生态工程职业学院邢献予参编。具体编写分工如下：情境1由赵九妹编写；情境2由刘娇娇编写；情境3由杨巍编写；情境4中的任务1、任务2、任务3由赵九妹编写，任务4、任务5、任务6由邢献予编写；情境5由林晓萍编写。全书由杨巍统稿修改完成。辽宁石化职业技术学院温泉教授对本书进行了全面审核，并给予了许多指导性意见和建议，在此表示衷心感谢。

本书在编写过程中参考了相关文献资料，得到了企业专家的宝贵意见和建议。辽宁辽东水务控股有限责任公司王剑哲高级工程师对书稿进行了审阅。书中仿真软件及部分插图为北京东方仿真软件技术有限公司提供。在此，谨对文献资料的原作者、企业专家、北京东方仿真软件技术有限公司表示诚挚的谢意！

本书配套了重要知识点的微课、动画和图片数字资源，可通过扫描书中二维码获取。同时，还提供了多媒体课件 PPT，可登录 www.cipedu.com.cn 免费下载。

由于编者知识水平有限，书中难免出现疏漏和不妥之处，敬请读者批评、指教。

编者

2024 年 8 月

目录

情境 4

污水的三级处理 107

情境 5

污泥的处理与处置

二维码资源目录

情境 1　认识污水

城市污水处理就是利用各种设施设备和工艺技术，将污水所含的污染物质从水中分离去除，使有害的物质转化为无害的物质、有用的物质，从而使水得到净化，资源得到充分利用。通过本情境的学习，掌握污水处理的基本概念、基础知识及基本技能，为后续各情境的学习打下良好的基础。

任务　参观虚拟污水处理厂

素质目标

① 具有较高的政治思想觉悟和职业素养；
② 具有团队意识和相互协作精神；
③ 具有一定的语言表达能力、沟通能力及人际交往能力；
④ 具有事故保护和工作安全意识。

学习目标

●知识目标

① 掌握污水的概念、类型、来源、水质指标、水质标准、处理方法、处理工艺流程等；
② 理解水体污染的概念、实质、类型以及水污染控制的基本原则；
③ 了解世界水资源、中国水资源的状况、特征。

●能力目标

① 具有一定的识图能力；
② 具有绘制简单的污水处理工艺流程图的能力。

任务描述

假如你是一名某污水处理厂的新进污水处理操作工，进行岗前培训时，在系统地学习污水处理工艺流程及处理单元所采用的处理方法、处理构筑物等知识之前，必须对污水有一定的了解，包括污水的类型、来源、存在的污染物、水质指标、处理方法、排放标准等，这样才能更好地理解污水处理所采用的工艺、技术。

 任务实施

任务名称		参观虚拟污水处理厂
任务提要		应掌握的知识点：污水的定义、类型、水质指标、水质标准；水体污染的定义、污染源、污染类型、控制原则；污水处理的方法、技术等级、工艺流程。 应掌握的技能点：解析、绘制简单污水处理流程
任务实施	参观前知识铺垫	1. 什么是污水？ 2. 什么是污泥？ 3. 简述污水处理厂的主要职责
	参观进行中	1. 什么是污水处理工艺流程图？ 2. 什么是污水处理工艺流程？ 3. 什么是城市污水？ 4. 污水的处理方法有哪几种？其作用原理是什么？ 5. 污泥的处理方法有哪些？ 6. 如何划分污水的处理程度的等级？每级的主要任务是什么？ 7. 什么是水质标准？ 8. 城市污水处理厂遵循的污水排放标准是什么？ 9. 水质指标分为哪几大类？ 10. 化学性指标分为哪几类？每类包含哪些常用指标？ 11. 什么是生化需氧量（BOD）？什么是化学需氧量（COD）？ 12. 污水的出路是什么？ 13. 某城市污水处理工艺流程图见图1-1，试描述该工艺流程。 进水 → 粗格栅 → 提升泵房 → 细格栅 → 旋流沉砂池 二沉池 ← 生化池 ← 初沉池 污泥回流比100% 混合池 → 反应沉淀池 → V型滤池 → 清水池 排入河流 剩余污泥 → 污泥浓缩池 → 污泥脱水机 → 泥饼外运 **图1-1　某城市污水处理工艺流程图**
	参观后知识拓展	1. 什么是水体污染？ 2. 水体污染的实质是什么？ 3. 水体污染根据产生原因分为哪两类？ 4. 主要的水体污染物包括哪些？ 5. 简述水体污染控制的基本原则
任务评价	个人评价	
	组内互评	
	教师评价	
任务反思	收获心得	
	存在问题	
	改进方向	

　水污染控制技术

📖 知识储备

一、污水的概念

污水，通常指受一定污染的、来自生活和生产的废弃水。

二、污水的类型

根据污水的来源，可将其分为生活污水和工业污水两大类。生活污水是指人们生活过程中排出的污水，主要包括粪便水、洗浴水、洗涤水和冲洗水等；工业污水是指工业生产中排出的污水。此外，由城镇排出的污水，称为城市污水，其中包括生活污水和工业污水。

根据污水中的主要成分，分为有机污水、无机污水和综合污水。有机污水是指污水中的污染物主要是有机物，如含酚污水；无机污水一般以无机污染物为主，如含氰污水、含汞污水等；综合污水是指污水中含有机污染物、无机污染物，并且两者含量都很高。

根据污水的酸碱性，也可将污水分为酸性污水、碱性污水和中性污水。

本情境主要学习城市污水的处理方法及工艺，城市污水是由城市生活污水、工业废水和城市径流污水汇流而成的污水。

三、水体污染

1. 水体污染的概念

水体污染现象如图1-2所示。水体污染是指排入天然水体的污染物，在数量上超过了该物质在水体中的本底含量和水体环境容量，从而导致水体的物理特征和化学特征发生不良变化，破坏了水中固有的生态系统，破坏了水体的功能及其在经济发展和人民生活中的作用。为了确保人类生存的可持续发展，人们在利用水的同时，必须有效地防治水体污染。

图1-2　水体污染现象

2. 水体污染的实质

水体具有一定的自净能力，但水体的自净能力是非常有限的，若污染物的数量超过水体的自净能力，就会导致水体污染。

（1）水体自净的概念　污染物随污水排入水体后，经过物理的、化学的和生物化学的作用，随着时间的推移，在流动的过程中浓度自然降低或总量减少，受污染的水体部分地或完全地恢复原状，这种现象称为水体自净。

（2）水体自净的过程　水体自净过程是十分复杂的，从净化机理来看，可分为物理净化作用、化学净化作用和生物化学净化作用。物理净化是指通过稀释、混合、沉淀和挥发，使进入水体的污染物浓度降低，但总量不减；化学净化是指通过氧化、还原、中和、分解等过程，使污染物存在的形态和浓度发生变化，但总量不减；生物化学净化是通过水生生物特别是微生物的生命活动，使污染物存在形态发生变化，有机物无机化，有害物无害化，浓度降低，总量减少。由此可见，生物化学净化作用是水体自净的主要原因。上述三种净化过程是交织在一起的。

3. 水体污染源

向水体排放污染物的场所、设备、装置和途径统称为水体污染源。造成水体污染的因素是多方面的，具体归纳为以下几个方面。

（1）工业污染源　工业污染源是向水体排放工业污水的工业场所、设备、装置或途径。工业污水通常分为工艺污水、设备冷却水、原料或成品洗涤水、生产设备和场地冲洗水等污水。污水中常含有生产原料、中间产物、产品和其他杂质等。工业污水具有污染面广、排放量大、成分复杂、毒性大、不易净化和难处理等特点。

（2）生活污染源　生活污染源主要是向水体排放生活污水的家庭、商业、机关、学校、服务业和其他城市公用设施。生活污水包括厨房洗涤水、洗衣机排水、沐浴排水、厕所冲洗水及其他排水等。生活污水中含有大量有机物，氮、磷、硫等无机盐类，以及病原体等多种微生物。

（3）其他污染源　随大气扩散的有毒物质通过重力沉降或降水过程而进入水体，其他污染物被雨水冲刷随地面径流而进入水体等，均会造成水体污染。

图1-3　有机耗氧物质污染

4. 水体主要污染物类型

（1）有机耗氧物质　生活污水和一部分工业污水，如食品工业污水、造纸工业污水等，含有大量的碳水化合物、蛋白质、脂肪和木质素等有机污染物。这类物质排入水体，可以通过微生物的生化作用而分解，在此过程中需要消耗水体中的溶解氧，因而被称为耗氧污染物。大量的耗氧有机物进入水体，势必导致水体中溶解氧急剧下降，因而影响鱼类和其他水生生物的正常生活。严重的还会引起水体变黑、发臭，鱼类大量死亡，如图1-3所示。

（2）植物营养物质　生活污水和某些工业污水，如皮革、食品、炼油、合成洗涤剂等工业产生的污水以及施用磷肥、氮肥的农田排水，含有氮、磷等植物营养物质，这类污水大量地排入水体，会使水体植物营养物质增多，引起藻类及其他浮游生物异常繁殖，分泌生物毒素，并消耗水中的溶解氧，引起鱼类、贝类中毒死亡，甚至能通过食物链危害人体健康。这种现象叫作水体富营养化，如图1-4所示。

图 1-4　水体富营养化

（3）石油类　石油污染多发生在海洋中，如图 1-5 所示。主要来自油船的事故泄漏、海底采油、油船压舱水及陆上炼油厂和石油化工污水。进入海洋的石油在水面形成一层油膜，影响氧气扩散进入水体，因而对海洋生物的生长产生不良影响，降低水体自净能力。石油污染使鱼虾类产生石油臭味，降低海产品的食用价值。此外，石油污染还会破坏优美的海滨风景，降低了作为疗养地、旅游地的使用价值。

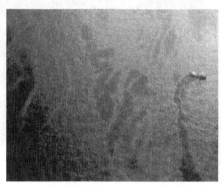

图 1-5　石油污染

（4）有毒化学物质　有毒化学物质污染见图 1-6。有毒化学物质主要是重金属、氰化物和难降解的有机污染物，它们大都来自矿山、冶炼污水等。有毒污染物的种类已达数百种之多，包括 Hg、Cd、Cr、Pb、Ni、Co、Ba 等重金属，多氯联苯、芳香胺等人工合成高分子有机化合物。它们都不易消除，可富集在生物体中，通过食物链危害人类健康。

（5）酸、碱、盐　生活污水、工矿污水、化工污水、废渣和海水倒灌等都能产生酸、碱、盐的污染，使水体含盐量增加，影响水质。

（6）热　工矿企业、发电厂等向水体排放高温污水，使水体温度升高，影响水生生物的生存和水资源的利用。温度升高，使水中溶解氧减少且加速耗氧反应。最终导致水体缺氧和水质恶化。

（7）放射性物质　放射性物质污染见图 1-7。水体中放射性物质主要来源于铀矿开采、选矿、冶炼，核电站及核试验以及放射性同位素的应用等。从长远来看，放射性污染是人类所面临的重大潜在威胁之一。

图 1-6　有毒化学物质污染

（8）病原体　生活污水，医院污水，肉类加工厂、畜禽养殖场、生物制品厂等的污水，常含有病原体，如病毒、病菌和寄生虫。这类污水如不经过适当的净化处理和消毒，流入水体后，会通过各种渠道，引起痢疾、伤寒、血吸虫病等。图1-8为隐藏在水中的蓝氏贾第虫。

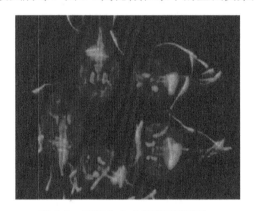

图 1-7　放射性物质污染　　　　　　　图 1-8　隐藏在水中的蓝氏贾第虫

5. 水污染控制的基本原则

（1）宏观性控制对策　控制污染物排放总量，调整优化产业结构与工业结构，大力发展高技术产业，坚持走新型工业化道路，合理进行工业布局，促进传统产业升级，提高高技术产业在工业中的比重。坚持节约发展、清洁发展、安全发展，以实现经济又好又快发展。建设资源节约型、环境友好型社会。

（2）技术性控制对策

① 全面推行清洁生产。清洁生产是通过生产工艺的改进和改革、原料的改变、循环利用以及操作管理的强化等措施，将污染物尽可能地消灭在生产过程之中，使资源循环利用，使污染物排放量减到最少。在工业企业内部加强技术改造，全面推行工业清洁生产，推进资源综合利用，加快淘汰落后的生产能力、工艺、技术和设备，是防治水污染最重要的对策与措施。通过推进工业的清洁生产，使工业用水量降低，这不仅可以节约水资源，而且可使城市污水排放量相应减少，大大削减污染负荷。

② 提高工业用水的重复利用率。工业用水的重复利用率是衡量工业节水程度高低的重要指标。提高工业用水的重复利用率及循环用水率是一项十分有效的节水措施。根据国内外

先进水平及国内实际状况，淘汰落后的、耗水量高的工艺、设备以及产品，规定各种行业的水重复利用率的合理范围，可以促进、提高水的重复利用和循环利用水平。

③ 实行水污染物排放总量控制制度。实施总量控制的途径是对有排污量削减任务的企业实行重点污染物排放量的核定制度。也就是说，对这些企业要按照总量控制的要求分配排污量，超过所分配的排污量的，要限期削减，其排污量的多少，要依照国务院的规定进行核定。实施水污染物排放总量控制是我国环境管理制度的重大转变，对防治水污染起到了积极的促进作用。

④ 推行工业污水与生活污水综合集中处理措施，建设城市污水处理厂。在建有城市污水集中处理设施的城市，应尽可能地将工业污水排入城市排水系统，进入城市污水处理厂与生活污水合并处理。但工业污水的水质必须满足进入城市排水系统的水质标准。对于不能满足标准的工业污水，应在工厂内部先进行适当的局部处理，使水质达到标准后，再排入城市排水系统。

（3）管理性控制对策　管理性控制对策主要包括：进一步完善污水排放标准和相关的水污染控制法规和条例，加大执法力度，严格限制污水的超标排放；规范各单位的污染物排放口，对各排放口和受纳水体进行在线监测，逐步建立完善城市和工业排污监测网络及数据库，建立科学有效的监督和管理机制。

四、污水的水质指标

1. 水质、水质指标概念

水质是指水与水中杂质共同表现的综合特征。水中杂质具体衡量的尺度称为水质指标。污水和受纳水体的物理、化学和生物学等方面的特征是用水质指标来表示的。水质指标是对水体进行监测、评价、利用和污染治理的依据，也是控制污水处理设施运行状态的依据。

2. 物理性指标

（1）水温　水温是污水水质的重要物理性指标之一。污水的水温与其物理、化学、生物学性质密切相关。污水水温过低（低于5℃）或过高（高于40℃）都会影响污水的生物化学处理效果。

（2）色度　生活污水通常呈灰色。当污水中的溶解氧降低至零时，污水中所含有的有机物产生腐败现象，则污水呈黑褐色并有臭味。有色污水常给人以不愉快感，排入环境后又使天然水体着色，减弱水体的透光性，影响水生生物的生长。水的颜色用色度作为指标。色度可由悬浮固体、胶体或溶解物质形成。

（3）臭味　生活污水的臭味主要来自有机物腐败产生的气体。工业污水的臭味主要来自挥发性化合物。臭味会影响感官，甚至会危及人体生理健康，导致呼吸困难、胸闷、呕吐等。

（4）固体物质含量　固体物质按存在形态不同可分为悬浮的、胶体的和溶解的三种。固体物质含量用总固体量（TS）作为指标。将一定量水样于105～110℃干燥箱中烘干至恒重，所得的质量即为总固体量。

悬浮固体（SS）或称悬浮物。将水样用滤纸过滤后，在105～110℃干燥箱中烘干至恒重，所得质量称为悬浮固体量，滤液中存在的固体物质即为胶体和溶解固体。悬浮固体通常由有机物和无机物组成，又分为挥发性悬浮固体（VSS）和非挥发性悬浮固体（NVSS）。将悬浮固体置于 600℃ 马弗炉中灼烧，所失去的质量称为挥发性悬浮固体量；残留的质量为非挥发性悬浮固体量。在生活污水中，前者约占 70%，后者约占 30%。悬浮固体可影响水体的透明度，降低水中藻类的光合作用强度，限制水生生物的正常活动，减缓水底活性，导致水体底部缺氧，使水体同化能力降低。

3. 化学性指标

污水中的污染物质，按化学性质可分为无机污染物和有机污染物。

（1）无机污染物及其指标　无机污染物指标包括酸碱度、氮、磷、无机盐类和重金属离子含量等。

① 酸碱度。酸碱度用 pH 值表示，在数值上等于氢离子浓度的负对数。天然水体的 pH 值多在 6 ~ 9 范围内。当 pH 值范围超出 6 ~ 9 时，会对人、畜造成危害，特别是 pH 值低于 6 的酸性污水，对排水管渠、污水处理构筑物及设备产生腐蚀作用。pH 值是污水化学性质的重要指标。

② 氮、磷。氮、磷是植物的重要营养物质，是污水生物处理过程中微生物所必需的营养物质，同时也是使湖泊、水库、海湾等缓流水体诱发富营养化的主要物质。

③ 硫酸盐与硫化物。污水中的硫酸盐通过硫酸根 SO_4^{2-} 表示。在缺氧的条件下，由于硫酸盐还原菌、反硫化菌的作用，SO_4^{2-} 被还原成 H_2S。在排水管道内，H_2S 在嗜硫细菌的作用下形成 H_2SO_4，对管壁具有严重的腐蚀作用。硫化物在污水中的存在形式有硫化氢（H_2S）、硫氢化物（HS^-）和硫离子（S^{2-}）。硫化物属于还原性物质，能消耗污水中的溶解氧，并能与重金属离子反应，生成金属硫化物的沉淀。

④ 氯化物。生活污水和工业污水中均含有相当数量的氯化物。当氯化物含量高时，会对管道和设备产生腐蚀作用；如灌溉农田，会引起土地板结；氯化物浓度超过 2000mg/L 时，对污水生物处理微生物有抑制作用。

⑤ 非重金属无机有毒物质。

a. 氰化物。氰化物在污水中的存在形式是无机氰化物（如氢氰酸 HCN、氰酸盐 CN^-）和有机氰化物（如丙烯腈 C_2H_3CN）。氰化物是剧毒物质，人体摄入的致死剂量是 0.05 ~ 0.12g。

b. 砷化物。砷化物在污水中的存在形式是无机砷（如亚砷酸盐 AsO_3^{3-}、砷酸盐 AsO_4^{3-}）和有机砷（如三甲基砷）。它们对人体毒性作用强弱的排序为：有机砷＞亚砷酸盐＞砷酸盐。砷能在人体内积累，属致癌物质（皮肤癌）之一。

⑥ 重金属离子。污水中的重金属离子主要有汞、镉、铅、铬、锌、铜、镍、锡等，通常可以通过食物链在动物或人体内富集而产生中毒作用。某些重金属离子在微量浓度时，有益于微生物、动植物和人类；但当浓度超过某一数值时，就会产生毒害作用，特别是汞、镉、铅、铬及其化合物。污水中的重金属难以净化去除。在污水处理过程中，重金属离子的 60% 左右被转移到污泥中，往往使污泥中的重金属含量超过污泥农用时的污染物控制标准限值。因此，对含有重金属离子的工业污水，必须在企业内进行局部处理。

（2）有机污染物综合指标　由于有机物种类繁多，对其进行详细区分和逐一定量较难。但可根据有机物都能被氧化的这一共同特性，用氧化过程所消耗的氧量作为衡量有机物总量的综合指标，进行定量。

① 生物化学需氧量（BOD）。生物化学需氧量也称生化需氧量，指在水温为 20℃ 条件下，

由于微生物的活动，水中能分解的有机物完全氧化分解时所消耗的溶解氧量，单位为 mg/L。当温度在 20℃时，一般的有机物需要 20 天左右才能基本完成氧化分解过程，而要全部完成此过程则需 100 多天。因此，目前国内外普遍规定在 20℃条件下，以培养 5 天作为测定生化需氧量的标准，测得的生化需氧量称为五日生化需氧量，用 BOD_5 表示。

在实际工作中常用五日生化需氧量 BOD_5 作为可生物降解有机物的综合浓度指标。

② 化学需氧量（COD）。化学需氧量（COD）是在酸性条件下，利用强氧化剂将有机物氧化成 CO_2 和 H_2O 所消耗的氧量，单位为 mg/L。我国规定用重铬酸钾（$K_2Cr_2O_7$）作为强氧化剂来测定污水的化学需氧量，其测得的值通常用 COD_{Cr} 来表示。重铬酸钾的氧化能力极强，能氧化分解有机物的种类多，如对直链脂肪烃的氧化率可达 80% ~ 90%。另外，也用高锰酸钾作为氧化剂，其氧化能力较重铬酸钾弱，但测定方法比较简便，在测定有机物含量的相对比较值时采用。如果污水中有机物的数量和组成相对稳定，COD 和 BOD 之间能有一定的比例关系，可以互相推算求定。对一定的污水而言，通常 COD > BOD，两者的差值大致等于难生物降解的有机物量。因此根据 BOD_5/COD_{Cr} 的大小，可以推测污水是否适宜采用生化技术进行处理。BOD_5/COD_{Cr} 的大小称为污水的可生化性指标，比值越大，越适宜采用生化处理技术。

③ 总需氧量（TOD）。总需氧量（TOD）是指有机物中的 C、H、N、S 等组成元素被氧化成稳定的氧化物时所消耗的氧量，单位为 mg/L。TOD 用总需氧量分析仪进行测定。将一定量的水样，在含有一定浓度氧气的氮气载带下，自动注入内填铂催化剂的高温石英燃烧管，在 900℃高温下瞬间燃烧，使水样中的有机物燃烧氧化。由于氧被消耗，供燃烧用的气体中氧的浓度降低，经氧燃料电池测定气体载体中氧的降低量，测得结果在记录仪上以波峰形式显示，TOD 值即可根据试样波峰的高度求出。由于在高温下燃烧，有机物可被彻底氧化，所以 TOD > COD。

④ 总有机碳（TOC）。总有机碳（TOC）是以碳的含量表示水体中有机物总量的综合指标，单位为 mg/L。TOC 的测定采用燃烧法，能将有机物全部氧化，比 BOD 或 COD 更能直接表示有机物的总量，因此，常常被用来评价水体中有机物污染的程度。近年来，国内外已研制出各种类型的 TOC 分析仪。其中燃烧氧化 - 非分散红外吸收法流程简单、重现性好、灵敏度高，只需一次性转化。因此，这种 TOC 分析仪被广泛应用。

TOD 和 TOC 的测定原理相同，但有机物数量的表示方法不同。前者用消耗的氧量表示，后者用含碳量表示。

4. 生物性指标

污水中的微生物以细菌和病毒为主。生活污水、食品工业污水、制革污水、医院污水等含有肠道病原菌、寄生虫卵、炭疽杆菌和病毒等。因此，了解污水的生物学性质具有重要意义。

（1）总大肠菌群数　总大肠菌群数（MPN）是以在 100mL 水样中可能存活的大肠菌群的总数表示。大肠菌本身虽非致病菌，但由于大肠菌与肠道病原菌都存活于人类的肠道内，在外界环境中生存条件相似，而且大肠菌的数量多，检测比较容易，因此常采用总大肠菌群数作为卫生学指标。水中存在大肠菌，就表明该污水受到粪便污染，并可能存在着病原菌。

（2）细菌总数　细菌总数以 1mL 水样中的细菌菌落总数表示，是大肠菌群数、病原菌、病毒及其他腐生细菌的总和。细菌总数越多，表示病原菌和病毒存在的可能性越大。

（3）病毒　检出大肠菌，可表明肠道病原菌存在，但不能表明是否存在病毒和炭疽杆菌等其他病原菌，因此还需检测病毒指标。

综上所述，用总大肠菌群数、细菌总数和病毒等卫生学指标来评价污水受生物污染的程度比较全面。

五、污水的水质标准

水质标准是对水质指标作出的定量规范，包括国务院各主管部委、局颁布的国家标准以及省级颁布的地方标准等。具体可以归纳为水域水质标准和排水水质标准两大类。

城市污水处理厂遵循的污水排放标准是《城镇污水处理厂污染物排放标准》（GB 18918—2002），其基本控制项目如表 1-1 所示。该标准中其他污染物排放浓度见附录一。

表 1-1　基本控制项目最高允许排放浓度（日均值）

序号	基本控制项目		一级标准		二级标准	三级标准
			A 标准	B 标准		
1	化学需氧量（COD）/（mg/L）		50	60	100	120[①]
2	生化需氧量（BOD$_5$）/（mg/L）		10	20	30	60[①]
3	悬浮物（SS）/（mg/L）		10	20	30	50
4	动植物油 /（mg/L）		1	3	5	20
5	石油类 /（mg/L）		1	3	5	15
6	阴离子表面活性剂 /（mg/L）		0.5	1	2	5
7	总氮（以 N 计）/（mg/L）		15	20	—	—
8	氨氮（以 N 计）[②]/（mg/L）		5（8）	8（15）	25（30）	—
9	总磷（以 P 计）/（mg/L）	2005 年 12 月 31 日前建设的	1	1.5	3	5
		2006 年 1 月 1 日起建设的	0.5	1	3	5
10	色度（稀释倍数）		30	30	40	50
11	pH		6 ～ 9			
12	粪大肠菌群数 /（个 /L）		10^3	10^4	10^4	—

① 下列情况下按去除率指标执行：当进水 COD 大于 350mg/L 时，去除率应大于 60%；BOD 大于 160mg/L 时，去除率应大于 50%。

② 括号外数值为水温＞ 12℃时的控制指标，括号内数值为水温≤ 12℃时的控制指标。

六、污水处理方法

按其作用原理不同，污水处理方法分为物理处理法、化学处理法、物理化学处理法和生物化学处理法四类。

（1）物理处理法　通过物理作用，分离、回收污水中不溶解的呈悬浮状态的污染物（包括油膜和油珠）。主要方法有筛滤、沉淀、上浮、离心分离、过滤等。

（2）化学处理法　通过化学反应，分离去除污水中处于溶解、悬浮或胶体状态的污染物。主要方法有中和、氧化还原、化学沉淀、电解等。

（3）物理化学处理法　通过物理化学作用去除污水中的污染物。主要方法有混凝、气浮、吸附、离子交换、膜分离等。

（4）生物化学处理法　利用微生物的代谢作用，使污水中呈溶解、胶体状态的有机污染物转化为稳定的无害物质。

七、污水处理技术分级

按处理程度不同，现代污水处理技术可分为一级、二级和三级处理。

① 一级处理，主要去除污水中悬浮固体和漂浮物质，同时还通过中和或均衡等预处理对污水进行调节以便排入受纳水体或二级处理装置。经过一级处理后，污水的 BOD 一般只去除 30% 左右，达不到排放标准，仍需进行二级处理。

② 二级处理，主要去除污水中呈胶体和溶解状态的有机污染物，主要采用生物处理等方法，BOD 去除率可达 90% 以上，处理水可以达标排放。

③ 三级处理，是在一级、二级处理的基础上，对难降解的有机物、磷和氮等营养物质进一步处理。三级处理有时也称为深度处理，但两者又不完全相同。三级处理常用于二级处理之后，而深度处理则是以污水的再生、回用为目的，在一级或二级处理后增加的处理工艺。污水再生回用的范围很广，如工业上的重复利用、用于水体的补给水源、成为生活杂用水等。

八、污水处理工艺流程

污水处理工艺流程是用于某种污水处理的工艺方法的组合。图 1-9 所示的是城市污水处理工艺的典型流程。由于 BOD 是城市污水的主要去除对象，因此处理系统的核心是生物处理设备。

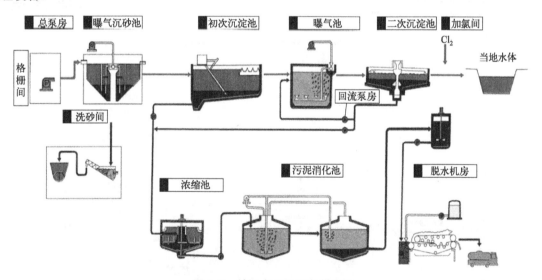

图 1-9　某污水处理厂工艺流程

用文字、方框、箭头（实线、虚线）表示的污水处理工艺流程的简图称为污水处理工艺流程图。处理污水的工艺方法体现在工艺流程图上为方法对应的处理构筑物或设备的名称。流程选择时应注重整体最优，而不只是追求某一环节的最优。不同类型污水的处理流程不同，同一类型污水的处理流程也不尽相同。

九、污水的出路

1. 排放水体

污水排入水体应以不破坏该水体的原有功能为前提。一般污水排放口均建在取水口的下游，以免污染取水口的水质。

2. 污水回用

经过处理的城市污水被看作水资源而回用于城市或再用于农业和工业等领域。但必须十分谨慎，以免造成危害。

污水回用应满足下列要求：①对人体健康不应产生不良影响；②对环境质量和生态系统不应产生不良影响；③对产品质量不应产生不良影响；④应符合应用对象对水质的要求或标准；⑤应为使用者和公众所接受；⑥回用系统在技术上可行、操作简便；⑦价格应比自来水低廉；⑧应有安全使用的保障。

城市污水回用领域有：城市生活用水和市政用水，农业、林业、渔业、畜牧业、工业用水，地下水回灌等其他方面。

 技能训练

根据图 1-10 的污水处理工艺流程，完成技能训练题。

① 写出污水的走向。

② 污水处理分为几级？

③ 一级处理包括哪些构筑物？

二维码 1-1

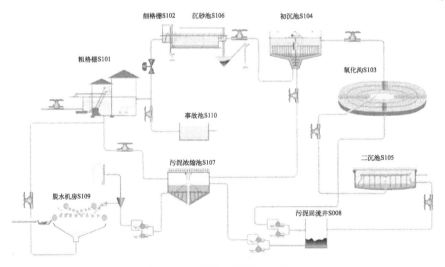

图 1-10　氧化沟工艺总貌图

 情境任务评价

完成任务评价表，见表 1-2。

表 1-2　情境 1 任务评价表

学生信息		考核项目及赋分										
		基本项及赋分						技能项及赋分	加分项及赋分			情境考核及赋分
学号	姓名	出勤(5分)	态度(8分)	任务单(20分)	作业(10分)	合作(2分)	值日(2分)	仿真操作(20分)	拓展问题(10分)	拓展任务(10分)	组长(3分)	综合考核(10分)
1												
2												
3												
...												
评价人												

✈ 阅读材料

彭永臻院士：永远前行　臻于至善

彭永臻院士是污水处理领域的知名专家，他教书育人、科研探索 40 余载，一直坚守在教学和科研的第一线，始终把国家的需要作为自己的研究与攻关方向，培养了一大批污水处理行业的技术骨干，其科研成果为推动城市污水处理事业的发展作出了积极贡献。

彭永臻是农场里走出来的大学生，在那个教育机会非常稀缺的时代，院校、专业的选择空间都很小。"假如给我一个读中专的学习机会，我也会很珍惜。因为我对学习、进步、创造价值的渴望是无限的。"彭永臻说。虽然"选择有限"，但是彭永臻还是在求学过程中一步步找到了自己的研究方向。1984 年，作为新中国第一届获得硕士学位的年轻学者，彭永臻到日本留学了两年。看到日本当时先进的污水处理技术，彭永臻既感到震撼，也有了干劲。他决心在污水处理领域继续深耕，让中国的技术造福于中国的环境。

中国的污水处理技术几乎从零起步，逐步发展到了世界先进水平，彭永臻及其团队在其中作出了重要贡献。彭永臻说："对于我们这个学科、我国污水处理技术的长久发展来说，下一代人才的培养是重中之重，这是我目前最关心的事情之一。"彭永臻获得了 2021 年度何梁何利基金科学与技术进步奖，他把全部奖金 20 万港币捐献给了北京工业大学教育基金会，用于资助和奖励该校环境保护领域的创新型人才。

2021 年 7 月，彭永臻出席了庆祝中国共产党成立 100 周年大会。作为一名科研生涯与党龄同岁的老党员、科技工作者，彭永臻感慨说："'江山就是人民，人民就是江山'是最触动我的一句话。我们污水处理事业的一代代科研工作者，要为祖国的碧水蓝天，为实现中华民族伟大复兴的中国梦作出更大贡献。"

👥 感悟

彭永臻在日本留学期间，为了心中科技报国的理想而夜以继日地刻苦拼搏，即使在中秋夜独处异乡倍感凄凉时，一想起自己的责任，又觉得充满了力量。同学们，读了彭永臻院士的事迹后你们是不是思绪万千、心潮澎湃，同时也深感重任在肩。

情境 2
污水的一级处理（预处理）

污水中的悬浮固体、漂浮物、油类物质等污染物，在尺寸上和性质上对污水输送、贮存设备的影响较大，对后续生化处理单元或化学处理单元影响较大，所以要通过一级处理（预处理）将它们除去，同时对污水的流量和水质进行调节以便排入二级处理装置。

【情境导引任务】了解污水一级处理

素质目标

① 具有较高的政治思想觉悟和职业素养；
② 具有团队意识和相互协作精神；
③ 具有一定的语言表达能力、沟通能力及人际交往能力；
④ 具有事故保护和工作安全意识。

任务描述

通过自主学习，写出图 2-1 工艺流程图中的一级处理构筑物（按污水的走向），并记住它们的名称。

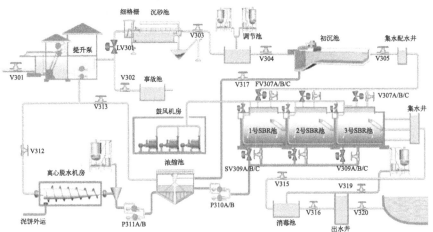

图 2-1　SBR 工艺流程图

完成以下问题。

1. 污水一级处理的主要任务是什么？
2. 为什么要设置一级处理？
3. 污水一级处理采用的主要处理方法（大类）有哪些？
4. 污水一级处理常用的处理构筑物（设备）有哪些？

二维码 2-1

任务 2-1　格栅故障的排除

学习目标

●知识目标

① 理解污水中较粗大悬浮物的去除意义；
② 掌握筛滤的原理及主要构筑物；
③ 掌握格栅的类型、构造和工作过程。

●能力目标

能够处理格栅常见故障。

任务描述

如果你是一名某城市污水处理厂的操作工，现在细格栅除污机出现了格栅耙子捞不上栅渣的故障，应该如何排除此故障？

任务实施

任务名称		格栅故障的排除
任务提要		应掌握的知识点：格栅的类型、构造、工作过程等；筛滤的原理。 应掌握的技能点：格栅常见故障的处理
任务实施	基本 技术信息	该污水处理厂工艺流程图见图 2-1。 根据流程图思考如下问题： 1. 格栅的位置在哪里？ 2. 格栅的主要作用是什么？ 3. 城市污水处理厂一般设置几道格栅？ 4. 粗格栅和细格栅的主要区别是什么？ 5. 简述提升泵房的作用
	知识铺垫	1. 格栅的基本组成有哪些？ 2. 格栅的主要类型有哪些？ 3. 格栅故障的类型有哪些？ 4. 格栅的安装角度是多少？ 5. 什么是栅渣？ 6. 简述格栅采用的处理方法
	任务 完成过程	1. 分析格栅故障的产生原因。 2. 制订排障方案

任务实施	技能拓展	格栅的常见故障如下，试描述其排除方法。 常见故障 1：格栅启动频繁。 常见故障 2：格栅在中途突然停止运行
任务评价	个人评价	
	组内互评	
	教师评价	
任务反思	收获心得	
	存在问题	
	改进方向	

 ## 知识储备

一、筛滤作用

筛滤是指去除污水中粗大的悬浮物和杂物，以保证后续处理设施能正常运行的一种预处理方法。筛滤的构件包括金属棒、金属条、金属网、金属网格或金属穿孔板。其中由平行的金属棒和金属条构成的称为格栅；由金属丝织物或金属穿孔板构成的称为筛网。

格栅去除的是可能堵塞水泵机组及管道阀门的较粗大的悬浮物，而筛网去除的是用格栅难以去除的呈悬浮状的细小纤维。

二、格栅

格栅一般安装在污水处理流程的前端，用以截留污水中较大的悬浮物、漂浮物、纤维物质和固体颗粒物质等，以便保证后续处理构筑物的正常运行和减轻处理负荷。

被截流的物质称为栅渣，其含水率为 70% ～ 80%，容重约为 $750g/m^3$。

根据格栅上截留物的清除方法不同，可将格栅分为人工清除格栅和机械格栅两类。当截留物量大时，一般应采用机械清渣，以减少工人劳动量。

1. 人工清除格栅

人工清除格栅只适用于污水处理量不大或截留的污染物量较少的场合。格栅与水平成 45°～ 60°倾角安装，栅条间距视污水中固体颗粒的大小而定，污水从间隙流过，固体颗粒被截留，然后人工定期清除。图 2-2 为人工清除格栅示意图。

图 2-2　人工清除格栅示意图

2. 机械格栅

机械格栅适用于大型污水处理厂和需要经常清除大量截留物的场合。一般与水平面成

60°～70°倾角安装。

（1）链条式格栅除污机　链条式格栅除污机如图 2-3 所示。

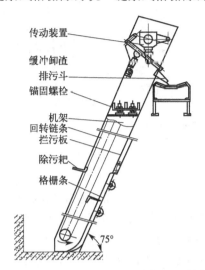

图 2-3　链条式格栅除污机

该格栅是经传动装置上的两条回转链条循环转动，固定在链条上的除污耙在随链条循环转动的过程中，将栅条上截流的栅渣提升上来后，由缓冲卸渣装置将除污耙上的栅渣刮下，掉入排污斗排出。链条式格栅除污机适用于深度较小的中小型污水处理厂。

（2）循环齿耙除污机　循环齿耙除污机如图 2-4 所示。

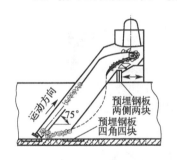

图 2-4　循环齿耙除污机

图 2-5　钢丝绳牵引式格栅除污机

该格栅的特点是无格栅条，格栅由许多小齿耙相互连接组成一个巨大的旋转面。工作时经传动装置带动这个由小齿耙组成的旋转面循环转动，在小齿耙循环转动的过程中，将截流的栅渣带出水面至格栅顶。栅渣通过旋转面的运行轨迹变化完成卸渣过程。循环齿耙除污机属细格栅，格栅间隙可做到 0.5～15mm，此类格栅适用于中小型污水处理厂。

（3）钢丝绳牵引式格栅除污机　钢丝绳牵引式格栅除污机如图 2-5 所示。该除污机的传动装置带动两根钢丝绳牵引除渣耙，耙和滑块沿槽钢制的轨道移动，靠自身重力下移到低位后，耙的自锁栓碰开自锁撞块，除渣耙向下摆动，耙齿插入格栅间隙，然后由钢丝绳牵引向上移动，清除栅渣。除渣耙上移到一定位置后，抬耙导轨逐渐抬起，同时刮板自动将耙上的栅渣刮到栅渣槽中。此类格栅适用于中小型污水处理厂。

（4）回转式格栅除污机　回转式格栅除污机如图 2-6 所示。

二维码 2-2

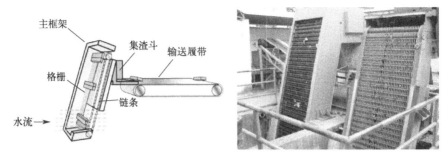

图 2-6　回转式格栅除污机

格栅采用间距相等的直线形栅条，以倾斜方式安装，并在栅前采用循环链条牵引的前置式齿耙进行除污。

二维码 2-3

格栅栅条上下端紧固，栅条笔直，在背水面与水平线成 75° 夹角，布置在渠的整个宽度范围内。栅条高出渠中最高水位线。栅条被焊在格栅框上，按规定的栅隙有序地排列。卸料板经过加固，由格栅的顶部起延至排污处。

在栅框的两内侧各有一个不锈钢环链带动齿耙。齿耙从格栅背面落下，从正面升起。环链与正、反面上部和下部链轮相咬合。在进水面处，下部导轮和齿轮用钢板在导向装置间保护起来，设计成封闭状，可避免杂物进入牵引链和导轮之间。格栅的安装使渠道内的污水全部流经格栅，并在水渠两侧无死坑。格栅底部在安装上应确保齿耙在整个格栅高度范围内便于除污，并防止格栅底部积聚垃圾。

根据格栅栅条净间隙不同，可分为粗格栅（50 ～ 100mm）、中格栅（10 ～ 50mm）和细格栅（1.5 ～ 10mm），如图 2-7 和图 2-8 所示。

图 2-7　粗格栅

图 2-8　细格栅

根据格栅形状不同，可分为平面格栅和曲面格栅两种，如图 2-9 和图 2-10 所示。

格栅所截留的污染物数量与地区的情况、污水流量以及栅条的间距等因素有关。可参考如下数据：当栅条间距为 16 ～ 25mm 时，栅渣截留量（以污水体积计）为 0.10 ～ 0.05m³/（1000m³）；当栅条间距为 40mm 左右时，栅渣截留量为 0.03 ～ 0.01m³/（1000m³）。

三、筛网

某些悬浮物用格栅不能截留，也难以通过重力沉降去除，常会给后续处理构筑物或设备带来麻烦，可采用筛网过滤来分离和回收。筛网一般由金属丝织物或穿孔板构成，孔眼直径为 0.5 ～ 1.0mm。筛网主要用于去除纺织、造纸、制革、洗毛等工业污水中所含细小纤维状的悬浮物质。

图 2-9 平面格栅　　　　　图 2-10 曲面格栅

1. 转鼓式筛网

图 2-11 所示是用于从制浆造纸工业污水中回收纸浆纤维的转鼓式筛网。转鼓绕水平轴旋转，鼓面圆周线速度约为 0.5m/s。污水由鼓外进入，通过筛网的孔眼过滤，流入鼓内。纤维被截留在鼓面上，在其转出水面后经挤压轮挤出脱水，再用刮刀刮下回收。筛网孔眼的大小，按每平方米筛网截留 20 ～ 70g 纤维来考虑。

2. 水力旋转筛网

水力旋转筛网如图 2-12 所示。

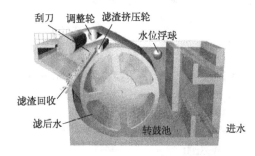

图 2-11 转鼓式筛网

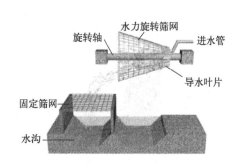

图 2-12 水力旋转筛网

水力旋转筛网由锥筒旋转筛和固定筛组成。锥筒旋转筛呈截头圆锥形，中心轴水平，水从圆锥体的小端流入，从筛孔流入集水装置，在从小端流到大端的过程中纤维状的杂物被筛网截留，被截留的杂物沿筛网的斜面落到固定筛上，进一步脱水。旋转筛的小端用不透水的材料制成，内壁有固定的导水叶片，当进水射向导水叶片时推动锥筒旋转。

 技能训练

细格栅除污机出现了格栅耙子捞不上栅渣的故障，分析故障产生原因并提出排障方案。
① 故障产生原因：格栅耙子松动，与栅面之间间隙过大。
② 排障方案：调整耙子上的调节弹簧，使耙子与栅面贴紧。

任务 2-2 曝气沉砂池沉砂中有机物含量偏高的处理

学习目标

● 知识目标
① 理解污水中密度较大的无机颗粒物去除意义；
② 掌握沉淀法的原理；
③ 掌握沉砂池的类型、构造、工作过程等。

● 能力目标
能够熟练进行曝气沉砂池沉砂中有机物含量偏高的处理操作。

任务描述

某城市污水处理厂的曝气沉砂池出现了沉砂中有机物含量偏高（30%）的问题（正常含量为 10%），应该如何处理此问题呢？

任务实施

任务名称		曝气沉砂池沉砂中有机物含量偏高的处理
任务提要		应掌握的知识点：沉砂池的类型、构造、工作过程等，沉淀法的原理。 应掌握的技能点：曝气沉砂池有机物含量偏高的处理
任务实施	基本技术信息	1. 该污水处理厂工艺流程图见图 2-13。 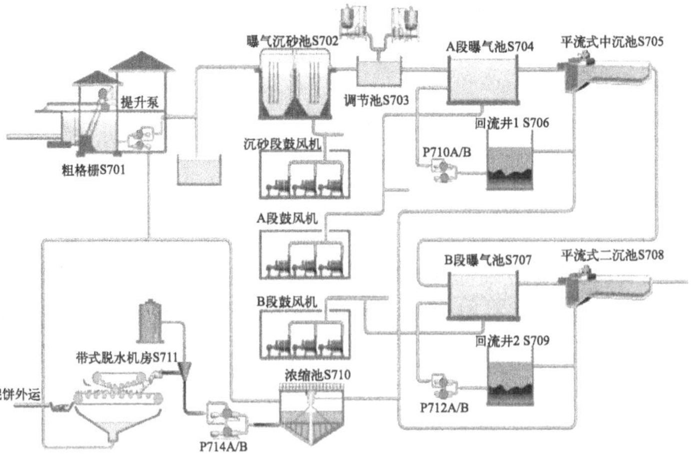 **图 2-13 某污水处理厂工艺流程图（AB 工艺流程图）** 根据流程图思考如下问题： （1）写出污水的走向。 （2）写出一级处理的主要构筑物。 （3）沉砂池设置在什么位置？ （4）沉砂池的作用是什么？ 二维码 2-4

任务实施	**基本技术信息**	2. 根据图 2-14 描述曝气沉砂池的构造。 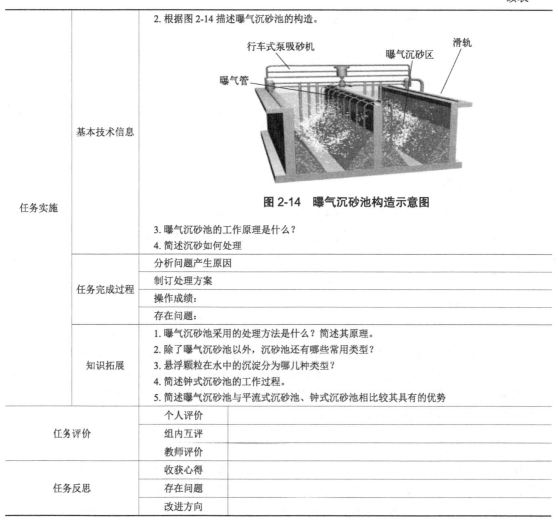 **图 2-14 曝气沉砂池构造示意图** 3. 曝气沉砂池的工作原理是什么？ 4. 简述沉砂如何处理
	任务完成过程	分析问题产生原因
		制订处理方案
		操作成绩：
		存在问题：
	知识拓展	1. 曝气沉砂池采用的处理方法是什么？简述其原理。 2. 除了曝气沉砂池以外，沉砂池还有哪些常用类型？ 3. 悬浮颗粒在水中的沉淀分为哪几种类型？ 4. 简述钟式沉砂池的工作过程。 5. 简述曝气沉砂池与平流式沉砂池、钟式沉砂池相比较其具有的优势
任务评价	个人评价	
	组内互评	
	教师评价	
任务反思	收获心得	
	存在问题	
	改进方向	

 **知识储备**

一、沉淀法概述

沉淀是水中悬浮颗粒在重力作用下下沉，从而与水分离，使水得到澄清的方法。这种方法简单易行，分离效果好，在水处理过程中，几乎是不可缺少的重要工艺技术。

沉淀可以去除污水中的砂粒、化学沉淀物、混凝处理所形成的絮体和生物处理的污泥，也可用于沉淀污泥的浓缩。

根据水中悬浮颗粒的浓度、性质及其凝聚特性的不同，沉淀现象通常可分为以下类型。

（1）自由沉淀 水中悬浮物浓度不高，不具有凝聚的性能，也不互相黏合、干扰，其形状、尺寸、密度等均不发生改变，下沉速度恒定。如在沉砂池中，砂粒的沉降便是典型的自由沉淀。

（2）絮凝沉淀 当水中的悬浮物浓度不高但有凝聚性时，沉淀过程中悬浮物颗粒相互凝聚，其粒径和质量增大，沉淀速度加快，沉速随深度而增加。经过化学混凝的水中颗粒的沉淀即属絮凝沉淀。

（3）拥挤沉淀　当水中悬浮物的浓度比较高时，在沉淀过程中发生颗粒间的相互干扰，悬浮物颗粒互相牵扯形成网状"絮毯"整体下沉，在颗粒群与澄清水层之间存在明显的交界面，并逐渐向下移动，因此又称成层沉淀。活性污泥法后的二次沉淀池以及污泥浓缩池中的初期情况均属这种沉淀类型。

（4）压缩沉淀　当悬浮固体浓度很高时，颗粒互相接触，互相支撑，在上层颗粒的重力作用下，下层颗粒间隙中的水被挤出，颗粒相对位置不断靠近，颗粒群体被压缩。污泥浓缩池中污泥的浓缩过程属此沉淀类型。

二、沉砂池

沉砂池的作用是去除密度较大的无机颗粒。一般设在污水处理厂的前端，以减轻无机颗粒对水泵和管道的磨损；也可设在初次沉淀池前，以减轻沉淀池负荷及改善污泥处理构筑物的处理条件。

常用的沉砂池有平流式沉砂池、曝气沉砂池和钟式沉砂池。

1. 平流式沉砂池

平流式沉砂池如图 2-15 所示。平流式沉砂池由入流渠、出流渠、闸板水流部分及沉砂斗组成，水流部分实际上是一个加深加宽的明渠，闸板设在两端，以控制水流，池底设 1～2 个沉砂斗，利用重力排砂，也可用射流泵或螺旋泵排砂。污水在池内沿水平方向流动，具有截留无机颗粒物效果好、工作稳定、构造简单和排砂方便等优点。缺点是沉砂中夹杂着约 15% 的有机物，使沉砂的后续处理难度较大。

2. 曝气沉砂池

曝气沉砂池如图 2-14 和图 2-16 所示。曝气沉砂池呈矩形，池底一侧设有集砂槽。曝气装置设在集砂槽一侧，使池内水流产生与主流垂直的横向旋流运动，无机颗粒之间互相碰撞与摩擦的机会增加，从而磨去表面附着的有机物。此外，在旋流产生的离心力作用下，相对密度较大的无机颗粒被甩向外层并下沉，相对密度较小的有机物旋至水流中心部位随水带走，使沉砂池中的有机物含量低于 10%。集砂槽中的砂可采用机械刮砂、空气提升器或泵吸式排砂机排除。曝气沉砂池的优点是可以通过调节曝气量，控制污水的旋流速度，使除砂效率较稳定，受流量变化影响较小。同时，还对污水起预曝气作用。

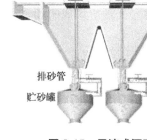

图 2-15　平流式沉砂池

图 2-16　曝气沉砂池

二维码 2-5

曝气沉砂池与平流式沉砂池、钟式沉砂池相比，其优势在于池中设有曝气设备，此外，它还具有预曝气、脱臭、防止污水厌氧分解、除泡以及加速污水中油类的分离等作用。曝气沉砂池中有机物的含量低于5%。

3. 钟式沉砂池

钟式沉砂池如图2-17所示。它是利用机械力控制水流流态，加速砂粒的沉淀并使有机物随水流带走的沉砂装置。沉砂池由流入口、流出口、沉砂区、砂斗、砂提升管、排砂管、压缩空气输送管、电动机及变速箱组成。污水由流入口切线方向流入沉砂区，利用电动机及传动装置带动转盘和斜坡式叶片，在离心力的作用下，污水中密度较大的砂粒被甩向池壁，掉入砂斗，有机物则留在污水中。调整转速可获最佳沉砂效果。沉砂用压缩空气经砂提升管、排砂管清洗后排出，清洗水回流至沉砂池。根据设计污水量的大小，钟式沉砂池可分为不同型号。

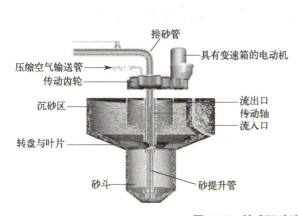

图2-17 钟式沉砂池

沉砂送入砂水分离器（图2-18和图2-19），砂水分离器是沉砂池除砂系统的配套设备，其作用是将城市污水处理或工业废水处理中的沉砂池排出的砂水混合液进行砂水分离。

图2-18 砂水分离器　　　　图2-19 工作中的砂水分离器

技能训练

曝气沉砂池沉砂中有机物含量偏高，分析问题产生原因并提出处理方案。

（1）问题产生原因

城市污水（主要包括生活污水和工业污水）的水质水量是不稳定的，当处理负荷突然增大，进水悬浮固体（SS）含量增大，而曝气强度并没有改变。

（2）处理方案

① 减小曝气沉砂池鼓风机入口旁通阀的开度（开度＜10，但要＞0）。

② 增大曝气沉砂池曝气量，开大空气管阀门开度（不小于80）。

③ 曝气强度达到 $0.1 \sim 0.2 m^3$ 气 /m^3 水，观察沉砂池出水中的砂粒，有机物的含量应小于10%。

任务 2-3　来水 pH 值偏低的调节

学习目标

● 知识目标

① 理解水量水质调节的意义；

② 掌握水量水质调节方法的原理、主要作用；

③ 掌握水质水量调节采用的构筑物的类型、构造、工作过程等。

● 能力目标

能够熟练完成利用调节池调节污水 pH 值的操作。

任务描述

某城市污水处理厂经过平流式沉砂池处理后污水 pH 值偏低，利用调节池应如何将出水 pH 稳定在最佳数值？

任务实施

任务名称		来水 pH 值偏低的调节
任务提要		应掌握的知识点：调节池的类型、构造、工作过程等，均衡调节的原理。 应掌握的技能点：来水 pH 值偏低的调节
任务实施	任务引领	1. 来水 pH 值偏低的危害有哪些？ 2. 污水 pH 值的正常范围是多少？（标明查阅的排水水质标准的名称） 3. 说明来水 pH 值偏低调节的主要思路
	基本技术信息	该污水处理厂工艺流程图见图 2-20。 根据流程图思考如下问题： 1. 写出污水的走向？ 2. 一级处理构筑物有哪些？ 3. 什么是调节池？ 4. 简述调节池的作用 二维码 2-6

任务实施	基本技术信息	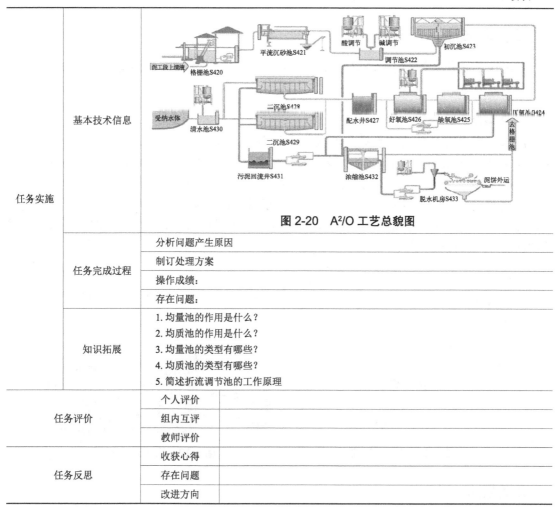 图2-20 A²/O工艺总貌图	
	任务完成过程	分析问题产生原因	
		制订处理方案	
		操作成绩：	
		存在问题：	
	知识拓展	1. 均量池的作用是什么？	
		2. 均质池的作用是什么？	
		3. 均量池的类型有哪些？	
		4. 均质池的类型有哪些？	
		5. 简述折流调节池的工作原理	
任务评价	个人评价		
	组内互评		
	教师评价		
任务反思	收获心得		
	存在问题		
	改进方向		

 知识储备

一、均衡调节作用

调节就是减少污水特征上的波动，为污水处理系统提供一个稳定和优化的操作条件；均衡通常是在调节的过程中进行混合，使水质得到均匀和稳定。

通过均衡调节作用主要达到以下目的：①提供对污水处理负荷的缓冲能力，防止处理系统负荷的急剧变化；②减少进入处理系统的污水流量的波动，使处理污水时所用化学药品的投加速度稳定，并适合投药设备的投加能力；③调节污水的 pH 值，稳定水质，并可减少中和反应中化学品的消耗量；④防止高浓度的有毒物质进入生物化学处理系统；⑤当工厂或其他系统暂时停止排放污水时，能对处理系统继续输入污水，保证系统正常运行；⑥当污水处理系统发生故障时，可起到临时事故贮水池的作用。

污水的均衡调节作用可以通过设在污水处理系统之前的调节池来实现。利用调节池，对污水的水质、水量进行均衡调节是污水处理系统稳定运行的保证条件。

二、调节池

在污水处理流程中，用于调节污水的水质或水量，为后续单元提供稳定进水的调节性单元，称为调节池。

1. 均量池

污水处理中有两种调节水量的方式，一种为线内调节（见图 2-21），调节池进水一般采用重力流，出水用泵提升，池中最高水位不高于进水管的设计水位，有效水深一般为 2～3m，最低水位为死水位；另一种为线外调节（见图 2-22），调节池设在旁路上，当污水流量过高时，多余污水用泵打入调节池，当流量低于设计流量时，再从调节池回流至集水井，并送去后续处理。与线内调节相比，线外调节池不受进水管高度限制，但被调节水量需要两次提升，消耗动力大。

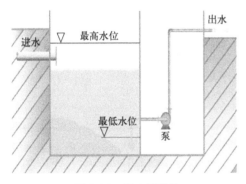

图 2-21　线内调节池

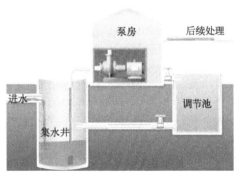

图 2-22　线外调节池

2. 均质池

调节水质是对不同时间或不同来源的污水进行混合，使流出的水质比较均匀。调节水质的基本方法有两种。

（1）外加动力调节　图 2-23 为一种外加动力的水质调节池（强制调节池）。外加动力就是采用外加叶轮搅拌、鼓风空气搅拌、水泵循环等设备对水质进行强制调节，它的设备比较简单，运行效果好，但运行费用高。

（2）采用差流方式调节　采用差流方式进行水质强制调节，使不同时间和不同浓度的污水依靠自身水力混合。基本上没有运行费用，但设备较复杂。

① 对角线调节池。差流方式的调节池类型很多，常用的有对角线调节池。对角线调节池的特点是出水槽沿对角线方向设置，污水由左右两侧进入池内后，经过一定时间的混合才流到出水槽，使出水槽中的混合污水在不同的时间内流出，也就是说不同时间、不同浓度的污水进入调节池后，就能达到自动调节均和水质的目的。对角线调节池如图 2-24 所示。

② 折流调节池。折流调节池如图 2-25 所示。在池内设置许多折流隔墙，污水在池内来回折流，得到充分混合、均衡。折流调节池配水槽设在调节池上，通过许多孔口流入，投配到调节池的前后各个位置内，调节池的起端流量一般控制在总流量的 1/3～1/4，剩余的流量可通过其他投配口等量地投入池内。折流调节池一般只能调节水质而不能调节水量，调节

水量的调节池需要另外设计。

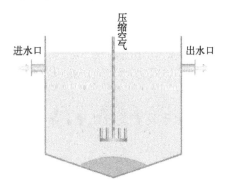

图 2-23　外加动力调节池

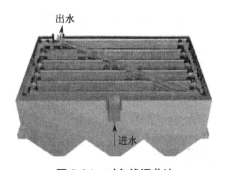

图 2-24　对角线调节池

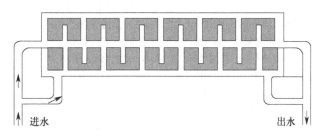

图 2-25　折流调节池

技能训练

调节池进水 pH 偏低，分析问题产生原因并提出处理方案。

（1）问题产生原因

进水中酸性污染物较多。

（2）处理方案

① 开启加药计量泵的前阀；

② 开启加药计量泵电源；

③ 打开加药计量泵的后阀；

④ 使 pH 保持在 6 ～ 8 之间。

任务 2-4　初沉池进水悬浮固体（SS）增加问题的处理

学习目标

● 知识目标

① 理解污水中可沉固体物质去除意义；

② 巩固沉淀法的原理；

③ 掌握沉淀池的类型、构造、工作过程等。

● 能力目标

能够熟练进行初沉池来水 SS 增加的处理操作。

任务描述

　　某新建城市污水处理厂的初沉池进水中 SS 增加，由于没有及时处理，导致初沉池出水 SS 超标，应该如何处理呢？

任务实施

任务名称	初沉池进水 SS 增加问题的处理
任务提要	应掌握的知识点：沉淀池的类型、构造、工作过程等，沉淀法的原理。 应掌握的技能点：初沉池进水 SS 含量增加问题的处理
任务分析	初沉池进水中 SS 含量增加，如不处理，初沉池出水中 SS 含量增加，对后续处理设施有何影响？

任务实施	基本技术信息	该污水处理厂工艺流程图见图 2-20。 根据流程图思考如下问题： 1. 写出污水的走向。 2. 写出一级处理的主要构筑物。 3. 初沉池设置在什么位置？ 4. 初沉池的作用是什么？ 5. 初沉池采用的处理方法是什么？ 6. 根据图 2-26 描述初沉池的外观。 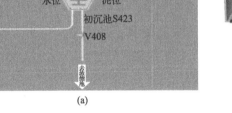 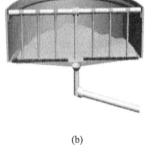 (a) (b) **图 2-26　初沉池结构示意图** 7. 将各主要部件的作用填至表 2-1。 **表 2-1　各主要部件的作用**

主要部件	作用
桁架	
刮泥机驱动装置	
浮渣刮板、浮渣漏斗、排渣管	
刮泥板、排泥管	
浮渣挡板	
溢流堰、排水槽、排水管	

任务实施	基本技术信息	8. 初沉池的类型有哪些？	
		9. 简述辐流式初沉池的工作原理	
	任务完成过程	分析问题的产生原因	
		制订处理方案	
		试操作成绩：	
		存在的问题：	
	知识拓展	1. 简述斜板（管）沉淀池的原理。	
		2. 斜板（管）沉淀池按照水流流过斜板的方向分为哪几种类型？	
		3. 排泥方式有哪两种？	
		4. 平流式沉淀池的排泥方式是什么？适用于哪种类型的污水处理厂？	
		5. 竖流式沉淀池的排泥方式是什么？适用于哪种类型的污水处理厂？	
		6. 辐流式沉淀池的排泥方式是什么？适用于哪种类型的污水处理厂？	
任务评价	个人评价		
	组内互评		
	教师评价		
任务反思	收获心得		
	存在问题		
	改进方向		

📖 知识储备

沉淀池是分离水中悬浮颗粒的一种主要处理构筑物。

按工艺布置的不同，沉淀池主要分为初次沉淀池和二次沉淀池。初次沉淀池是污水一级处理的主体处理构筑物，或作为污水二级处理的预处理构筑物，设在生物处理构筑物的前面。处理对象是悬浮物质（去除 40% ～ 55%），同时去除部分 BOD（20% ～ 30%），可以改善生物处理的运行条件并降低 BOD_5 负荷。二次沉淀池设在生物处理构筑物的后面，用于沉淀去除活性污泥或腐殖污泥。

沉淀池分为普通沉淀池和斜板（管）沉淀池。

1. 普通沉淀池

普通沉淀池按池内水流方向不同，可分为平流式沉淀池、竖流式沉淀池和辐流式沉淀池。

（1）平流式沉淀池　平流式沉淀池如图 2-27 所示。

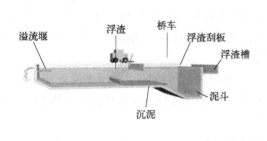

图 2-27　设有行车式刮泥机的平流式沉淀池

平流式沉淀池由流入装置、流出装置、沉淀区、缓冲层、污泥区和排泥装置等组成。流入装置由设有侧向或槽底潜孔的配水槽、挡流板组成，起均匀布水和消能作用。流出装置由流出槽和挡板组成。流出槽设自由溢流堰，溢流堰及多槽出水装置见图2-28。溢流堰严格水平，既可保证水流均匀，又可控制沉淀池水位，因此，溢流堰常采用锯齿堰，如图2-28（a）所示。为了减少溢流堰负荷，改善出水水质，可采用多槽沿程布置，如需阻挡浮渣随水流走，流出堰可用潜孔出流。锯齿堰及沿程布置出流槽如图2-28（b）所示。缓冲层可避免已沉污泥被水流搅起并缓解冲击负荷。污泥区起贮存、浓缩和排泥作用。

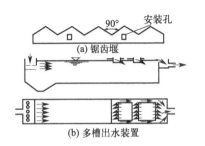

图 2-28　溢流堰及多槽出水装置

平流式沉淀池的排泥方法一般有以下两种。

① 静水压力法。利用池内的静水压力，将泥排出池外，如图2-29所示。排泥管插入泥斗底部，利用池内的静水压力，将污泥虹吸排出池外，水位差1.2～1.5m为正常范围；排泥管上端伸出水面，以便清通；排泥管竖管上端若没有伸出水面以上，排泥管中集气，形成气囊，导致排泥不畅；为了使池底污泥能滑入泥斗，池底应有一定的坡度；为了减小池深，也可采用多斗式平流沉淀池。

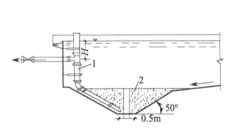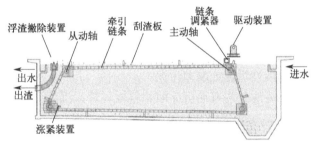

图 2-29　沉淀池静水压力排泥　　　　　　　图 2-30　链板式刮泥机
1—排泥管；2—集泥斗

② 机械排泥法。机械排泥常采用的刮泥设备除桥式行车刮泥机外，还有链板式刮泥机（见图2-30）。被刮入污泥斗的污泥，可采用静水压力法或螺旋泵排出池外。采用机械排泥法时，平流式沉淀池可采用平底，池深也可大大减小。

平流式沉淀池的优点是有效沉降区大，沉淀效果好，造价较低，对污水流量适应性强。缺点是占地面积大，排泥较困难，只能用于初沉池。对于二沉池，因活性污泥密度小，污泥含水率99%以上且呈絮状，不能被刮泥设备刮出。

（2）竖流式沉淀池　竖流式沉淀池可用圆形或正方形。为了使池内水流分布均匀，池径不大于10m，一般采用4～7m。沉淀区呈柱形，污泥斗为截头倒锥体，如图2-31所示。

污水从中心管自上而下，通过反射板折向上流，沉淀后的出水由设于池周的锯齿溢流堰溢入出水槽。如果池径大于7m，一般可增设辐射方向的流出槽。流出槽前设挡渣板，隔除浮渣。污泥依靠静水压力从排泥管排出池外。

竖流式沉淀池具有排泥容易、不需设机械刮泥设备、占地面积较小、可作为二次沉淀池等优点。其缺点是造价较高，单池容量小，池深度大，施工较困难。因此，竖流式沉淀池适用于处理水量不大的小型污水处理厂（站）。

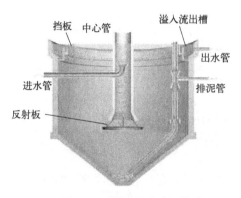

图 2-31　圆形竖流式沉淀池

图 2-32　辐流式沉淀池

（3）辐流式沉淀池　普通辐流式沉淀池（图2-32）是一种圆形的、直径较大而有效水深相对较小的池子，直径一般在20～30m，池周水深1.5～3.0m，池中心处为2.5～5.0m，采用机械排泥，池底坡度不小于0.05。辐流式沉淀池的结构如图2-33所示。

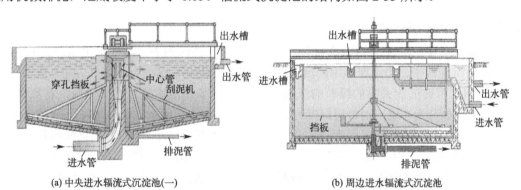

(a) 中央进水辐流式沉淀池(一)　　　　(b) 周边进水辐流式沉淀池

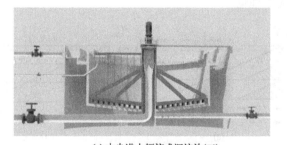

(c) 中央进水辐流式沉淀池(二)

图 2-33　辐流式沉淀池结构示意图

二维码 2-7

污水从池中心处流入，沿半径的方向向池周流出。在池中心处设中心管，污水从池底的进水管进入中心管，在中心管周围设穿孔挡板，使污水在沉淀池内得以均匀流动。出水堰亦采用锯齿堰，堰前设挡板，拦截浮渣。刮泥机由桁架和传动装置组成，当池径小于20m时，用中心传动；当池径大于20m时，用周边传动，将沉淀的污泥推入池中心的污泥斗中，然后借助静水压力或污泥泵排出池外。

辐流式沉淀池的优点是建筑容量大，采用机械排泥，运行较好，管理较简单。其缺点是池中水流速度不稳定，机械排泥设备复杂，造价高。辐流式沉淀池适用于处理水量大的场合。

平流式沉淀池、竖流式沉淀池和辐流式沉淀池这三类沉淀池的性能比较见表2-2。

表2-2 三类沉淀池性能比较

池型	优点	缺点	适用条件
平流式沉淀池	①对冲击负荷和温度变化的适应能力较强； ②施工简单，造价低	采用多斗排泥，每个泥斗需单独设排泥管各自排泥，操作工作量大；采用机械排泥，机件设备和驱动件均浸于水中，易锈蚀	①适用地下水位较高及地质较差的地区； ②适用于大、中、小型污水处理厂
竖流式沉淀池	①排泥方便，管理简单； ②占地面积较小	①池深度大，施工困难； ②对冲击负荷和温度变化的适应能力较差； ③造价较高； ④池径不宜太大	适用于处理水量不大的小型污水处理厂
辐流式沉淀池	①采用机械排泥，运行较好，管理较简单； ②排泥设备已有定型产品	①池水水流速度不稳定； ②机械排泥设备复杂，对施工质量要求较高	①适用于地下水位较高的地区； ②适用于大、中型污水处理厂

2. 斜板（管）沉淀池

（1）斜板（管）沉淀池的理论基础　在池长为L，池深为H，池中水平流速为v，颗粒沉速为u_0的沉淀池中，当水在池中的流动处于理想状态时，则$L/H=v/u_0$。在L与v值不变时，池深H越小，可被沉淀去除的颗粒的沉速u_0也越小。如在池中增设水平隔板，将原来的H分为多层，例如分为3层，则每层深度为$H/3$，如图2-34（a）所示，在V与u_0不变的条件下，则只需$L/3$，就可将沉速为u_0的颗粒去除，即池的总容积可减小到1/3。如果池的长度不变，如图2-34（b）所示，由于池深为$H/3$，则水平流速v增大为$3v$，仍可将沉速为u_0的颗粒沉淀到池底，即处理能力可提高三倍。在理想条件下，将沉淀池分成n层，可将处理能力提高n倍，这就是"浅池沉淀"理论。

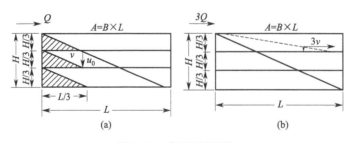

图2-34　浅池沉淀理论

（2）斜板（管）沉淀池的构造　斜板（管）沉淀池（见图2-35）是根据"浅池沉淀"理论，在沉淀池内加设斜板或蜂窝斜管，以提高沉淀效率的一种沉淀池。按水流与污泥的相对方向，斜板（管）沉淀池可分为异向流、同向流和侧向流三种形式，在城市污水处理中主要采用升流式异向流斜板（管）沉淀池，如图 2-36 所示。

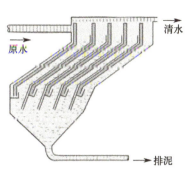

图 2-35　斜板（管）沉淀池

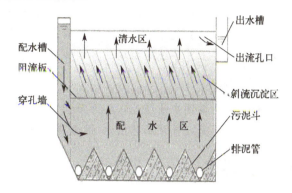

图 2-36　升流式斜板沉淀池

 技能训练

1. 基础技能：对初沉池进行排泥撇渣操作。

操作方案如下：

① 进入初沉池控制面板，打开刮泥机电源；

② 点击初沉池刮泥机运行按钮，启动刮泥机；

③ 点击刮泥机的行车速度界面，控制刮泥机行车速度 5m/min 以内；

④ 打开初沉池排泥阀门，开度 50 左右；

⑤ 进入初沉池控制面板，打开撇渣机电源；

⑥ 点击撇渣机运行按钮，启动撇渣机。

2. 核心技能：初沉池进水 SS 增加，分析问题产生原因并提出处理方案。

（1）问题产生原因

由于城市污水（主要包括生活污水和工业污水）的水质水量是不稳定的，进水中 SS 含量突然增加，而悬浮物在初沉池内的沉淀时间没有增加及排泥量没有增大。

（2）处理方案

① 减小初沉池进水阀门开度（开度＜ 30），延长初沉池停留时间；

② 加大初沉池排泥阀门开度（开度＞ 92），增加排泥量；

③ 观察初沉池出水 SS 值，达到正常值 100mg/L 以下。

任务 2-5　某食品厂油脂加工废水中油脂处理工艺的分析

学习目标

● **知识目标**

① 了解含油污水的来源及危害；

② 掌握油品存在状态、特点及去除方法；

③ 掌握污水中浮油的去除方法及原理，隔油池的类型、构造及工作过程等；

④ 掌握污水中乳化油的去除方法及原理，气浮法的原理、分类、应用范围等；

⑤ 掌握气浮工艺系统的组成、各组成部分的作用。

● 能力目标

① 能够解析案例中油脂处理各环节；

② 能够熟练完成气浮工艺出水 SS 偏高处理的操作。

 任务描述

某食品有限公司排放的油脂加工废水，先经平流式隔油池处理后，主要污染物含量如下：COD 3470mg/L、BOD$_5$ 2370mg/L、SS 416mg/L、动植物油 870mg/L。随后采用部分回流加压溶气气浮法工艺处理，气浮池出水水质如下：COD 1390mg/L、BOD$_5$ 950mg/L、SS 129mg/L、动植物油 162mg/L。气浮出水再经生物处理（复合厌氧－生物接触氧化工艺）后达到了《污水综合排放标准》中的一级标准，并排放。

请对案例中浮油及乳化油的处理工艺进行解析。

 任务实施

任务名称	某食品厂油脂加工废水中油脂处理工艺的分析		
任务提要	应掌握的知识点：隔油、气浮法的原理、适用对象、特点，隔油池、气浮工艺系统的类型、构造、工作过程等。 应掌握的技能点：案例工艺流程中各环节的详细解析		
任务实施	任务引领	1. 油在水中的存在状态有哪三种？每种有哪些特点？去除方法主要是什么？ 2. 含油废水对水体有哪些危害？ 3. 哪些工业会产生含油废水？ 4. 经过平流式隔油池处理前的油脂加工废水中动植物油的含量大约是多少？ 5. 案例中的油脂处理流程中，先经过的是平流式隔油池，之后进入气浮工艺系统处理，两者的处理对象分别是什么？	
	平流式隔油池基本技术信息	1. 平流式隔油池（API）的去除对象有哪些？除油率是多少？ 2. 简述平流式隔油池采用的方法。 3. 根据图 2-37 描述平流式隔油池的工作过程。 集油管 进水 出水 配水槽 进水孔 排渣管 刮油刮泥机 **图 2-37 平流式隔油池结构示意图** 4. 平流式隔油池的特点是什么？ 5. 平流式隔油池属于隔油池的一种，隔油池还有哪些类型？	

| 任务实施 | 气浮工艺系统基本技术信息 | 1. 气浮工艺的应用对象有哪些？
2. 气浮法的分类有哪些？
3. 溶气气浮法分为哪两类？
4. 案例中采用的气浮工艺是哪种类型？
5. 根据图 2-38，描述气浮工艺系统中主要组成部件的作用，填入表 2-3 中。 |

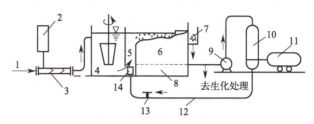

图 2-38　气浮工艺流程图

1—隔油池出水；2—混凝剂投加设备；3—管道混合器；4—反应池；
5—气浮接触池；6—气浮分离池；7—排渣槽；8—集水管；9—回流水泵；
10—压力溶气罐；11—空气压缩机；12—溶气水管；13—减压阀；14—溶气释放器

表 2-3　气浮工艺系统中主要组成部件的作用

主要组成部件	作用
混凝剂投加设备	
管道混合器	
反应池	
气浮池（图 2-38 中 5、6 可合并为气浮池）	
回流水泵	
压力溶气罐	
空气压缩机	
溶气水管	
减压阀	
溶气释放器	

| 工艺流程解析 | |

| 知识拓展 | 1. 根据图 2-39 讲述全加压溶气气浮工艺过程。 |

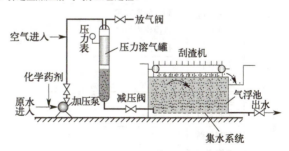

图 2-39　全加压溶气气浮工艺流程

知识拓展	2. 根据图 2-40 讲述部分加压溶气气浮工艺过程。 图 2-40　部分加压溶气气浮工艺流程
任务实施 技能拓展任务	某污水处理厂气浮工艺出现了出水 SS 偏高的问题，应该如何处理？ 该污水处理厂工艺流程图见图 2-41。 图 2-41　气浮工艺总貌图 1. 写出污水的走向。 2. 写出该工艺的名称。 3. 写出组成此气浮工艺的主要设备及其作用 二维码 2-8

任务完成 过程	分析问题产生原因	
	制订处理方案	
	试操作成绩：	
	存在问题：	

任务 评价	个人评价	
	组内互评	
	教师评价	

任务 反思	收获心得	
	存在问题	
	改进方向	

📖 知识储备

一、含油污水的特征

含油污水主要来源于石油、石油化工、钢铁、焦化、煤气发生站、机械加工等工业企业。油脂加工、肉类加工等污水中也含有很高的油脂。含油污水的含油量及其特征，随工业种类不同而异，同一种工业也因生产工艺、设备和操作条件不同而相差较大。

油类在水中的存在形式可分为以下四类。

① 浮油。油珠粒径较大，一般大于100μm，易浮于水面，形成油膜或油层。

② 分散油。油珠粒径一般为10～100μm，以微小油珠悬浮于水中，不稳定，静置一定时间后往往形成浮油。

③ 乳化油。油珠粒径小于10μm，一般为0.1～2μm。往往因水中含有表面活性剂，使油珠成为稳定的乳化液。

④ 溶解油。油珠粒径比乳化油还小，有的可小到几纳米，是溶于水的油微粒。

宜采用重力分离法去除浮油，采用气浮法、混凝沉淀法等去除乳化油。

二、隔油池

隔油池主要用于对污水中浮油的处理、清除的过程。隔油过程在隔油池中进行。

1. 平流式隔油池

平流式隔油池（见图2-37）平面呈长方形，污水从池一端流入，另一端流出。在池中由于流速降低，相对密度小于1.0而粒径较大的油珠上浮到水面，相对密度大于1.0的杂质沉于池底。在出水一侧的水面上设有集油管，用于将浮油排至池外。大型隔油池内设有刮油刮泥机，用以刮动水面浮油和刮集池底沉渣。刮集到池前部泥斗中的沉渣通过排泥管适时排出。

污水在隔油池内的停留时间为1.5～2.0h，水平流速很低，一般为2～5mm/s，最大不超过10mm/s，以利于油类物质的上浮和泥渣的沉降。池长和池深之比小于4。

二维码2-9

平流式隔油池构造简单，便于运行管理，除油效果稳定，但池体大，占地面积大。这种隔油池可能去除的最小油珠粒径一般不低于150μm，其除油率一般为60%～80%，粒径为150μm以上的油珠均可除去。优点是构造简单，运行管理方便，除油效果稳定。缺点是体积大，占地面积大，处理能力低，排泥难，出水中仍含有乳化油和吸附在悬浮物上的油分，一般很难达到排放要求。

2. 斜板隔油池

斜板隔油池（图2-42）在隔油池内设置波纹形斜板，间距宜采用40mm，倾角应不小于45°。污水沿板面向下流动，从出水堰排出。污水中油珠沿斜板的下表面向上流动，经集油管收集排出。水中悬浮物沉

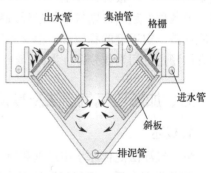

图2-42　斜板隔油池

降到斜板上表面，滑落入池底部，经排泥管排出。隔油池油水分离效率高，可去除粒径不小于60μm 的油珠。污水在池内的停留时间为平流隔油池的 1/4 ～ 1/2，一般不超过 30min。

三、气浮法概述

气浮法亦称浮选，是通过某种方法产生大量的细微气泡，使其与污水中密度接近于水的污染物颗粒黏附，形成密度小于水的浮体，上浮至水面形成浮渣，从而进行固液或液液分离的一种方法。气浮法的处理对象是靠自然沉降和上浮难以去除的乳化油或相对密度接近于 1 的微小悬浮颗粒。

在污水处理中，气浮法广泛应用于：分离水中细小悬浮物、藻类和微絮体等；代替二次沉淀池，分离和浓缩剩余活性污泥；回收含油污水中的悬浮油和乳化油；回收工业污水中的有用物质，如造纸污水中的纸浆纤维等。

四、气浮法基本原理

1. 水中悬浮颗粒与气泡黏附的条件

气浮过程包括微小气泡的产生、微小气泡与固体或液体颗粒的黏附以及上浮分离等步骤。实现气浮分离必须满足两个条件：一是向水中提供足够数量的微小气泡；二是使气泡黏附于分离的悬浮物而上浮分离。后者是气浮的最基本条件。水中通入气泡后，并非任何悬浮物都能与之黏附。这取决于该物质的润湿性，即被水润湿的程度。通常将容易被水润湿的物质称为亲水性物质；反之，难以被水润湿的物质称为疏水性物质。物质为疏水性，容易与气泡黏附，可直接用气浮法去除；物质为亲水性，不易与气泡黏附。

2. 浮选剂对气浮效果的影响

对于细小的亲水性颗粒，若用气浮法进行分离，需要投加浮选剂，使其表面特征变成疏水性，才可与气泡黏附。浮选剂是一种能改变水中悬浮颗粒表面润湿性的表面活性物质。浮选剂种类很多，按其作用不同，可分为捕收剂、起泡剂、调整剂等。另外各种无机和有机高分子混凝剂，不仅可以改变污水中悬浮颗粒的亲水性能，而且还能使污水中的细小颗粒絮凝成较大的絮体以吸附、截留气泡，加速颗粒上浮。

3. 微气泡的数量和分散度对气浮效果的影响

在气浮过程中，需要形成大量的微细而均匀的气泡作为载体，与被浮选物质吸附。气浮效果的好坏，在很大程度上取决于水中空气的溶解量、气泡的分散程度及稳定性等。气泡越多，分散程度越高，则气泡与悬浮颗粒接触、黏附的机会越多，气浮效果越好。水面上的泡沫应保持一定程度的稳定性，但又不能过于稳定，过分稳定的泡沫难以运送和脱水。泡沫最适宜的稳定时间为数分钟。为此，在污水中应含有一定浓度的表面活性物质。

五、加压溶气气浮法及其设备

1. 概述

溶气气浮法是依靠水中过饱和空气在减压时以微细的气泡释放出来，从而使水中的杂质颗粒被黏附而上浮。溶气气浮法形成的气泡直径只有 80μm 左右，并且在操作过程中可人为控制气泡与污水的接触时间，净化效果好。目前，应用较为广泛的是加压溶气气浮法。

2. 加压溶气气浮的操作原理

在加压情况下，将空气溶解在污水中达到饱和状态，然后骤然减至常压，这时溶解在水中的空气就处于过饱和状态，以极微小的气泡释放出来。悬浮颗粒就黏附于气泡周围而随其上浮，在水面上形成浮渣，然后由刮渣机清除，使污水得到净化。

3. 加压溶气气浮的基本流程

根据污水中所含悬浮物的浓度、种类、性质以及处理水净化程度和加压方式的不同，其基本流程分为以下三种。

（1）全溶气气浮法　全溶气气浮工艺流程如图2-39所示。它是将全部污水用水泵加压，在泵前或泵后注入空气。全部污水在溶气罐内加压至3～4atm❶，使空气溶解于污水中，然后通过减压阀将污水送入气浮池。在污水中形成的许多微小气泡黏附于污水中的悬浮物表面而逸出水面，在水面上形成浮渣，用刮板将浮渣刮入浮渣槽，经排渣管排出池外。

全溶气气浮法特点如下：溶气量大，增加了悬浮颗粒与气泡的接触机会；在处理水量相同的条件下，全溶气气浮法较部分回流溶气气浮法所需的气浮池小，可减少基建投资；若处理含油污水，因全部污水加压会增加含油污水的乳化程度，而且所需的压力泵和溶气罐的容积均较大，因此设备投资和动力消耗较大；若气浮前进行混凝处理，混凝所形成的絮体在加压与减压过程中易破碎，影响混凝效果。

（2）部分溶气气浮法　部分溶气气浮法是取部分污水加压溶气，通常加压溶气水占总污水量的15%～40%。其余污水直接进入气浮池与溶气水混合，如图2-40所示。

部分溶气气浮法特点如下：较全溶气气浮法动力消耗低；处理含油污水时，压力泵所造成的乳化油量较全溶气气浮法少；气浮池容积与全溶气气浮法相同，但较部分回流溶气气浮法小。

（3）部分回流溶气气浮法　部分回流溶气气浮法流程如图2-43所示。它是取一部分处理后的澄清出水回流进行加压溶气，溶气水减压后直接进入气浮池，与流入污水混合浮选。回流溶气水量一般为污水量的25%～50%。

部分回流溶气气浮法的特点如下：加压水量少，节省动力消耗；若处理含油污水，气浮过程不促进乳化；对混凝处理的效果影响小；气浮池容积较前两种大。为了提高气浮的处理效果，需要向污水中投加混凝剂或浮选剂，投加量因水质不同而异，一般应通过实验确定。

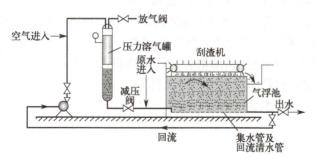

图 2-43　部分回流溶气气浮工艺流程

二维码2-10

---

❶　1atm=101325Pa。

4. 加压溶气气浮系统设备

（1）加压泵与空气供给设备　加压泵用于提升污水，并对水气混合物加压，使受压空气溶于水中。

（2）压力溶气罐　压力溶气罐是用钢板卷制而成的耐压钢罐，为了提高溶气效率，罐内常设若干隔板或装填填料。溶气罐的运行压力为 0.2 ～ 0.4MPa，混合时间为 2 ～ 5min。为保持罐内最佳液位，常采用浮球液位传感器自动控制罐内液位。

（3）减压阀和溶气释放器　减压阀的作用在于保持溶气罐出口处的压力恒定，从而可以控制溶气水出罐后产生气泡的粒径和数量。目前多采用溶气释放器代替减压阀，溶气释放器可将溶气水骤然消能、减压，使溶入水中的气体以微气泡的形式释放出来。

（4）气浮池　加压溶气气浮池一般有平流式和竖流式两种类型。其作用是确保一定的容积和池表面积，使微气泡群与水中絮凝体充分混合、接触、黏附，以及带气絮体与清水分离。

① 平流式气浮池。平流式气浮池如图 2-44 所示。污水进入反应池完成反应后，将水流导向底部，以便从下部进入气浮接触室，延长絮体与气泡的接触时间，池面浮渣刮入集渣槽，清水由池底部集水管集取。其优点是池身浅，造价低，构造简单，管理方便。缺点是与后续构筑物在高程上配合较困难，分离部分的容积利用率不高。

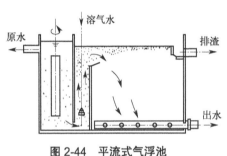 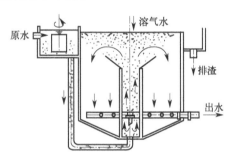

图 2-44　平流式气浮池　　　　　图 2-45　竖流式气浮池

② 竖流式气浮池。如图 2-45 所示，其优点是接触室在池中央，水流向四周扩散，水力条件比平流式单侧出流要好。缺点是与反应池较难衔接，容积利用率低。

技能训练

1. 工艺流程解析技能：案例中浮油及乳化油的处理工艺。

工艺流程如下：油脂加工废水先经平流式隔油池处理，其出水在管道混合器内与投加的混凝剂充分混合，经絮凝反应后，气浮分离。气浮池出水一部分通过加压泵送入压力溶气罐，在 0.3 ～ 0.4MPa 压力下与压缩空气接触混合，形成饱和溶气水，由释放器回流进入气浮池，上浮至池面的浮渣用刮渣机刮至排渣槽，回收利用。

2. 问题处理技能：气浮工艺出水 SS 偏高。

（1）事故现象

① 气浮池排泥不畅，泥位升高；

② 溶气罐压力为 0.35MPa；

③ 加药速度正常值为 1L/min，显示加药速度为 0.05L/min。

（2）问题产生原因

① 气泡数量不足；

② 加药（混凝剂）量不足。

（3）处理方案

① 开大空压机进气阀门，开度大于 50，使罐内压力增加到 450kPa；

② 待溶气罐压力增加到 450kPa 时，使进气阀开度达到 50，使压力稳定在 450kPa；

③ 开大反应池加药计量泵加药阀门，开度达到 20；

④ 开大气浮池出水阀，开度大于 50。

 ## 情境任务评价

二维码 2-11

完成任务评价表，见表 2-4。

表 2-4　情境 2 任务评价表

学生信息		考核项目及赋分										
		基本项及赋分						技能项及赋分	加分项及赋分			情境考核及赋分
学号	姓名	出勤（5分）	态度（8分）	任务单（20分）	作业（10分）	合作（2分）	劳动（2分）	仿真操作（20分）	拓展问题（10分）	拓展任务（10分）	组长（3分）	综合考核（10分）
1												
2												
3												
…												
评价人												

 ## 阅读材料

"泡"在厂里的水处理专家

付庆丰是河南省安阳市殷都区利源集团的一名 80 后水处理专家，荣获安阳市"五一劳动奖章"，奖章的背后，是他拼搏奋斗的故事。

付庆丰出生于 1983 年 9 月，虽然只有大专学历，但坚持专业技能学习，2008 年到武汉科技大学深造，2009 年调至河南利源燃气有限公司工作，现任集团公司水处理车间主任。

在这些光环背后，谁又知其中的辛劳？公司与上海东硕环保科技有限公司合作，开发焦化蒸氨废水低温常压蒸发项目，开创了国内焦化水短流程处理先河，在该项目最终确定新工艺路线之前的一个月，他翻阅了大量的水处理书籍和期刊，常常"泡"在车间，"泡"在水处理知识的海洋里，同时也承受了千钧的压力。

因为工艺一旦确定开工建设，就意味着要为自己确定的工艺路线承担失败的风险和重大的经济损失。没有前车之鉴，没有团队技术支持，付庆丰硬是凭着自己所掌握的扎实的理论知识与经验，最终把新工艺路线确定了下来。在工程建设期间，他更是吃、住在工地，把握每一个工艺细节，测量每一个尺寸数据，检查每一个阀门、螺丝，确保了工艺一次性试验成功！在调试期间，他累了就趴在办公桌上休息一会，饿了就随便吃些饼干或方便面应付一顿。

奋斗无悔，路在脚下。在公司第四次创业的过程中，付庆丰同志又积极参与河南利源新能科技水处理工艺的选定与规划。同时还建成了集团公司的地表水处理装置，并且规划了未来十年全集团公司供给水结构，以及集团公司未来两年内水处理零排放的工艺路线，为公司的生产稳定运行和高质量低碳绿色发展夯实了坚实的基础。

感悟

付庆丰说："青春有限，要把握当下。"青春在人的一生中只有一次。希望同学们能够把握青春，树立自己的人生目标，并朝着选定的目标去努力，这样，才是无悔的青春。

情境 3
污水的二级处理（生物处理）

水体中存在的有机物的共同特点是要进行生物氧化分解，需要消耗水中的溶解氧，导致水体缺氧；同时会产生腐败发酵现象，使细菌滋生，从而恶化水质，破坏水体；工业用水的有机污染还会降低产品的质量。有机物是引起水体污染的主要原因之一。

污水经一级处理后，用生物处理法继续去除其中胶体状和溶解性的有机物及植物营养物质，将污水中各种复杂有机物氧化分解为简单物质的过程，即为二级处理，又称生物处理。

【情境导引任务】了解二级生物处理

◎ 素质目标

① 具有较高的政治思想觉悟和职业素养；
② 具有团队意识和相互协作精神；
③ 具有一定的语言表达能力、沟通能力及人际交往能力；
④ 具有事故保护和工作安全意识。

学习目标

● 知识目标
① 理解污水二级处理的目的；
② 了解二级处理常用的生物处理法；
③ 理解好氧生物处理法与厌氧生物处理法的区别；
④ 掌握污水可生化性的定义、评价标准及改善污水可生化性的途径。

● 能力目标
能够对二级处理有初步的认识。

◎ 任务描述

通过小组合作学习，完成基本问题和探究问题。

任务名称		了解二级生物处理	
	知识回顾	1.污水二级处理的主要任务是什么？ 2.污水二级处理采用的处理方法有哪些？填入表 3-1、表 3-2 和表 3-3。	
任务实施	基本问题	**表 3-1 生物处理法分类** **表 3-2 好氧生物处理法分类** **表 3-3 好氧生物处理法与厌氧生物处理法的区别**	
	探究问题	1.什么是污水的可生化性？ 2.污水可生化性的判别标准是什么？ 3.改善污水可生化性的途径有哪些？	
任务评价	个人评价		
	组内互评		
	教师评价		
任务反思	收获心得		
	存在问题		
	改进方向		

表 3-1 生物处理法分类

分类依据	方法名称

表 3-2 好氧生物处理法分类

分类依据	方法名称

表 3-3 好氧生物处理法与厌氧生物处理法的区别

区别	好氧生物处理法	厌氧生物处理法

一、生物处理法的分类

污水的生物处理主要是通过微生物的新陈代谢作用实现的。从微生物的代谢形式出发，生物处理法主要可分为好氧生物处理和厌氧生物处理两大类；按照微生物的生长方式，可分为悬浮生长和固着生长两类，即活性污泥法和生物膜法。此外，按照系统的运行方式，可分为连续式和间歇式；按照主体设备的水流状态，可分为推流式和完全混合式等类型。

二、常用的生物处理法

常用的生物处理法见图 3-1。

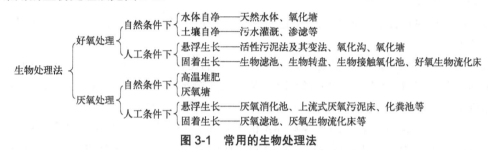

图 3-1　常用的生物处理法

三、好氧生物处理法与厌氧生物处理法的区别

1. 起作用的微生物群不同

好氧生物处理是好氧微生物和兼性厌氧微生物群体起作用，而厌氧生物处理先是厌氧产酸菌和兼性厌氧菌作用，然后是另一类专性厌氧菌，即产甲烷菌进一步消化。

2. 反应速度不同

好氧生物处理由于有氧作受氢体，有机物转化速度快，需要时间短；厌氧生物处理反应速度慢，需要时间长。

3. 产物不同

在好氧生物处理过程中，有机物被转化为 CO_2、H_2O、NH_3、PO_4^{3-} 和 SO_4^{2-} 等。

厌氧生物处理中，有机物先被转化为中间有机物，如有机酸、醇类和 CO_2、H_2O 等，其中有机酸又被产甲烷菌继续分解。由于能量限制，其最终产物主要是 CH_4，而不是 CO_2，硫被转化为 H_2S，而不是 SO_4^{2-} 等，产物复杂，有异臭，其中 CH_4 可用作能源。

4. 对环境要求不同

好氧生物处理要求充分供氧，对环境要求不太严格，厌氧生物处理要求绝对厌氧环境，对 pH 值、温度等环境条件要求甚严。

5. 适用对象

好氧生物处理与厌氧生物处理都能够完成有机污染物的稳定化，前者广泛应用于处理城市污水和工业有机污水；后者多用于处理高浓度有机污水与污水处理过程中产生的污泥，并已开始用于处理城市污水和低浓度有机污水。

四、污水的可生化性

1. 定义

污水的可生化性表示污水生物处理的难易程度，取决于污水的水质，即污水所含污染物的性质。污水的营养比例适宜，污染物易被生物降解，则污水的可生化性强。

2. 评价标准

$BOD_5/COD < 0.3$，表示污水难生化；BOD_5/COD 为 $0.3 \sim 0.45$，表示污水可生化；$BOD_5/COD > 0.45$，表示污水易生化。

3. 改善可生化性的途径

改善污水可生化性的基本原则是创造有利于微生物生长的水质条件，可通过下列途径改善污水的可生化性。

（1）调节营养比　好氧生物处理要求 C、N、P 的比例关系为 $BOD_5 : N : P = 100 : 5 : 1$，厌氧生物处理要求 $BOD_5 : N : P = 100 : 6 : 1$。某些工业废水营养不全（如石化废水、造纸废水和酒精废水缺少 N 和 P，洗涤剂废水缺乏 N），应人为调节废水的 C、N、P 的比例。可以投加生活废水、食品废水或屠宰污水等营养全面的污水；也可投加米泔水和淀粉浆补充碳源；投加尿素、铵盐和硝酸盐补充氮源；投加磷酸盐补充磷源，还可投加粪便水、泡豆水等有机氮源和磷源，其中 NH_3 和磷酸盐最易被微生物利用。厌氧生物处理时，加入 NH_3-N 会降低 CH_4 产率，所以厌氧生物处理加 NH_4^+ 或有机氮（尿素）为宜。如果污水不缺营养，不应加上述物质，否则会导致反驯化，影响处理效果。

（2）调节 pH 值　好氧生物处理的适宜 pH 为 $6.5 \sim 8.5$，厌氧生物处理的适宜 pH 为 $6.7 \sim 7.4$。可采用下列措施控制反应混合物的 pH 值。

① 调节池调节进水 pH 值。用调节池对 pH 值波动较大的污水进行均质，使 pH 值稳定在适宜的范围内再进入反应器。

② 酸碱中和调节进水 pH 值。用酸性污水、碱性污水、酸性物质（硫酸、盐酸、磷酸、二氧化碳、二氧化硫、二氧化氮等）或碱性物质（碳酸钙、氧化钙、氢氧化钙、氢氧化钠、碳酸钠等）将进水 pH 值调整到适宜范围。

③ 用碱性物质控制反应混合物的 pH 值。好氧生物处理时，如果进水中含有较多的还原态 S、N、P，则会产生硫酸、硝酸和磷酸，使 pH 值下降。可加入氧化钙、氢氧化钠和碳酸钠等碱性物质将进水 pH 值调至碱性（有时 pH 值调至 10），来抵消反应产生的酸性物质，将反应器内的 pH 值控制在适宜范围。厌氧生物处理时，进水固态和大分子有机物较多、负荷增大、温度降低等都可能引起挥发酸积累（$200 \sim 2000mg/L$ 为宜）而使 pH 值下降。如果进水中含有大量有机氮，则可能产生大量 NH_3 而使 pH 值上升（总氮以 $50 \sim 200mg/L$ 为宜，不宜超过 1000mg/L）。所以应使反应器保持稳定的进水、一定的碱度（$1000 \sim 5000mg/L$ 为宜）和缓冲能力（进水中加入碱性物质），以维持适宜的 pH 值。如果进水中含有较多的有机酸，只要稳定操作，就能使反应器保持适宜的 pH 值。

④ 改变有机负荷控制反应混合液 pH 值。对于厌氧反应，有机负荷过高使反应混合液的 pH 值下降，此时应降低进水负荷使 pH 值恢复正常。

（3）预处理 絮凝沉淀、萃取、吸附、吹脱、化学沉淀、离子交换、生物水解、稀释、湿式氧化、加压水解、臭氧氧化和膜分离等预处理过程可去除和稀释有毒物质与盐类，改善污水的可生化性。

子情境 3-1 好氧生物处理法

子情境 3-1-1 活性污泥法

任务 3-1 某城市污水处理厂二级处理传统活性污泥工艺的分析

学习目标

● 知识目标

① 理解活性污泥的性质、组成、评价指标；

② 掌握活性污泥法的工艺流程、系统组成、构成要素、影响因素、常用工艺；

③ 掌握曝气池的作用、类型、构造、工作过程；

④ 掌握传统活性污泥工艺系统的组成、基本流程、特点及推流式曝气池的构造、工作过程、特点等。

● 能力目标

① 能够解析案例中传统活性污泥工艺流程；

② 能够正确绘制传统活性污泥工艺流程图。

任务描述

请解析某城市污水处理厂二级处理采用的传统活性污泥工艺流程。

任务实施

任务名称		某城市污水处理厂二级处理传统活性污泥工艺的分析
任务提要		应掌握的知识点：活性污泥法的主体、地位、影响因素；活性污泥的组成、降解污染物的过程、评价指标；曝气池（生化池）的作用、类型；传统活性污泥工艺的工艺流程、特点。 应掌握的技能点：绘制流程并解析系统组成及各部分作用
任务实施	工艺知识储备	1. 什么是活性污泥法？ 2. 简述活性污泥法在生物处理法中的地位。 3. 活性污泥法的优点是什么？ 4. 什么是活性污泥？

任务实施	工艺知识储备	5. 活性污泥的组成有哪些？ 其中干固体包括： 微生物群体包括： 微生物群体中的主体是： 6. 干固体从成分上分为哪两类？ 7. 什么是混合液悬浮固体浓度（MLSS）？ 8. 什么是混合液挥发性悬浮固体浓度（MLVSS）？ 9.MLSS、MLVSS、NVSS 三者之间有什么关系？ 10. 什么是曝气？ 11. 活性污泥降解污水中有机物的过程是什么？ 12. 说出构成活性污泥法的三个要素
	工艺分析 任务实施	该污水处理厂工艺流程图见图 3-2。 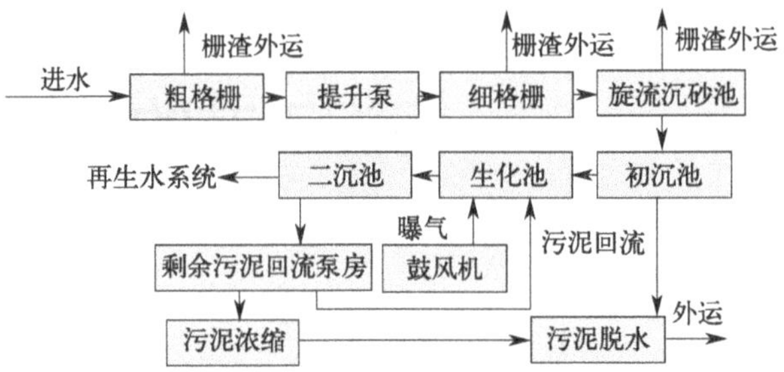 **图 3-2 某污水处理厂工艺流程图** 根据流程图思考如下问题： ①写出污水的走向。 ②污水处理分为几级？ ③每级处理包括哪些构筑物？ ④如何绘制传统活性污泥工艺的基本流程图？ ⑤总结传统活性污泥工艺系统的组成及各部分的作用，填入表 3-4。 **表 3-4 传统活性污泥工艺系统的组成及各部分作用** ⑥指出传统活性污泥工艺系统中的核心处理构筑物。 ⑦解析传统活性污泥工艺流程
	工艺知识再储备	1. 什么是污泥沉降比（SV_{30}）？ 2. 什么是污泥体积指数（SVI）？ 3.SVI 值过低说明什么？ 4.SVI 值过高说明什么？ 5. 什么是污泥龄？ 6. 什么是曝气池（生化池）？ 7. 推流式曝气池： ①形状是什么？廊道的数量有多少？ ②根据水流方向分为哪两类？ ③曝气方式有哪些？ ④结构特点是什么？ 8. 简述传统活性污泥的工艺特点

图 3-2 某污水处理厂工艺流程图

进水 → 粗格栅 → 提升泵 → 细格栅 → 旋流沉砂池（栅渣外运、栅渣外运、栅渣外运）

再生水系统 ← 二沉池 ← 生化池 ← 初沉池

剩余污泥回流泵房 ← 鼓风机（曝气） ← 生化池（污泥回流）

污泥浓缩 → 污泥脱水 → 外运

表 3-4 传统活性污泥工艺系统的组成及各部分作用

构筑物 / 系统名称	主要作用

水污染控制技术

任务实施	知识拓展	1.影响活性污泥法的主要因素有哪些？
		2.按曝气池的混合方式，曝气池分为哪些类型？
任务评价		个人评价	
		组内互评	
		教师评价	
任务反思		获得心得	
		存在问题	
		改进方向	

 知识储备

二维码 3-1

一、活性污泥

1.概念

活性污泥是活性污泥处理系统中的主体作用物质。它不是传统意义上的泥。在显微镜下，褐色的絮状活性污泥中，由细菌、菌胶团、原生动物、后生动物等微生物群体及吸附的污水中有机和无机物质组成，有一定活力并具有良好的净化污水功能。

2.活性污泥的组成

在活性污泥上栖息着具有强大生命力的微生物群体。这些微生物群体主要由细菌和原生动物组成，也有真菌和以轮虫为主的后生动物。活性污泥的固体物质含量仅占 1% 以下，由四部分组成：①具有活性的生物群（M_a）；②微生物自身氧化残留物（M_e），这部分物质难以生物降解；③原污水挟入的不能为微生物降解的惰性有机物质（M_i）；④原污水挟入并附着在活性污泥上的无机物质（M_{ii}）。

3.活性污泥的性质

正常的处理城市污水的活性污泥外观为黄褐色的絮绒颗粒状，粒径为 $0.02 \sim 0.2mm$，比表面积可达 $2 \sim 10m^2/L$，相对密度为 $1.002 \sim 1.006$，含水率在 99% 以上。

4.污水中有机物的降解过程

（1）初期去除与吸附作用　在很多活性污泥系统里，污水与活性污泥接触后很短的时间（$3 \sim 5min$）内就出现了很高的有机物（BOD）去除率。这种初期高速去除现象是吸附作用所引起的。由于污泥比表面积很大（以混合液体积计，介于 $2000 \sim 10000m^2/m^3$），且表面具有多糖类黏质层，因此，污水中悬浮物质和胶体物质是通过絮凝和吸附去除的。初期被去除的 BOD 像一种备用的食物源一样，贮存在微生物细胞的表面，经过几小时的曝气后，才会相继摄入代谢。

（2）微生物的代谢作用　活性污泥微生物以污水中各种有机物作为营养物质，在有氧条件下，将其中一部分有机物合成新的细胞物质（原生质）；对另一部分有机物则进行分解代谢，即氧化分解以获得合成新细胞所需要的能量，并最终形成 CO_2 和 H_2O 等稳定物质。在新细胞合成与微生物生长的过程中，除氧化一部分有机物以获得能量外，还有一部分微生物细胞物质也在进行氧化分解，并供应能量。活性污泥微生物从污水中去除有机物的代谢过程，主要是由微生物细胞物质的合成（活性污泥增长）、有机物（包括一部分细胞物质）的氧化分解和氧的消耗所组成的。当氧供应充足时，活性污泥的增长与有机物的去除是并行的；污泥增长的旺盛时期即有机物去除的快速时期。

（3）絮凝体的形成与凝聚沉淀　污水中有机物通过生物降解，一部分氧化分解形成二氧化碳和水，一部分合成细胞物质成为菌体。如果形成菌体的有机物不从污水中分离出去，这样的净化不能算结束。为了使菌体从水中分离出来，现多使用重力沉淀法。如果每个菌体都处于松散状态，由于其大小与胶体颗粒大体相同，那么将保持稳定悬浮状态，沉淀分离是不可能的。为此，必须使菌体凝聚成为易于沉淀的絮凝体。易于形成絮凝体的细菌有动胶菌属、产碱杆菌、无色杆菌、黄杆菌、假单胞菌等，但无论哪一种细菌又都是在一定条件下才能够凝聚的。

5. 活性污泥的评价指标

（1）表示及控制混合液中活性污泥微生物量的指标

① 混合液悬浮固体浓度（MLSS）。又称混合液污泥浓度，它表示的是在曝气池单位容积混合液内所包含的活性污泥固体物质的总质量，单位为 mg/L、g/L、g/m^3、kg/m^3（均以混合液体积计）。

② 混合液挥发性悬浮固体浓度（MLVSS）。表示混合液活性污泥中有机固体物质的浓度。MLVSS 能够较准确地表示微生物数量，但其中仍包括 M_e 及 M_i 等惰性有机物质，因此，也不能精确地表示活性污泥微生物量，它表示的仍然是活性污泥量的相对值。MLSS 和 MLVSS 都是表示活性污泥中微生物量的相对指标，MLVSS/MLSS 值在一定条件下较为固定，对于城市污水来说，该值在 0.75 左右。

（2）活性污泥沉降性能的评价指标

① 污泥沉降比（SV，即 30min 沉淀率）。指混合液在量筒内静置 30min 后所形成的沉淀污泥与原混合液的体积比，以 % 表示。污泥沉降比能够反映正常运行曝气池的活性污泥量，可用以控制、调节剩余污泥的排放量，还能及时发现污泥膨胀等异常现象。处理城市污水一般将 SV 控制在 20% ～ 30%。

② 污泥容积指数（SVI，也称污泥指数）。指曝气池出口处混合液经 30min 静沉后，1g 干污泥所形成的沉淀污泥所占有的容积，以 mL 计。SVI 的表示单位为 mL/g，习惯上只称数字，而把单位略去。SVI 值能较好地反映出活性污泥的松散程度（活性）和凝聚、沉淀性能。SVI 值过低，说明泥粒细小紧密，无机物多，缺乏活性和吸附能力。SVI 值过高，说明污泥难以沉淀分离，并使回流污泥的浓度降低，甚至出现污泥膨胀，导致污泥流失等后果。一般认为，生活污水的 SVI < 100 时，沉淀性能良好；SVI 为 100 ～ 200 时，沉淀性能一般；SVI > 200 时，沉淀性能不好。

（3）污泥龄（t_s）　污泥龄是曝气池中工作着的活性污泥总量与每日排放的剩余污泥量之比值，单位是 d。在运行稳定时，剩余污泥量也就是新增长的污泥量，因此污泥龄也就是新增长的污泥在曝气池中的平均停留时间，或污泥增长一倍平均所需要的时间。

二、活性污泥法

活性污泥法是以活性污泥为主体的污水生物处理技术。活性污泥主要由大量繁殖的微生物群体所构成，它易于沉淀从而与水分离，并能使污水得到净化、澄清。

活性污泥法在污水处理中占有重要地位，活性污泥法的主要特点如下。

① 应用的普遍性：可应用于 95% 以上的城市污水、5% 以上的工业废水。

② 高效性：SS、BOD 去除率为 90% 以上。

③ 灵活性：适用于各种规模和类型的污水处理系统。

④ 连续运行，可自动化。

⑤ 工艺（运行方式）多样，功能多样，可脱氮、除磷。

1. 活性污泥法基本流程

图 3-3 所示为活性污泥法处理系统的基本流程。该系统是以活性污泥反应器——曝气池作为核心处理设备，此外还有二次沉淀池、污泥回流系统和曝气与空气扩散系统。

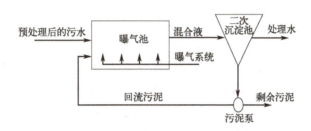

图 3-3　活性污泥法处理系统的基本流程（传统活性污泥法系统）

在正式投入运行前，曝气池内必须进行以污水作为培养基的活性污泥培养与驯化工作。经初次沉淀池或水解酸化装置处理后的污水从一端进入曝气池，与此同时，从二次沉淀池连续回流的活性污泥作为接种污泥，也与此同步进入曝气池。曝气池内设有空气管和空气扩散装置。由空压机站送来的压缩气，通过铺设在曝气池底部的空气扩散装置对混合液曝气，使曝气池内混合液得到充足的氧气并处于剧烈搅动的状态。活性污泥与污水互相混合、充分接触，使污水中的可溶性有机污染物被活性污泥吸附，继而被活性污泥的微生物群体降解，使污水得到净化。完成净化过程后，混合液流入二沉池，经过沉淀，混合液中的活性污泥与已被净化的污水分离，处理水从二沉池排放，活性污泥在沉淀池的污泥区受重力浓缩，并以较高的浓度由二沉池的吸刮泥机收集流入回流污泥集泥池，再由回流泵连续不断地回流污泥，使活性污泥在曝气池和二沉池之间不断循环，始终维持曝气池中混合液的活性污泥浓度，保证来水得到持续的处理。微生物在降解 BOD 时，一方面产生 H_2O 和 CO_2 等代谢产物，另一方面自身不断增殖，系统中出现剩余污泥，需要向外排泥。

2. 影响活性污泥法的因素

（1）溶解氧　活性污泥法是需氧的好氧过程。由于活性污泥絮凝体的大小不同，所需要的最小溶解氧浓度也就不一样。絮凝体越小，与污水的接触面积越大，也越宜于对氧的摄取，所需要的溶解氧浓度就小；反之，絮凝体大，则所需的溶解氧浓度就大。为了使沉淀分离性能良好，需要形成较大的絮凝体，因此，溶解氧浓度以 2mg/L 左右为宜。

（2）营养物质平衡　参与活性污泥处理的微生物，在其生命活动过程中，需要不断地从周围环境的污水中摄取微生物生长所必需的营养物质，包括碳源、氮源、无机盐类及某些生长素等。对氮、磷的需要量应满足 BOD : N : P=100 : 5 : 1。

（3）pH 值　对于好氧生物处理，pH 值一般以 6.5～9.0 为宜。pH 值低于 6.5，真菌即开始与细菌竞争，降低到 4.5 时，真菌则将完全占优势，严重影响沉淀分离；pH 值超过 9.0 时，代谢速度受到阻碍。对于活性污泥法，其 pH 值是指混合液的 pH 值。

（4）水温　水温是影响微生物生长活动的重要因素。对于生化过程，一般认为水温在 2～30℃时效果最好，35℃以上和 10℃以下净化效果降低。因此，对高温工业污水要采取降温措施；对寒冷地区的污水，则应采取必要的保温措施。

（5）有毒物质　对生物处理有毒害作用的物质很多。有毒物质大致可分为重金属、H_2S 等无机物质和氰、酚等有机物质。这些物质对细菌有毒害作用，或是破坏细菌细胞某些必要的生理结构，或是抑制细菌的代谢进程。

三、传统活性污泥工艺

传统活性污泥工艺（普通活性污泥法或推流式活性污泥法）是最早成功应用的运行方式，其他活性污泥法都是在其基础上发展而来的。传统活性污泥法的基本流程见图 3-4。传统活性污泥工艺系统由四部分组成，即曝气池、曝气系统、二沉池及污泥回流系统。曝气池是活性污泥法的核心，是微生物吸附、降解废水中有机污染物和部分无机物的主要场所。曝气系统使空气中的氧（或纯氧）溶解于混合液中，并提供适当搅拌。二沉池对活性污泥和已经处理过的废水进行固液分离。上层为已处理好的出水，排出沉淀池；下层为分离出的活性污泥，大部分由污泥回流系统送回曝气池（回流污泥），其余部分作为剩余污泥排出另行处理。污泥回流系统通过污泥提升设备将二沉池分离出来的活性污泥送回曝气池，维持曝气池中活性污泥的浓度。

二维码 3-2

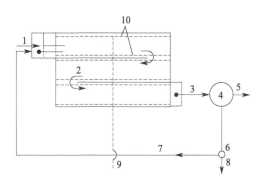

图 3-4　传统活性污泥法系统

1—经预处理后的污水；2—活性污泥反应器（曝气池）；3—从曝气池流出的混合液；4—二次沉淀池；
5—处理后污水；6—污泥泵站；7—污泥回流系统；8—剩余污泥；9—来自空压机站的空气；10—曝气系统与空气扩散装置

曝气池呈长方形，污水和回流污泥一起从曝气池的首端进入，在曝气和水力条件的推动下，污水和回流污泥的混合液在曝气池内呈推流形式流动至池的末端，随后流出池外进入二沉池。在二沉池中，处理后的污水与活性污泥分离，部分污泥回流至曝气池，另一部分污泥则作为剩余污泥排出系统。推流式曝气池一般建成廊道型，为避免短路，廊道的长宽比一般不小于 5∶1。根据需要，有单廊道、双廊道或多廊道等形式。曝气方式可以是机械曝气，也可以采用鼓风曝气。

传统活性污泥工艺的特征是曝气池前段液流和后段液流不发生混合，污水浓度自池首至池尾呈逐渐下降的趋势，需氧量沿池长逐渐降低。因此有机物降解反应的推动力较大，效率较高。曝气池需氧量沿池长逐渐降低，尾端溶解氧一般处于过剩状态，在保证末端溶解氧正常的情况下，前段混合液中溶解氧含量可能不足。

（1）优点

① 处理效果好，BOD 去除率可达 90% 以上。适用于处理净化程度和稳定程度较高的污水。

② 根据具体情况，可以灵活调整污水处理程度的高低。

③ 进水负荷升高时，可通过提高污泥回流比的方法予以解决。

（2）缺点

① 曝气池首端有机污染物负荷高，耗氧速率也高，为了避免由于缺氧形成厌氧状态，进水有机物负荷不宜过高。曝气池容积大，占用的土地较多，基建费用高。

② 曝气池末端有可能出现供氧速率大于需氧速率的现象，动力消耗较大。

③ 对进水水质、水量变化的适应性较低，运行效果易受水质、水量变化的影响。

曝气池的形式与构造可以从以下几个方面分类：①按照曝气池中混合液的流动形态分，曝气池可以分为推流式、完全混合式和循环混合式；②按照平面形状，可分为长方廊道形、圆形或方形、环形跑道形三种；③按照采用的曝气方法，可分为鼓风曝气式、机械曝气式以及两者联合使用的联合式三种；④按照曝气池与二次沉淀池的关系，可分为分建式和合建式两种。

四、推流式曝气池

推流式曝气池见图 3-5。推流式曝气池为长方廊道形池子，常采用鼓风曝气，扩散装置排放在池子的一侧，这样布置可使水流在池中呈螺旋状前进，增加气泡和水的接触时间。为了帮助水流旋转，池侧面两墙的墙顶和墙脚一般都外凸呈斜面。为了节约空气管道，相邻廊道的扩散装置常沿公共隔墙布置。曝气池的数目随污水厂的规模和污水流量而定。

二维码 3-3

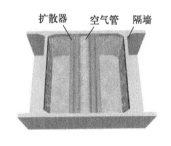

扩散器　空气管　隔墙

图 3-5　推流式曝气池

(a)　　(b)

(c)　　(d)

图 3-6　曝气池廊道

曝气池的池长可达 100m。为了防止短流，廊道长度和宽度之比应大于 5，甚至大于 10。为了使水流更好地旋转前进，宽深比不大于 2，常在 1.5～2 之间。池深常在 3～5m。池深与造价和动力费有密切关系。池子深，氧的转移效率提高，可以降低空气量，但压缩空气的压力将提高；反之空气压力降低，氧转移效率也降低。

曝气池进水口一般淹没在水面以下，以免污水进入曝气池后沿水面扩散，造成短流，影响处理效果。曝气池出水设备可采用溢流堰或出水孔。通过出水孔的水流流速一般较小（0.1～0.2m/s），以免污泥受到破坏。在曝气池半深处或距池底 1/3 深处以及池底处设置放水管。前两者备间歇运行（培养活性污泥）时用；后者备池子清洗放空用。

曝气池在结构上可以分成若干单元，每个单元包括几个池子，每个池子常由1～4个折流的廊道组成。如图3-6所示，采用奇数廊道时，入口和出口在池子的两端；采用偶数廊道时，入口和出口在池子的同一端。曝气池的选用取决于污水厂的总平面布置和运行方式，例如生物吸附法常采用偶数廊道。上述长方廊道形鼓风曝气池多用于大中型污水处理厂。

技能训练

1. 工艺流程解析技能：案例中传统活性污泥工艺。

经初次沉淀池处理后的污水进入曝气池，同时，从二次沉淀池连续回流的活性污泥，也进入曝气池。曝气池内设有空气管和空气扩散装置。由空压机站送来的压缩气，通过铺设在曝气池底部的空气扩散装置对混合液曝气，使混合液得到充足的氧气并处于剧烈搅动状态。活性污泥与污水充分接触，使污水中的可溶性有机污染物被活性污泥吸附，继而被活性污泥中的微生物群体降解，使污水得到净化。完成净化过程后，混合液流入二沉池。经过沉淀，混合液中的活性污泥与已被净化的污水分离，处理水从二沉池排放，活性污泥在沉淀池的污泥区受重力浓缩，被吸刮泥机收集流入回流污泥集泥池，再由回流泵连续不断地回流污泥，使活性污泥在曝气池和二沉池之间不断循环，始终维持曝气池中混合液的活性污泥浓度，保证来水得到持续的处理。微生物在降解 BOD 时，一方面产生 H_2O 和 CO_2 等代谢产物，另一方面自身不断增殖，系统中出现剩余污泥，需要向外排泥。

2. 工艺流程图绘制技能：传统活性污泥工艺。

传统活性污泥工艺流程简图见图 3-7。

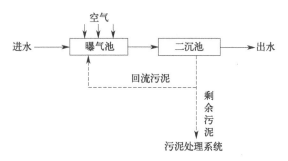

图 3-7　传统活性污泥工艺流程简图

任务 3-2　AB 工艺

学习目标

● 知识目标

① 掌握 AB 工艺相关知识（适用对象、工艺流程、特点等）；
② 掌握曝气设备相关知识（曝气方法、鼓风曝气系统组成及各设备作用）。

● 能力目标

① 能够正确绘制 AB 工艺流程图；
② 能够熟练完成 AB 工艺巡视及风机流量调节。

任务描述

某石化公司污水处理厂的二级处理采用 AB 工艺，现在需要检查一下 AB 工艺的运行情况并解决风机流量问题。

 任务实施

任务名称	AB 工艺	
任务提要	应掌握的知识点：AB 工艺（流程、A 段和 B 段特点）、曝气方法、鼓风曝气系统组成、扩散器类型。 应掌握的技能点：绘制 AB 工艺流程图、工艺巡视、调节风机流量	

任务实施	基本技术信息	该污水处理厂工艺流程图如图 2-13 所示，请根据流程图思考如下问题： 1. 写出污水的走向。 2. 污水处理分为几级？ 3. 一级处理包括哪些主要构筑物？每种构筑物的适用对象和对应的处理方法是什么？填入表 3-5。

表 3-5　一级处理构筑物

构筑物名称	适用对象	处理方法

4. 事故池设置的目的及设置的原因是什么？
5. 事故池的作用是什么？
6. 使用事故池的注意事项有哪些？
7. 调节池加入药剂的作用是什么？
8. AB 工艺全称是什么？
9. AB 工艺 A 段、B 段分别包括哪些构筑物？
10. 绘制 AB 工艺基本流程图，并标清 A 段和 B 段。
11. 简述 AB 工艺 A 段、B 段的关系

任务1描述	请对污水处理厂工艺运行情况进行工艺巡视，并讲述巡视过程

将巡视结果填入表 3-6 中。

表 3-6　工艺巡视表

巡检时间间隔	粗格栅水位差/m	进水流量	沉砂池	A 段曝气池		中沉池	A 段污泥回流井	B 段曝气池	二沉池				B 段污泥回流井	鼓风机房	污泥脱水机房	
		流量/(m³/h)	刮砂机运行情况	混合液色观察	SV₃₀ DO	刮泥机运行情况	回流量/(m³/h)	混合液色观察	DO	COD	NH₃-N	SS	回流量/(m³/h)	鼓风机压力	温度	污泥含水率	脱水机情况

任务2描述	请找出 A 段吸附池中溶解氧和风压下降原因，并做出相应调整措施，使 A 段吸附池溶解氧值符合要求

任务完成过程	分析问题产生原因
	制订处理方案
	试操作成绩：
	存在问题：

		1. 曝气方法分为几种？ 2. 鼓风曝气系统的组成及各部分的作用请填入表3-7。

表 3-7　鼓风曝气系统组成及作用

组成部分	主要作用

3. 空气扩散器的类型、气泡直径及优缺点（用途）请填入表3-8。

表 3-8　空气扩散器

类型	气泡直径	常用类型的优缺点或用途	
		扩散管	
		穿孔管	
		竖管	
		膜片微孔曝气器	

任务实施 / 工艺知识拓展

任务评价	个人评价	
	组内互评	
	教师评价	

任务反思	收获心得	
	存在问题	
	改进方向	

 知识储备

二维码 3-4

一、曝气方法及设备

1. 曝气方法

活性污泥的正常运行，除要有性能良好的活性污泥外，还必须有充足的溶解氧。通常氧的供应是将空气中的氧强制溶解到混合液中去的曝气过程。曝气的过程除供氧外，还起搅拌混合作用，使活性污泥在混合液中保持悬浮状态，与污水充分接触混合。

常用的曝气方法有鼓风曝气、机械曝气和两者联合使用的鼓风机械曝气。鼓风曝气的过程是将压缩空气通过管道系统送入池底的空气扩散装置，并以气泡的形式扩散到混合液，使气泡中的氧迅速转移到液相供微生物生长代谢需要。机械曝气则是利用安装在曝气池水面的叶轮的转动，剧烈地搅动水面，使液体循环流动，不断更新液面并产生强烈水跃，从而使空气中的氧与水滴或水跃的界面充分接触而转移到液相中去。

2. 鼓风曝气设备

鼓风曝气是传统的曝气方法，它由加压设备、扩散装置和管道系统三部分组成。加压设备一般采用回转式鼓风机，也可采用离心式鼓风机。为了净化空气，其进气管上常装设空气过滤器，在寒冷地区常在进气管前设空气预热器。

（1）扩散管、扩散盘　扩散管是由多孔陶质扩散管组成，其内径为 44 ～ 75mm，壁厚 6 ～ 14mm，长 600mm，每 10 根为一组，见图 3-8。通气率为 12 ～ 15m³/（根·h）。

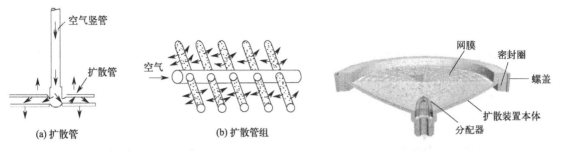

图 3-8　扩散管

图 3-9　网状膜曝气管

扩散盘的种类很多，图 3-9 所示是我国自主研制的 WM-180 型网状膜曝气器。该曝气器采用网状膜代替曝气盘用的各种曝气板材，其网很薄，网上的孔径笔直，滤水透气效果均优于微孔板材，不易发生堵塞。网膜采用聚酯纤维制成。网状膜曝气器采用底部供气，空气经分配器第一次切割后均匀分布到气室内，高速气流经切割分配到网状膜的各个部位而受到阻挡，然后通过特制网膜微孔的第二次切割，形成微小气泡，均匀分布扩散到水中。曝气器服务面积为 0.5m³/ 只，单盘供气量为 2.0 ～ 2.5m³/h，氧利用率为 12% ～ 15%，动力效率（以氧气计）为 2.7 ～ 3.5kg/（kW·h）。使用该曝气器的供气系统，空气不需要滤清处理。曝气器不易发生堵塞，可以省去空气净化设备。

图 3-10 所示是我国自主研制的 YMB-1 型膜片微孔曝气器。该曝气器的气体扩散装置采用微孔合成橡胶膜片，膜片上开有 150 ～ 200μm 的 5000 个同心圆布置的自闭式孔眼。当充气时空气通过布气管道，并通过底座上的孔眼进入膜片和底座之间，在空气的压力作用下，使膜片微微鼓起，孔眼张开，达到布气扩散的目的。当供气停止时，由于膜片与底座之间的压力下降，膜片本身的弹性作用使孔眼渐渐自动闭合，压力全部消失后，由于水压作用，膜片被压实于底座之上。因此，曝气池中的混合液不可能产生倒罐，也不会玷污孔眼。另外，当孔眼开启时，其尺寸稍大于微孔曝气孔眼，空气中所含少量尘埃，也不会造成曝气器的缝隙堵塞，因此不需要空气净化设备。

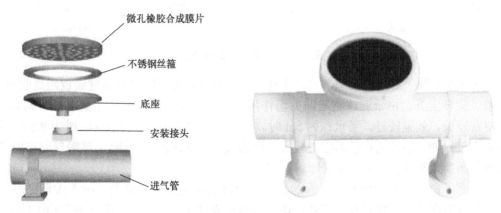

图 3-10　膜片微孔曝气器

（2）穿孔管　穿孔管如图 3-11 所示。

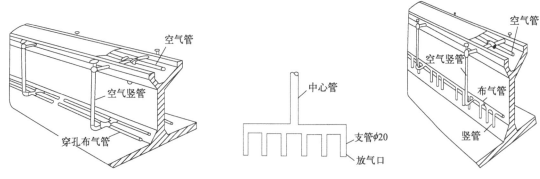

图 3-11　采用穿孔布气管的布置方式　　　　　图 3-12　竖管扩散器及其布置形式

穿孔管是穿有小孔的钢管或塑料管，小孔直径一般为 3 ～ 5mm，孔开于管下侧与垂直面呈 45°夹角处，孔距为 10 ～ 15mm，穿孔管单设于曝气池一侧高于池底 10 ～ 20cm 处，也有按编织物的形式安装遍布池底。穿孔管的布置一般为 2 ～ 3 排。穿孔管比扩散管阻力小，不易堵塞，氧利用率在 6% ～ 8% 之间，动力效率（以 O_2 计）为 2.3 ～ 3.0kg/（kW·h）。

（3）竖管　指在曝气池的一侧布置以横管分支成梳形的竖管，竖管直径在 15mm 以上，离池底 150mm 左右。图 3-12 为一种竖管扩散器及其布置形式的示意图。竖管属于大气泡扩散器，由于大气泡在上升时形成较强的紊流并能够剧烈地翻动水面，从而加强了气泡液膜层的更新和从大气中吸氧的过程，虽然气液接触面积比小气泡和中气泡的要小，但氧利用率仍在 6% ～ 7% 之间，动力效率为 2 ～ 2.6kg/（kW·h），竖管曝气装置在构造和管理上都很简单，并且无堵塞问题。

（4）水力剪切扩散装置　属于水力剪切扩散装置的有倒盆式、射流式、撞击式等（见图 3-13）。

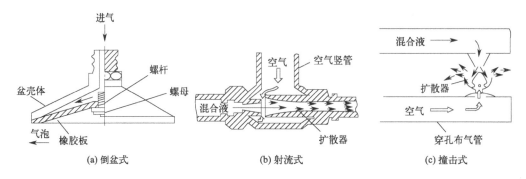

（a）倒盆式　　　　　　　　（b）射流式　　　　　　　　（c）撞击式

图 3-13　水力剪切扩散装置

倒盆式扩散器上缘为聚乙烯塑料，下托一块橡胶板，曝气时空气从橡胶板四周吹出，呈一股喷流旋转上升，由于旋流造成的剪切作用和紊流作用，使气泡尺寸变小（2mm 以下），液膜更新较快，效果较好。当水深为 5m 时，氧利用率可达 10%，水深 4m 时为 8.5%，每只通气量为 12m³/h。倒盆式扩散器阻力较大，动力效率为 2.6kg/（kW·h），该曝气器在停气时，橡胶板与倒盆紧密贴合，无堵塞问题。

射流式扩散装置是利用水泵打入的泥水混合液的高速水流为动能，吸入大量空气，泥、水、气混合液在喉管中强烈混合搅动，使气泡粉碎成雾状，继而在扩散管内由动能转变成压能，微细气泡进一步压缩，氧迅速转移到混合液，从而强化了氧的转移过程，氧利用率可提高到 25% 以上。

二、吸附－生物降解活性污泥工艺（AB 工艺）

AB 工艺是吸附 - 生物降解工艺的简称。AB 工艺流程如图 3-14 所示。

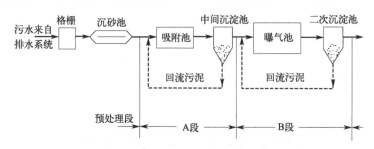

图 3-14　AB 法污水处理工艺流程

　　AB 工艺由预处理段和以吸附作用为主的 A 段、以生物降解作用为主的 B 段组成。在预处理段只设格栅、沉砂池等简易处理设备，不设初沉池。A 段由 A 段吸附池与沉淀池构成，B 段由 B 段曝气池与二沉池构成。A、B 两段虽然都是生物处理单元，但两段完全分开，各自拥有独立的污泥回流系统和各自独特的微生物种群。污水先进入高负荷的 A 段，再进入低负荷的 B 段。

　　A 段可以根据原水水质等情况的变化采用好氧或缺氧运行方式；B 段除了可以采用普通活性污泥法外，还可以采用生物膜法、氧化沟法、SBR 法、A/O 法或 A²/O 法等处理工艺。

　　AB 法适于处理城市污水或含有城市污水的混合污水。而对于工业污水或某些工业污水比例较高的城市污水，由于其中适应污水环境的微生物浓度很低，使用 AB 法时 A 段效率会明显降低，A 段作用只相当于初沉池，故对这类污水不宜采用 AB 法。另外，未进行有效预处理或水质变化较大的污水也不适宜使用 AB 法处理，因为在这样的污水管网系统中，微生物不宜生长繁殖，直接导致 A 段的处理效果因外源微生物的数量较少而受到严重影响。

 技能训练

1. 绘制 AB 工艺流程图（图 3-15）。

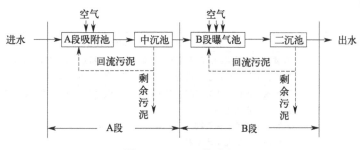

图 3-15　AB 工艺流程

2. 工艺巡视（表 3-6）。
①目的：及时发现并消除装置中存在的各种隐患，确保生产装置安全、稳定运行。
②巡视间隔时间：2h。
3. 调节风机流量（表 3-9）。

表 3-9

事故现象	A 段吸附池内溶解氧和风压下降,风压从 0.25MPa 下降到 0.12MPa,气体流量减少,由 200m³/h 降低为 0
问题产生原因	鼓风机出现故障
处理方案	①关闭故障风机; ②关闭故障风机出气阀; ③打开备用进气阀,开度≥50; ④打开备用出气阀,开度≥50; ⑤开启备用风机,使风量上升; ⑥通过改变转速、进气叶片、排气阀等方法调节风量到 262m³/d 左右(目前设计为调节进出口阀门度来调节风机流量)

任务 3-3　SBR 工艺

 **学习目标**

● 知识目标

① 掌握 SBR 工艺的适用对象、工艺流程、特点等;

② 掌握 SBR 池运行一个周期各工序的任务。

● 能力目标

① 能够正确绘制 SBR 工艺流程图;

② 能够熟练完成手动启动 SBR 工艺操作及滗水器故障的应急处理操作。

 **任务描述**

　　某污水处理厂的二级处理采用 SBR 工艺,现在需要手动启动 SBR 池,并对滗水器故障进行相关应急处理。

 任务实施

任务名称		SBR 工艺
任务提要		应掌握的知识点:SBR 工艺的工艺流程、工艺特点;滗水器的作用、工作原理。 应掌握的技能点:手动启动 SBR 池,滗水器故障应急处理
任务实施	基本 技术信息	该污水处理厂工艺流程图如图 2-1 所示,请根据流程图思考如下问题。 1. 写出污水的走向。 2. 写出一级处理构筑物。 3. 讲述一级处理工艺流程。 4.SBR 工艺的全称是什么? 5. 绘制 SBR 工艺基本流程图。 6. 简述 SBR 池的名称与功能。 7. 一个 SBR 池运行一个周期要完成哪些工序? 8.SBR 池的曝气方式分为哪三种?其特点分别是什么? 9. 讲述 SBR 各工序的主要任务

任务实施	任务1描述	请手动启动 SBR 池	
	任务1完成过程	1. 确定各工序用时；2. 制订启动方案	
		试操作成绩.	
		存在问题:	
	任务2描述	请处理滗水器出现的异常问题	
	任务2完成过程	分析问题产生原因	
		制订处理方案	
		试操作成绩:	
		存在问题:	
	知识拓展	1. 滗水器的优点是什么？2.SBR 工艺的特点是什么？	
任务评价		个人评价	
		组内互评	
		教师评价	
任务反思		收获心得	
		存在问题	
		改进方向	

 知识储备

二维码 3-5

SBR 法即序批式活性污泥工艺，又称间歇式活性污泥法。

1.SBR 法的工艺流程

SBR 工艺的核心构筑物是集有机污染物降解与混合液沉淀于一体的反应器——间歇曝气池。图 3-16 为 SBR 法工艺流程。SBR 法的主要特征是反应池一批一批地处理污水，采用间歇式运行的方式，每一个反应池都兼有曝气池和二沉池的作用。因此，该工艺不需再设置二沉池和污泥回流设备，而且一般也可以不建水质或水量调节池。

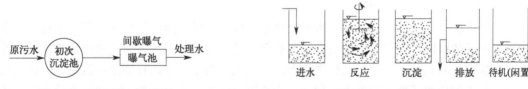

图 3-16　SBR 法工艺流程　　　　　图 3-17　SBR 工艺工序

2.SBR 法的特点

SBR 法的特点是：①对水质水量变化的适应性强，运行稳定，适于水质水量变化较大的中小城镇污水处理，也适用于高浓度污水处理；②为非稳态反应，反应时间短，静沉时间也短，可不设初沉池和二沉池，体积小，基建费比常规活性污泥法约省 22%，占地少 38% 左右；③处理效果好，BOD_5 去除率达 95%，且产泥量少；④好氧、缺氧、厌氧交替出现，能同时具有脱氮（80%～90%）和除磷（80%）的功能；⑤反应池中溶解氧浓度在 0～2mg/L 之间变化，可减少能耗，在同时完成脱氮除磷的情况下，其能耗仅与传统活性污泥法相当。

3.SBR 工艺运行操作

SBR 法曝气池的运行周期由进水、反应、沉淀、排放、待机（闲置）五个工序组成。这五个工序都是在曝气池内进行的，其工作原理见图 3-17。

（1）进水工序　进水工序是指从开始进水至到达反应器最大容积期间的所有操作。进水工序的主要任务是向反应器中注水。但通过改变进水期间的曝气方式，也能够实现其他功能。进水阶段的曝气方式分为非限量曝气、半限量曝气和限量曝气。非限量曝气就是边进水边曝气，进水曝气同步进行。这种方式既可取得预曝气的效果，又可起到使污泥再生并恢复其活性的作用。限量曝气就是在进水阶段不曝气，只是进行缓速搅拌，这样可以达到脱氮和释放磷的功能。半限量曝气是在进水进行到一半后再进行曝气，这种方式既可以脱氮和释放磷，又能使污泥再生恢复其活性。

本工序所用的时间，可根据实际排水情况和设备条件确定。从工艺效果上要求，注入时间以短促为宜，瞬间最好，但这在实际上有时是难以做到的。

（2）反应工序　进水工序完成后，即污水注入达到预定高度后，就进入反应工序。反应工序的主要任务是对有机物进行生物降解或脱氮除磷。这是本工艺最主要的一道工序。根据污水处理的目的，如 BOD 去除、硝化、磷的吸收以及反硝化等，采取相应的技术措施，如前三项的技术措施为曝气，后一项则为缓速搅拌，并根据需要达到的程度以决定反应的延续时间。

在本工序的后期，进入下一步沉淀工序之前，还要进行短暂的微量曝气，脱除附着在污泥上的气泡或氮，以保证沉淀过程的正常进行。

（3）沉淀工序　反应工序完成后就进入沉淀工序，沉淀工序的任务是完成活性污泥与水的分离。在本工序，SBR 反应器相当于活性污泥法连续系统的二次沉淀池。进水停止，不曝气、不搅拌，使混合液处于静止状态，从而达到泥水分离的目的。沉淀工序所用的时间基本同二次沉淀池，一般为 1.5 ～ 2.0h。

（4）排放工序　排放工序首先是排放经过沉淀后产生的上清液，然后排放系统产生的剩余污泥，并保证 SBR 反应器内残留一定数量的活性污泥作为种泥。一般而言，SBR 法反应器中的活性污泥数量一般为反应器容积的 50% 左右。SBR 系统一般采用滗水器排水。

（5）待机工序　也称闲置工序，即在处理水排放后，反应器处于停滞状态，等待下一个操作周期开始的阶段。闲置工序的功能是在静置无进水的条件下，使微生物通过内源呼吸作用恢复其活性，并起到一定的反硝化作用而进行脱氮，为下一个运行周期创造良好的初始条件。通过闲置期后的活性污泥处于一种营养物的饥饿状态，单位质量的活性污泥具有很大的吸附表面积，因而当进入下个运行周期的进水期时，活性污泥便可充分发挥其较强的吸附能力从而有效地发挥其初始去除作用。闲置工序的时间长短取决于所处理的污水种类、处理负荷和所要达到的处理效果。

 技能训练

1.SBR 池手动运行操作（见表 3-10）。

水污染控制技术

表 3-10

SBR 池工艺参数	①反应器内 BOD 容积负荷：0.5kg/（m³·d）。 ② SVI 为 90。 ③周期 T=6h，一日内周期数 n=24/6=4。 ④设池数 N=3。 ⑤周期内时间分配： a. 进水时间：T/N=6/3=2.0h。 b. 曝气（进水 1h 后开始）时间：3.0h。 c. 静沉时间：1.0h。 d. 放水时间：0.5h。 e. 待机时间：0.5h。 ⑥混合液 MLSS=4000mg/L。 ⑦ SBR 反应池溶解氧：厌氧时 DO＜0.2mg/L，好氧时 DO=2.0～3.0mg/L。 ⑧污泥负荷（以 BOD 和 MLSS 计）：0.12kg/（kg·d）。 ⑨泥龄：20～30d
各工序 运行时间	根据 SBR 池运行参数，运行 1 个周期 6h，计算各工序运行时间如下： 进水工序 2h，反应工序 2h，沉淀工序 1h，排放工序 0.5h，闲置工序 0.5h
启动步骤	①自动切换为手动； ②确认进水阀关闭； ③打开旁通阀，降低 SBR 池水位； ④检修； ⑤到达 SBR 池水位，关闭旁通阀； ⑥系统复位，回到自动状态

2. 滗水器异常问题处理（见表 3-11）。

表 3-11

事故现象	1 号 SBR 池中滗水器亮故障灯，液位超高报警
问题产生原因	滗水器出现故障
处理方案	① 1 号 SBR 池系统自动切换为手动； ②确认进水阀关闭； ③打开滗水器旁通阀（开度不小于 50），降低 SBR 池水位； ④关闭故障滗水器的电源； ⑤观察 1 号 SBR 池液位是否恢复正常（1 号 SBR 池液位正常为＜4.0m）

任务 3-4　氧化沟工艺

学习目标

●知识目标

① 掌握氧化沟工艺相关知识（适用对象、工艺流程，氧化沟类型、特点、工作过程）；
② 掌握机械曝气及其设备相关知识（类型、构造、工作原理）。

●能力目标

能够熟练完成氧化沟转刷故障处理、内沟溶解氧调节的操作。

某污水处理厂的二级处理采用氧化沟工艺，先后出现了曝气转刷故障、内沟溶解氧值偏低的问题，需要处理。

任务实施

任务名称		氧化沟工艺
任务提要		应掌握的知识点：氧化沟相关知识（类型、组成、工作过程等）；机械曝气设备相关知识。 应掌握的技能点：曝气转刷故障处理、调节内沟溶解氧
任务实施	基本技术信息	该污水处理厂工艺流程图见图1-10，请思考如下问题： 1. 写出污水的走向。 2. 一级处理包括哪些构筑物？ 3. 请讲述一级处理工艺流程。 4. 二级处理采用氧化沟工艺，氧化沟工艺包括哪些构筑物？ 5. 根据图3-18描述氧化沟的外观、类型。 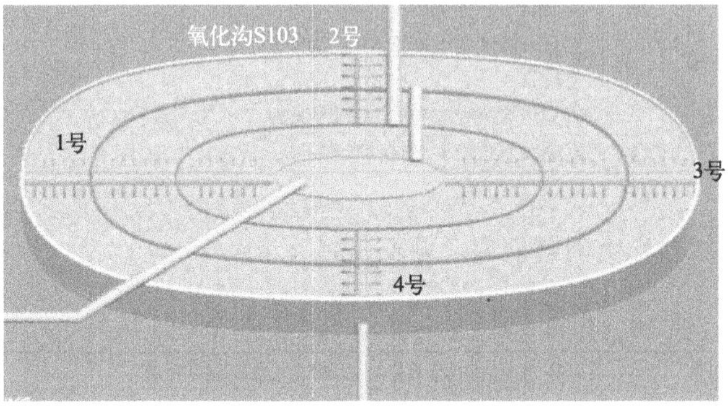 图3-18 氧化沟示意图 ①外观： ②类型： 6. 绘制奥贝尔氧化沟工艺流程。 7. 奥贝尔氧化沟的常用曝气设备是什么？属于哪种类型的曝气设备？
	任务1描述	请排除曝气转刷故障
	任务1完成过程	故障现象
		制订解决方案
		试操作成绩：
		存在问题：
	任务2描述	请调节内沟溶解氧
	任务2完成过程	根据事故现象，分析事故原因
		制订解决方案
		试操作成绩：
		存在问题：
	知识拓展	1. 简述卡鲁塞尔氧化沟的特点、曝气设备、工作过程、溶解氧的特点。 2. 简述表面曝气机的类型、工作原理

任务 评价	个人评价	
	组内互评	
	教师评价	
任务 反思	收获心得	
	存在问题	
	改进方向	

 知识储备

二维码 3-6

一、机械曝气

机械曝气设备按传动轴的安装方向，分为卧轴（横轴）式机械曝气器和竖轴（纵轴）式机械曝气器两类。

1. 卧轴式机械曝气器

现在应用的卧轴式机械曝气器主要是转刷曝气器。转刷曝气器主要用于氧化沟，具有负荷调节方便、维护管理容易、动力效率高等优点。曝气转刷是一个附有不锈钢丝或板条的横轴（见图 3-19），用电机带动，转速通常为 40～60r/min。转刷贴近液面，部分浸在池液中。转动时，钢丝或板条把大量液体甩出水面，并使液面剧烈波动，促进氧的溶解；同时推动混合液在池内循环流动，促进溶解氧扩散转移。

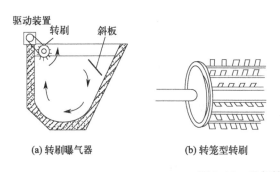 

(a) 转刷曝气器　　　　(b) 转笼型转刷　　　　(c) 转刷示意图

图 3-19　曝气转刷

2. 竖轴式机械曝气器（竖轴叶轮曝气机或表面曝气叶轮）

竖轴叶轮曝气机常用的有泵型、K形、倒伞形和平板形四种。泵型叶轮曝气器是由叶片、上平板、上压罩、下压罩、导流锥顶以及进气孔、进水口等部件组成，如图 3-20 所示。泵型叶轮曝气器的充氧能力和充氧动力效率都比较好。

K形叶轮曝气器如图 3-21 所示。K形叶轮曝气器由后轮盘、叶片、盖板及法兰等组成，后轮盘呈流线型，与若干双曲率叶片相交成液流孔道，孔道从始端至末端旋转 90°。后轮盘端部外缘与盖板相接，盖板大于后轮盘和叶片，其外伸部分与各叶片的上部形成压水罩。

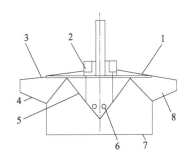

图 3-20　泵型叶轮曝气器构造示意图

1—上平板；2—进气孔；3—上压罩；4—下压罩；
5—导流锥顶；6—引气孔；7—进水口；8—叶片

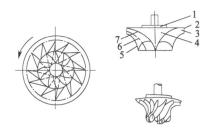

图 3-21　K 形叶轮曝气器结构图

1—法兰；2—盖板；3—叶片；4—后轮盘；
5—后流线；6—中流线；7—前流线

　　倒伞形叶轮曝气器由圆锥体及连在其外表面的叶片组成，如图 3-22 所示。叶片的末端在圆锥体底边沿水平方向伸展出一小段，使叶轮旋转时甩出的水幕与池中水面相接触，从而扩大了叶轮的充氧、混合作用。为了提高充氧量，某些倒伞形叶轮在锥体上邻近叶片的后部钻有进气孔。倒伞形叶轮曝气器构造简单，易于加工。

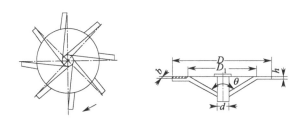

图 3-22　倒伞形叶轮曝气器结构示意图

二、循环混合式曝气池

　　循环混合式曝气池主要是指氧化沟。氧化沟是 20 世纪 50 年代荷兰开发的一种生物处理技术，属于活性污泥法的一种变法。

　　图 3-23 所示为氧化沟的平面示意图，图 3-24 所示为以氧化沟为生物处理单元的污水处理流程。

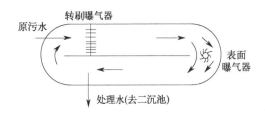

图 3-23　氧化沟的平面示意图

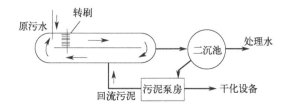

图 3-24　以氧化沟为生物处理单元的污水处理流程

　　氧化沟是平面呈椭圆环形或环形"跑道"的封闭沟渠，不仅能够用于处理生活污水和城市污水，也可用于处理机械工业污水。其处理深度也在加深，不仅用于生物处理，也用于二级强化生物处理。氧化沟的断面可做成梯形或矩形，渠的有效深度常为 0.9 ～ 1.5m，有的深达 2.5m。氧化沟多采用转刷供氧，转刷旋转时不仅起曝气的作用，同时还使混合液在池内循环流动。

氧化沟可分为间歇运行和连续运行两种方式。间歇运行适用于处理量少的污水，可省掉二次沉淀池，当停止曝气时，氧化渠作沉淀池使用，剩余污泥通过氧化渠中污泥收集器排除；连续运行适用于水量稍大的污水处理，需另设二次沉淀池和污泥回流系统。

1. 氧化沟的基本工艺过程

进入氧化沟的污水和回流污泥混合液在曝气装置的推动下，在闭合的环形沟道内循环流动，混合曝气，同时得到稀释和净化。与入流污水及回流污泥总量相同的混合液从氧化沟出口流入二沉池。处理水从二沉池出水口排放，底部污泥回流至氧化沟。与普通曝气池不同的是氧化沟除外部污泥回流之外，还有极大的内回流，环流量为设计进水流量的 30～60 倍，循环一周的时间为 15～40min。因此，氧化沟是一种介于推流式和完全混合式之间的曝气池形式，综合了推流式与完全混合式的优点。

2. 常用的氧化沟类型

氧化沟按其构造和运行特征可分为多种类型。在城市污水处理中应用较多的有卡鲁塞尔氧化沟、奥贝尔氧化沟、交替工作型氧化沟和 DE 型氧化沟。

（1）卡鲁塞尔氧化沟　典型的卡鲁塞尔氧化沟是一多沟串联系统，一般采用垂直轴表面曝气机曝气。每组沟渠安装一个曝气机，均安设在一端。氧化沟需另设二沉池和污泥回流装置。处理系统如图 3-25 所示。沟内循环流动的混合液在靠近曝气机的下游为富氧区，而曝气机上游为低氧区，外环为缺氧区，有利于生物脱氮。表面曝气机多采用倒伞形叶轮，曝气机一方面充氧，一方面提供推力使沟内的环流速度在 0.3m/s 以上，以维持必要的混合条件。由于表面叶轮曝气机有较大的提升作用，氧化沟的水深一般可达 4.5m。

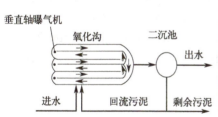
图 3-25　卡鲁塞尔氧化沟 
图 3-26　奥贝尔氧化沟

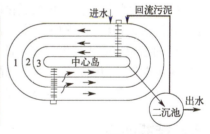
图 3-27　奥贝尔氧化沟系统工艺流程

（2）奥贝尔氧化沟　奥贝尔氧化沟是多级氧化沟，如图 3-26 所示。一般由若干个圆形或椭圆形同心沟道组成。工艺流程如图 3-27 所示。

污水从最外面或最里面的沟渠进入氧化沟，在其中不断循环流动的同时，从一条沟渠流入相邻的下一条沟渠，最后从中心的或最外面的沟渠流入二沉池进行固液分离。沉淀污泥部分回流到氧化沟，部分以剩余污泥排入污泥处理设备进行处理。氧化沟的每一沟渠都是一个完全混合的反应池，整个氧化沟相当于若干个完全混合反应池串联一起。

奥贝尔氧化沟在时间和空间上呈现出阶段性。各沟渠内溶解氧呈现出厌氧-缺氧-好氧分布，对高效硝化和反硝化十分有利。第一沟道内溶解氧低，进水碳源充足，微生物容易利用碳源，会发生反硝化作用即硝酸盐转化成氮类气体，同时微生物释磷。而在后边的沟道溶解氧增加，尤其在最后的沟道内溶解氧达到 2mg/L 左右，有机物氧化得比较彻底，同时在好氧状态下也有利于磷的吸收，磷类物质得以去除。

（3）交替工作型氧化沟　交替工作型氧化沟有两池（又称 D 型氧化沟）和三池（又称 T 型氧化沟）两种。

D 型氧化沟由相同容积的 A 池和 B 池组成，串联运行，交替作为曝气池和沉淀池，无须设污泥回流系统，如图 3-28 所示。一般以 8h 为一个运行周期。此系统可得到十分优质的出水和稳定的污泥。缺点是曝气转刷的利用率仅为 37.5%。

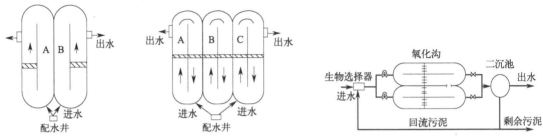

图 3-28　D 型氧化沟　　　　图 3-29　T 型氧化沟　　　　图 3-30　DE 型氧化沟的工艺流程

T 型氧化沟由相同容积的 A 池、B 池和 C 池组成。两侧的 A 池和 C 池交替作为曝气池和沉淀池，中间的 B 池一直为曝气池。原水交替进入 A 池或 C 池，处理水则相应地从作为沉淀池的 C 池或 A 池流出，见图 3-29。T 型氧化沟曝气转刷的利用率比 D 型氧化沟高，可达 58% 左右。该系统不需要污泥回流系统。通过适当运行，在去除 BOD 的同时，能进行硝化和反硝化过程，可取得良好的脱氮效果。

交替工作型氧化沟必须安装自动控制系统，以控制进出水的方向、溢流堰的启闭以及曝气转刷的开启和停止。

（4）DE 型氧化沟　DE 型氧化沟的工艺流程如图 3-30 所示。双沟 DE 型氧化沟的特点是在氧化沟前设置厌氧生物选择器（池）和双沟交替工作。设置生物选择池的目的：一是抑制丝状菌的增殖，防止污泥膨胀，改善污泥的沉降性能；二是聚磷菌在厌氧池进行磷的释放。厌氧生物选择池内配有搅拌器，以防止污泥沉积。DE 型氧化沟没有 T 型氧化沟的沉淀功能，大大提高了设备利用率，但必须像卡鲁塞尔氧化沟一样，设置二沉池及污泥回流设施。

 技能训练

1. 转刷故障处理（见表 3-12）。

表 3-12

事故现象	①转刷控制面板黄灯（故障灯）亮：转刷 1 的面板上，电源灯和自动挡亮，同时故障灯亮。 ②电流下降：电流值从正常的 64A 下降到 48A，故障转刷电流为 0。 ③好氧区（内沟）DO 值下降：内沟 DO 值下降到 1mg/L
问题产生原因	曝气转刷故障
处理方案	①关闭故障转刷； ②选择需要速度的启动按钮（高速挡、低速挡），选择高速挡增大曝气，使氧化沟充氧正常

2. 调节氧化沟内沟 DO（见表 3-13）。

水污染控制技术

表 3-13

事故现象	氧化沟内沟 DO 为 1mg/L
问题产生原因	曝气机未全功率工作，有曝气机未启动
处理目标	需要启动未启动的曝气机，使氧化沟内沟 DO 为 1.5～2.5mg/mL
处理方案	① 设置两速曝气机，选择需要速度的启动按钮（高速挡、低速挡），这里选择高速挡； ② 观察曝气机 10min，无异常及溶氧正常后完成操作

任务 3-5 A²/O 工艺

📁 学习目标

● 知识目标

① 掌握 A²/O 工艺相关知识（适用对象、工艺流程、特点、各段主要作用）；

② 掌握生物脱氮除磷相关知识（原因、生物脱氮原理、生物除磷原理、影响因素）。

● 能力目标

能够熟练完成 A²/O 工艺出水氨氮超标、出水总磷超标的处理操作。

◎ 任务描述

某污水处理厂的二级处理采用 A²/O 工艺，先后出现了 A²/O 工艺出水氨氮含量超标、出水总磷含量超标的问题，需要处理。

📄 任务实施

任务名称		A²/O 工艺
任务提要		应掌握的知识点：A²/O 工艺组成、工艺流程、每段作用。 应掌握的技能点：A²/O 工艺出水氨氮、总磷超标的处理
任务 实施	基本 技术信息	该污水处理厂工艺流程图如图 2-20 所示，请根据流程图思考如下问题： 1. 写出污水的走向。 2. 一级处理包括哪些构筑物？ 3. A²/O 工艺全称是什么？ 4. A²/O 工艺包括哪些构筑物？ 5. A²/O 工艺有哪些功能？ 6. 为什么要脱氮除磷？ 7. 简述生物脱氮机理。 8. 简述生物除磷机理。 9. 简述厌氧池、缺氧池、好氧池的功能
	任务 1 描述	某污水处理厂 A²/O 工艺出水 NH_3-N 超标，请将 NH_3-N 数值降至 3.75mg/L 以下
	任务 1 完成过程	分析原因
		制订解决方案
		试操作成绩：
		存在问题：

任务实施	任务2描述	某污水处理厂 A²/O 工艺出水 TP 超标，请将 TP 数值降至 0.75mg/L 以下	
	任务2完成过程	分析原因	
		制订解决方案	
		试操作成绩：	
		存在问题：	
	知识拓展	1.A²/O 工艺特点是什么？	
		2.A²/O 工艺存在的问题有哪些？	
任务评价	个人评价		
	组内互评		
	教师评价		
任务反思	收获心得		
	存在问题		
	改进方向		

 知识储备

二维码 3-7

一、厌氧－缺氧－好氧活性污泥法脱氮除磷工艺

简称 A²/O 工艺。该工艺不仅能够去除有机物，同时还具有脱氮和除磷的功能。具体做法是在 A/O 前增加一段厌氧生物处理过程，经过预处理的污水与回流污泥（含磷污泥）一起进入厌氧段，再进入缺氧段，最后再进入好氧段。图 3-31 为厌氧 - 缺氧 - 好氧活性污泥系统。

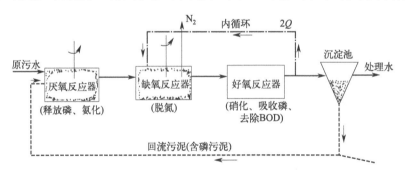

图 3-31　厌氧 - 缺氧 - 好氧活性污泥系统

厌氧段的首要功能是释放磷，同时部分有机物进行氨化。

缺氧段的首要功能是脱氮，硝态氮是通过内循环由好氧反应器送来的，循环的混合液量较大，一般为 $2Q$（Q 为原污水流量）。

好氧段是多功能的，去除有机物、硝化和吸收磷等反应都在本段进行。这三项反应都是非常重要的，混合液中含有硝态氮，污泥中含有过剩的磷，而污水中的 BOD（COD）则得到去除。流量为 $2Q$ 的混合液从好氧反应器回流至缺氧反应器。

本工艺具有以下特点：①运行中无须投药，前两段只用轻缓搅拌，以不增加溶解氧为度，运行费用低；②在厌氧、缺氧、好氧交替运行条件下，丝状菌不能大量增殖，避免了污泥膨胀的问题，SVI 值一般均小于 100；③工艺简单，总停留时间短，建设投资少。

本工艺也存在以下待解决问题：①除磷效果难再提高，污泥增长有一定的限度，不易提高，特别是当 P/BOD 值高时更如此；②脱氮效果也难以进一步提高，内循环量一般以 $2Q$ 为限，不宜太高。

二、生物脱氮除磷

1. 氮磷的危害

① 消耗受纳水体中的氧，使水中的溶解氧急剧下降，出现亏氧，使水变质，造成恶臭。
② 导致水体富营养化，促使藻类等水生植物过盛繁殖生长，使水质恶化。
③ 使水产类动物中毒，其致死浓度为 0.3 ～ 3.0mg/L。
④ 影响饮用水的消毒。水中氨与氯反应，生成氯胺，降低了消毒的效率。
⑤ 水中的氨对铜质设备造成腐蚀。在未经处理的焦化废水中，氮以有机氮和氨氮为主要存在方式。

2. 水体富营养化

低浓度的氮、磷即可引起水体富营养化。

水体富营养化是指在人类活动的影响下，生物所需的氮、磷等营养物质大量进入湖泊、河口、海湾等缓流水体，引起藻类及其他浮游生物迅速繁殖，水体溶解氧量下降，水质恶化，鱼类及其他生物大量死亡的现象。

因富营养化水中含有硝酸盐和亚硝酸盐，人畜长期饮用这些物质含量超过一定标准的水，也会中毒致病。在自然条件下，湖泊也会从贫营养状态过渡到富营养状态，不过这种自然过程非常缓慢。而人为排放含营养物质的工业废水和生活污水所引起的水体富营养化则可以在短时间内出现。

二维码 3-8

水体出现富营养化现象时，浮游生物大量繁殖，形成水华，如图 3-32 所示。因占优势的浮游藻类的颜色不同，水面往往呈现蓝色、红色、棕色、乳白色等。这种现象在海洋中则称为赤潮，如图 3-33 所示。

图 3-32　水华　　　　　　　　　　　　图 3-33　赤潮

3. 生物脱氮除磷机理

（1）生物脱氮原理　废水中的氮以有机氮、氨氮、亚硝态氮和硝态氮四种形式存在，而其中以氨氮和有机氮为主要形式。有机氮（占 40% ～ 60%，包括蛋白质、多肽、氨基酸、尿素）主要来自生活污水、农业废弃物（植物秸秆、牲畜粪便等）和工业废水（羊毛加工、制革、印染、食品加工等产生的废水）；无机氮（氨氮、硝态氮）主要来自有机氮分解、施用氮肥的农田排水以及地表径流和某些工业废水（炼焦厂、化肥厂等产生的废水）。

在生物处理过程中，有机氮被异养微生物氧化分解，即通过氨化作用转化为氨氮，而后经硝化过程转化为亚硝态氮和硝态氮，最后通过反硝化作用使硝态氮转化成 N_2 逸入大气，从而降低废水中 N 的含量。生物脱氮包括氨化、硝化和反硝化三个生化反应过程。

① 氨化作用。

a. 概念。氨化作用是指将有机氮化合物转化为氨氮的过程，也称为矿化作用。

b. 细菌。参与氨化作用的细菌称为氨化细菌。在自然界中，它们的种类很多，主要有好氧性的荧光假单胞菌和灵杆菌，兼性的变形杆菌和厌氧的腐败梭菌等。

c. 降解方式（分好氧和厌氧）。在好氧条件下，主要有两种降解方式。

一是氧化酶催化下的氧化脱氨。例如氨基酸生成酮酸和氨：

$$CH_3CH(NH_2)COOH \longrightarrow CH_3C(NH_2)COOH \longrightarrow CH_3COCOOH+NH_3$$
$$\text{丙氨酸} \qquad\qquad \text{亚氨基酸} \qquad\qquad \text{丙酮酸}$$

二是某些好氧菌，在水解酶的催化作用下能发生水解脱氨反应。例如尿素能被许多细菌水解产生氨，分解尿素的细菌有尿素小球菌和尿素芽孢杆菌等，它们是好氧菌，其反应式如下：

$$(NH_2)_2CO+2H_2O \longrightarrow 2NH_3+CO_2+H_2O$$

在厌氧或缺氧的条件下，厌氧微生物和兼性厌氧微生物对有机氮化合物进行还原脱氨、水解脱氨和脱水脱氨三种途径的氨化反应，反应式如下：

$$RCH(NH_2)COOH \xrightarrow{+3H} RCH_2COOH+NH_3$$
$$CH_3CH(NH_2)COOH \xrightarrow{+H_2O} CH_3CH(OH)COOH+NH_3$$
$$CH_2(OH)CH(NH_2)COOH \xrightarrow{-H_2O} CH_3COCOOH+NH_3$$

② 硝化作用。

a. 概念。硝化作用是指将氨氮氧化为亚硝态氮和硝态氮的生物化学反应。

b. 细菌。这个过程由亚硝酸菌和硝酸菌共同完成。亚硝酸菌有亚硝酸单胞菌属、亚硝酸螺杆菌属和亚硝酸球菌属。硝酸菌有硝化杆菌属、硝化球菌属。亚硝酸菌和硝酸菌统称为硝化菌。

c. 反应过程。包括亚硝化反应和硝化反应两个阶段。该反应历程如下。

（a）第一阶段：

生化氧化：$NH_4^+ + 1.5O_2 + 2HCO_3^- \xrightarrow{\text{亚硝酸菌}} NO_2^- + H_2O + 2H_2CO_3 + (240 \sim 350\text{kJ/mol})$

生化合成：$13NH_4^+ + 23HCO_3^- \xrightarrow{\text{亚硝酸菌}} 10NO_2^- + 8H_2CO_3 + 3C_5H_7NO_2 + 19H_2O$

则第一阶段的总反应式（包括氧化和合成）为：

$$55NH_4^+ + 103O_2 + 109HCO_3^- \longrightarrow C_5H_7NO_2 + 54NO_3^- + 57H_2O + 104H_2CO_3$$

（b）第二阶段：

生化氧化：$NO_2^- + 0.5O_2 \xrightarrow{\text{硝酸菌}} NO_3^- + (65 \sim 90\text{kJ/mol})$

生化合成：$NH_4^+ + 10NO_2^- + 4H_2CO_3 + HCO_3^- \xrightarrow{\text{硝酸菌}} 10NO_3^- + 3H_2O + C_5H_7NO_2$

则第二阶段的总反应式为：$400NO_2^- + NH_4^+ + 4H_2CO_3 + HCO_3^- + 195O_2 \longrightarrow C_5H_7NO_2 + 3H_2O + 400NO_3^-$

硝化过程总反应过程如下：$NH_4^+ + 1.83O_2 + 1.98HCO_3^- \longrightarrow 0.021C_5H_7NO_2 + 1.041H_2O + 1.88H_2CO_3 + 0.98NO_3^-$

该式包括了第一阶段、第二阶段的合成及氧化，由总反应式可知，反应物中的 N 大部分被硝化为 NO_3^-，只有 2.1% 的 N 合成为生物体，硝化菌的产量很低，且主要在第一阶段产生

（占 1/55）。若不考虑分子态以外的氧合成细胞本身，光从分子态氧来计量，只有 1.1% 的分子态氧进入细胞体内，因此细胞的合成几乎不需要分子态的氧。

硝化过程总氧化式为：$NH_4^+ + 2O_2 \xrightarrow{\text{硝化菌}} NO_3^- + 2H^+ + H_2O + (305 \sim 440kJ/mol)$

d. 特点。从反应式可以看出硝化过程的三个重要特点：

（a）NH_3-N 的生物氧化需要大量的氧，大约每去除 1g 的 NH_3-N 需要 $4.57gO_2$；

（b）硝化过程细胞产率非常低，且难以维持较高生物浓度，特别是在低温的冬季；

（c）硝化过程中产生大量的质子（H^+），为了使反应能顺利进行，需要大量的碱中和，其理论上大约为每硝化 1g 的 NH_3-N 需要碱度 7.14g（以 $CaCO_3$ 计）。

③ 反硝化作用。

a. 概念。反硝化作用是指在厌氧或缺氧（DO < 0.3 ~ 0.5mg/L）条件下，硝态氮、亚硝态氮及其他氮氧化物被用作电子受体而还原为氮气或氮的其他气态氧化物的生物学反应。

b. 细菌。这个过程由反硝化菌完成。

反硝化菌包括假单胞菌属、螺旋菌属和无色杆菌属等。它们多数是兼性细菌，有分子态氧存在时，反硝化菌氧化分解有机物，利用氧分子作为最终电子受体。在无分子态氧条件下，反硝化菌利用硝酸盐和亚硝酸盐中的 N_5^+ 和 N_3^+ 作为电子受体。O_2^- 作为受氢体生成 H_2O 和 OH^-，有机物则作为碳源及电子供体提供能量，并氧化得到稳定。反硝化过程中亚硝酸盐和硝酸盐的转化是通过反硝化菌的同化作用和异化作用来完成的。异化作用就是将 NO_2^- 和 NO_3^- 还原为 NO、N_2O、N_2 等气体物质，主要是 N_2。而同化作用是反硝化菌将 NO_2^- 和 NO_3^- 还原为 NH_3-N 供新细胞合成之用，氮成为细胞质的成分，此过程可称为同化反硝化。

（2）生物脱氮过程的影响因素

① 硝化反应影响因素。

a. 有机碳源。硝化菌是自养型细菌，有机物浓度不是其生长限制因素，故在混合液中的有机碳浓度不应过高，一般 BOD 值应在 20mg/L 以下。如果 BOD 浓度过高，就会使增殖速度较快的异养型细菌迅速繁殖，从而使自养型的硝化菌得不到优势而不能成为优势种属，严重影响硝化反应的进行。

b. 温度。在生物硝化系统中，硝化细菌对温度的变化非常敏感，在 15 ~ 35℃ 的范围内，硝化菌能进行正常的生理代谢活动，且随着温度的升高，硝化反应的速率也增加。当废水温度低于 15℃ 或大于 35℃ 时，硝化速率会明显下降；当温度低于 10℃ 时，已启动的硝化系统可以勉强维持，此时硝化速率只有 30℃ 时硝化速率的 25%；当温度低于 5℃ 时，硝化菌的活性基本停止。尽管温度的升高，生物活性增大，硝化速率也升高，但温度过高将使硝化菌大量死亡，实际运行中要求硝化反应温度低于 35℃。

c. pH 值。硝化菌对 pH 值的变化非常敏感，最佳 pH 值范围为 7.5 ~ 8.5。当 pH 值低于 7 时，硝化速率明显降低；低于 6 和高于 9.6 时，硝化反应将停止进行。由于硝化反应中每消耗 1g 氨氮要消耗碱度 7.14g，如果污水中氨氮浓度为 20mg/L，则需消耗碱度 143mg/L。一般地，污水对于硝化反应来说，碱度往往是不够的，因此应投加必要的碱量，以维持适宜的 pH 值，保证硝化反应的正常进行。

d. 溶解氧。氧是硝化反应过程中的电子受体，反应器内溶解氧的高低，必将影响硝化反应的进程。在活性污泥法系统中，大多数学者认为溶解氧应该控制在 1.5 ~ 2.0mg/L，低于 0.5mg/L 则硝化作用趋于停止。当前，有许多学者认为在低 DO（1.5mg/L）时可出现 SND（同时硝化 / 反硝化）现象。DO > 2.0mg/L 时，溶解氧浓度对硝化过程的影响可不予考虑。但

DO 浓度不宜太高，因为溶解氧过高能够导致有机物分解过快，从而使微生物缺乏营养，活性污泥易于老化，结构松散。此外，溶解氧过高，导致过量能耗，在经济上也是不适宜的。

e. C/N。在活性污泥系统中，硝化菌只占活性污泥微生物的 5% 左右，这是因为与异养型细菌相比，硝化菌的产率低、比生长速率小。而 BOD_5/TKN 值的不同将会影响到活性污泥系统中异养菌与硝化菌对底物和溶解氧的竞争，从而影响脱氮效果。一般认为处理系统的 BOD 负荷（以 BOD_5 和 MLSS 计）低于 $0.15kg/(kg \cdot d)$，处理系统的硝化反应才能正常进行。

f. 生物固体平均停留时间（污泥龄）。指为保证连续流反应器中存活并维持一定数量和性能稳定的硝化菌，微生物在反应器的停留时间。污泥龄应大于硝化菌的最小世代时间，硝化菌的最小世代时间是其最大比生长速率的倒数。脱氮工艺的污泥龄主要由亚硝酸菌的世代时间控制，因此污泥龄应根据亚硝酸菌的世代时间来确定。实际运行中，一般应取系统的污泥龄为硝化菌最小世代时间的三倍，并不得小于 3d，为保证硝化反应的充分进行，污泥龄应大于 10d。

g. 重金属及有毒物质。除了重金属外，对硝化反应产生抑制作用的物质还有高浓度氨氮、高浓度硝酸盐有机物及络合阳离子等。据研究，当污水中氨氮浓度小于 200mg/L，亚硝态氮浓度小于 100mg/L 时，对硝化作用没有影响。

② 反硝化反应影响因素。

a. 温度。反硝化菌对温度变化虽不如硝化菌那样敏感，但反硝化效果也会随温度变化而变化。温度越高，硝化速率也越高，在 30 ～ 35℃时增至最大。当低于 15℃时，反硝化速率将明显降低；温度为 5℃时，反硝化反应将趋于停止。

b. pH 值。pH 值是反硝化反应的重要影响因素，反硝化反应最适宜的 pH 值是 6.5 ～ 7.5，在这个 pH 值条件下，反硝化速率最高。当 pH 值高于 8 或者低于 6 时，反硝化速率将大为下降。

c. 外加碳源。反硝化菌属于异养型兼性厌氧菌，在厌氧的条件下以 $NO_x\text{-}N$ 为电子受体，以有机物（有机碳）为电子供体。由此可见，碳源是反硝化过程中不可少的一种物质，进水的 C/N 是直接影响生物脱氮除氮效果的重要因素。一般 BOD/TKN=3 ～ 5，有机物越充分，反应速度越快；当废水中 BOD/TKN 小于 4 时，需要外加碳源才能达到理想的脱氮目的。因此碳源对反硝化效果影响很大。反硝化的碳源来源主要分三类：一是废水本身的组成物，如各种有机酸、淀粉、碳水化合物等；二是在废水处理过程中添加碳源，一般可以添加一些工业副产物，如乙酸、丙酸和甲醇等；三是活性污泥自身死亡自溶释放的碳源，称为内源碳。

d. 溶解氧。反硝化菌是兼性菌，既能进行有氧呼吸，也能进行无氧呼吸。含碳有机物好氧生物氧化时所产生的能量高于厌氧硝化时所产生的能量，这表明，当同时存在分子态氧和硝酸盐时，优先进行有氧呼吸，反硝化菌降解含碳有机物而抑制了硝酸盐的还原。所以，为了保证反硝化过程的顺利进行，必须保持严格的缺氧状态。微生物从有氧呼吸转变为无氧呼吸的关键是合成无氧呼吸的酶，而分子态氧的存在会抑制这类酶的合成及其活性。因此，溶解氧对反硝化过程有很大的抑制作用。一般认为，系统中溶解氧保持在 0.5mg/L 以下时，反硝化反应才能正常进行。但在附着生长系统中，由于生物膜对氧传递的阻力较大，可以容许较高的溶解氧浓度。

（3）生物除磷原理　废水中的磷包括磷酸盐、聚磷酸盐和有机磷。主要来自各种洗涤剂、工业原料、化肥生产和人体排泄物。生活污水中磷含量一般在 10 ～ 15mg/L，其中 70% 可溶，10% 左右以固体形式存在。传统二级处理出水中有 90% 左右以磷酸盐形式存在。磷在生物处理过程中化合价不变。

生物强化除磷工艺可以使系统排除的剩余污泥中磷含量占到干重的 5% ～ 6%。如果还不能满足排放标准，就必须借助化学法除磷。生物除磷原理如图 3-34 所示。

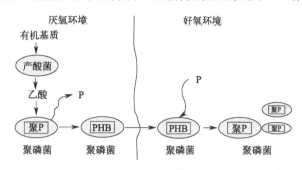

图 3-34　生物除磷机理

① 厌氧环境。污水中的有机物在厌氧发酵产酸菌的作用下转化为乙酸，而活性污泥中的聚磷菌在厌氧的不利状态下，将体内积聚的聚磷分解，分解产生的能量一部分供聚磷菌生存，另一部分能量供聚磷菌主动吸收乙酸转化为 PHB（聚 β- 羟基丁酸）的形态储存于体内。聚磷分解形成的无机磷释放回污水中，这就是厌氧释磷。

② 好氧环境。进入好氧状态后，聚磷菌将储存于体内的 PHB 进行好氧分解并释放出大量能量供聚磷菌增殖等生理活动，部分供其主动吸收污水中的磷酸盐，以聚磷的形式积聚于体内，这就是好氧吸磷。剩余污泥中包含过量吸收磷的聚磷菌，也就是从污水中去除的含磷物质。

普通活性污泥法通过同化作用，除磷率可以达到 12% ～ 20%。而具生物除磷功能的处理系统排放的剩余污泥中含磷量可以占到干重 5% ～ 6%，去除率基本可满足排放要求。

③ 生物除磷影响因素。

a. 厌氧环境条件。

（a）氧化还原电位（ORP）：有学者研究发现，在批式试验中，反硝化完成后，ORP 突然下降，随后开始放磷，放磷时 ORP 一般小于 100mV。

（b）溶解氧浓度：厌氧区如存在溶解氧，兼性厌氧菌就不会启动其发酵代谢，不会产生脂肪酸，也不会诱导放磷，好氧呼吸会消耗易降解有机质。

（c）NO_x^- 浓度：产酸菌利用 NO_x^- 作为电子受体，抑制厌氧发酵过程，反硝化时消耗易生物降解有机质。

b. 污泥龄（SRT）。污泥龄影响着污泥排放量及污泥含磷量，污泥龄越长，污泥含磷量越低，去除单位质量的磷须同时耗用更多的 BOD。

有学者研究了污泥龄对除磷的影响，结果表明：SRT=30d 时，除磷效果为 40%；SRT=17d 时，除磷效果为 50%；SRT=5d 时，除磷效果为 87%。因此，脱氮除磷系统应处理好泥龄的矛盾。

c. pH。与常规生物处理相同，生物除磷系统合适的 pH 为中性和微碱性，不合适时应调节。

d. 温度。在适宜温度范围内，温度越高，释磷速度越快；温度低时应适当延长厌氧区的停留时间或投加外源 VFA（挥发性脂肪酸）。

e. 其他。影响系统除磷效果的因素还有污泥沉降性能和剩余污泥处置方法等。

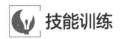
技能训练

1.A²/O 工艺出水 NH₃-N 超标（表 3-14）。

表 3-14

处理目标	出水指标中发现 NH₃-N 含量超标，请利用内回流系统对工艺进行调节，使出水 NH₃-N 数值降至 3.75mg/L 以下
处理方案	①确认内回流备用泵出水阀门关闭； ②打开回流备用泵的进水阀门，开度 100； ③进入内回流泵控制面板，点击备用污泥电源； ④进入内回流泵控制面板，点击备用污泥泵运行按钮，启动泵； ⑤打开备用回流泵出水阀门，调节阀门开度使出水 NH₃-N 在 3.75mg/L 以下； ⑥观察内回流量增加后出水 NH₃-N 变化，直至达标

2.A²/O 工艺出水总磷超标（表 3-15）。

表 3-15

处理目标	出水指标中发现 TP 含量超标，请利用外回流系统对工艺进行调节，使出水 TP 降至 1.0mg/L 以下
处理方案	① 确认污泥回流备用泵出水阀门关闭； ② 打开回流备用泵的进水阀门，开度 100； ③ 进入污泥泵控制面板，点击备用污泥泵电源； ④ 进入污泥泵控制面板，点击备用污泥泵运行按钮，启动泵； ⑤ 打开备用回流泵出水阀门，调节开度直至出水磷达标； ⑥ 观察污泥回流量增加后出水磷变化，直至达标

任务 3-6 活性污泥系统异常问题处理

学习目标

● 知识目标

掌握活性污泥系统常见异常问题的产生原因、表现及处理措施。

● 能力目标

能够熟练掌握二沉池污泥上浮问题、氧化沟泡沫问题和污泥丝状菌膨胀问题的处理操作。

任务描述

某三个污水处理厂的二级处理分别采用了 AB 工艺、氧化沟工艺和 A²/O 工艺，现其活性污泥系统分别出现了异常问题，即二沉池污泥上浮问题、氧化沟泡沫问题、污泥丝状菌膨胀问题，需要处理。

任务实施

任务名称		活性污泥系统异常问题处理
任务提要		应掌握的知识点：污泥上浮、泡沫问题的成因及对策，污泥膨胀的原因、表现、类型、抑制措施。 应掌握的技能点：二沉池污泥上浮问题处理、氧化沟泡沫问题处理、污泥丝状菌膨胀问题处理
任务 实施	任务 1 描述	某污水处理厂 AB 工艺出现二沉池污泥上浮，出水 SS 增加问题，请处理
	任务 1 完成过程	1. 解读 AB 工艺流程图（见图 2-13）。 ①写出污水的走向。 ②写出一级处理构筑物。 2. 分析污泥上浮。 ①污泥上浮有哪两种类型？ ②污泥脱氮上浮产生原因是什么？ ③污泥脱氮上浮防治办法有哪些？ ④污泥腐化上浮产生原因是什么？ ⑤污泥腐化上浮解决措施有哪些？ 3. 根据事故现象，确定污泥上浮类型。 事故现象：二沉池泥龄过长，污泥面过高，污泥上浮，出水 SS 增加至 45mg/L。 4. 制订解决方案
		试操作成绩：
		存在问题：
	任务 2 描述	某污水处理厂氧化沟工艺出现泡沫问题，请处理
	任务 2 完成过程	1. 解读氧化沟工艺流程图（见图 1-10）。 ①写出污水的走向。 ②写出一级处理构筑物。 2. 根据颜色变化，分析泡沫的形成原因。 ①棕黄色泡沫； ②灰黑色泡沫； ③白色泡沫； ④彩色泡沫。 3. 根据事故现象，确定泡沫形成原因。 事故现象：氧化沟表面形成细微的暗褐色泡沫。 4. 制订解决方案
		试操作成绩：
		存在问题：
	工艺知识拓展	泡沫控制对策有哪些？
	任务 3 描述	某污水处理厂的二级处理采用 A²/O 工艺，请解决其活性污泥丝状菌膨胀问题
	任务 3 完成过程	1. 解读 A²/O 工艺流程图（见图 2-20）。 ① 写出污水的走向。 ② 写出一级处理构筑物。 2. 什么是污泥膨胀？ 3. 污泥膨胀通过哪两个指标的异常来判定？ 4. 污泥膨胀分为哪两种类型？ 5. 如何区分污泥丝状菌膨胀和污泥非丝状菌膨胀？ 6. 根据提示确定污泥膨胀的类型，在好氧池和二沉池中如何有效地调整控制污泥膨胀问题？ 7. 制订解决方案

任务实施	任务3完成过程	试操作成绩：
		存在问题：
	知识拓展	1. 丝状菌膨胀产生的原因是什么？ 2. 丝状菌增长过快的原因是什么？ 3. 丝状菌膨胀的抑制措施有哪些？ 4. 简述非丝状菌膨胀产生的原因
任务评价	个人评价	
	组内互评	
	教师评价	
任务反思	收获心得	
	存在问题	
	改进方向	

知识储备

工艺运行中，有时会出现异常情况，使污泥流失，处理效果降低。下面介绍运行中可能出现的几种主要异常现象和对其采取的措施。

1. 污泥膨胀

正常的活性污泥沉降性能良好，含水率在99%左右。当污泥变质时，污泥不易沉淀，SVI值升高，污泥的结构松散，体积膨胀，含水率上升，澄清液稀少（但较清澈），颜色也有异变，这就是污泥膨胀。污泥膨胀的原因主要是丝状菌大量繁殖，也有由于污泥中结合水异常增多导致的污泥膨胀。一般污水中碳水化合物较多，缺乏氮、磷、铁等养料，溶解氧不足，水温高或pH值较低等都容易引起丝状菌大量繁殖，导致污泥膨胀。此外，超负荷、污泥龄过长或有机物浓度梯度小等，也会引起污泥膨胀。排泥不通畅则引起结合水性污泥膨胀。

为防止污泥膨胀，首先应加强操作管理，经常检测污水水质、曝气池内溶解氧、污泥沉降比、污泥指数以及进行显微镜观察等，如发现不正常现象，就需要采取预防措施。一般可调整、加大空气量，及时排泥，有必要时采取分段进水，以减轻二次沉淀池的负荷。

当污泥发生膨胀后，可针对引起膨胀的原因采取措施。如缺氧、水温高等可加大曝气量，或降低进水量以减轻负荷，或适当降低MLSS值，使需氧量减少等。如污泥负荷率过高，可适当提高MLSS值，以调整负荷，必要时还要停止进水，"闷曝"一段时间。如缺氮、磷、铁养料，可投加硝化污泥或氮、磷等成分。如pH值过低，可投加石灰等调节pH值。若污泥大量流失，可投加5～10mg/L氯化铁，帮助凝聚，刺激菌胶团生长；也可投加漂白粉或液氯（按干污泥的0.3%～0.6%投加），抑制丝状菌繁殖，控制结合水性污泥膨胀；也可投加石棉粉末、硅藻土、黏土等惰性物质，降低污泥指数。污泥膨胀的原因很多，以上只是污泥膨胀的一般处理措施。

2. 污泥解体

处理水水质浑浊、污泥絮凝体微细化、处理效果变坏等则是污泥解体现象。导致这种异常现象的原因有：①运行中存在问题；②污水中混入了有毒物质。

工艺运行不当，如曝气过量，会使活性污泥生物营养的平衡遭到破坏，使微生物量减少而失去活性，吸附能力降低，絮凝体缩小致密，一部分则成为个易沉淀的羽毛状污泥，使处理水质浑浊、SVI 值降低等。当污水中存在有毒物质时，微生物会受到抑制或伤害，净化能力下降或完全停止，从而使污泥失去活性。一般可通过显微镜观察来判别产生的原因。当鉴别出是运行方面的问题时，应对污水量、回流污泥量、空气量和排泥状态以及 SV、MLSS、DO、N_s（污泥负荷）等多项指标进行检查，加以调整。当确定是污水中混入有毒物质时，需查明来源，采取相应对策。

3. 污泥脱氮（反硝化）

污泥在二次沉淀池呈块状上浮的现象，并不是由腐败造成的，而是由于在曝气池内污泥龄过长，硝化进程较快（一般硝酸铵达 5mg/L 以上），在沉淀池内产生反硝化，硝酸盐的氧被利用，氮呈气体释放出附于污泥上，从而使污泥相对密度降低，整块上浮。所谓反硝化是指硝酸盐被反硝化菌还原成氨和氮。反硝化作用一般在溶解氧低于 0.5mg/L 时发生，并在试验室静沉 30 ～ 90min 以后发生。因此为防止这一异常现象发生，应增加污泥回流量或及时排除剩余污泥，在脱氮之前即将污泥排除；或降低混合液污泥浓度，缩短污泥龄和降低溶解氧等，使之不进行到硝化阶段。

4. 污泥腐化

在二次沉淀池有可能由于污泥长期滞留而进行厌氧发酵生成气体（H_2S、CH_4 等），从而使大块污泥上浮的现象。它与污泥脱氮上浮不同，污泥腐化变黑，产生恶臭。此时也不是全部污泥上浮，大部分污泥都是正常排出或回流，只有沉积在死角的长期滞留污泥才腐化上浮。

防治措施有：①安设不使污泥外溢的浮渣清除设备；②消除沉淀池的死角区；③加大池底坡度或改进池底刮泥设备，不使污泥滞留于池底。

此外，如曝气池内曝气过度，使污泥搅拌过于激烈，生成大量小气泡附聚于絮凝体上，也可能引起污泥上浮。这种情况机械曝气较鼓风曝气为多。另外，当流入大量脂肪和油时，也容易产生这种现象。防治措施是将供气控制在搅拌所需要的限度内，而脂肪和油则应在进入曝气池之前加以去除。

5. 泡沫

曝气池中产生泡沫，主要原因是污水中存在大量合成洗涤剂或其他起泡物质。泡沫给生产操作带来一定困难，如影响操作环境，带走大量污泥。当采用机械曝气时，还会影响叶轮的充氧能力。消除泡沫的措施有：分段注水以提高混合液浓度；进行喷水或投加除沫剂（如机油、煤油等，投加量约为 0.5 ～ 1.5mg/L）；等等。

采用机械表面曝气时，如果池内混合液循环不良，曝气机浸没深度不足，仅停留在表面层混合液曝气，也会使池的表面积累泡沫，此时应调整曝气叶轮的浸没深度和改善池内混合液的循环。

 **技能训练**

1. 二沉池污泥上浮（见表 3-16）。

表 3-16

事故现象	二沉池污泥上浮，出水 SS 增加至 45mg/L
事故原因	二沉池污泥龄过长（污泥面过高）
处理目标	二沉池出水 SS 降至 23mg/L
处理方案	①加大曝气池供氧量，提高出水溶解氧； ②增大二沉池排泥阀门开度，增大剩余污泥排放量； ③增大二沉池污泥回流阀门开度，增加回流量； ④观察二沉池出水 SS 降低至 23mg/L 以下，操作完毕

2. 氧化沟泡沫问题（见表 3-17）。

表 3-17

事故现象	① 氧化沟表面形成细微的暗褐色泡沫； ② 回流污泥量过大； ③ 污泥负荷低
事故原因	污泥回流阀门长期开度过大，氧化沟排泥阀门长期开度过小，造成氧化沟中污泥过多
处理目标	消除泡沫
处理方案	① 氧化沟表面形成细微的暗褐色泡沫，回流污泥量过大，污泥负荷低，确认其他工艺指标正常； ② 氧化沟中开大排泥阀门开度，增大排泥量； ③ 减少回流污泥阀门开度，减少回流污泥量； ④ 定时观察氧化沟泡沫问题是否改善

3. 污泥丝状菌膨胀问题（见表 3-18）。

表 3-18

事故现象	SVI 和 SV 偏高，认为污泥膨胀；检查镜检照片，属于丝状菌膨胀
事故原因	好氧池溶解氧浓度低于 2.0mg/L
处理目标	好氧池溶解氧浓度＞ 2.0mg/L，SV 控制在 30% 以下，SVI 控制在 150mL/g 以下
处理方案	①设置风机 S407、S408 的旁通阀门 V415、V416 关闭； ②设置风机 S407、S408 的空气管阀门开度为最大； ③打开备用风机进气阀门 V446，开度 50 左右； ④进入生化池控制面板，启动备用风机 S409； ⑤调节备用鼓风机 S409 风速，使好氧池 DO 值在 2.0mg/L 以上； ⑥开大二沉池 S428 排泥阀门 V421 开度，开度大于 70，增大剩余污泥排放量； ⑦开大二沉池 S429 排泥阀门 V423 开度，开度大于 70，增大剩余污泥排放量； ⑧通过调节控制曝气池 SV 值在 30% 以下； ⑨通过调节控制曝气池 SVI 值在 150 以下

子情境 3-1-2　生物膜法

任务 3-7　了解生物膜法

学习目标

●知识目标

① 掌握生物膜法的基本流程、特点，以及与活性污泥法比较的异同之处；
② 掌握生物膜的组成、形成，净化污水的原理，生物膜载体类型和选择原则；
③ 掌握生物接触氧化池的构造、工作原理和特点。

●能力目标

① 能够对比生物膜法与活性污泥法的异同；
② 能够解析生物膜法基本流程；
③ 能够完成生物接触氧化池的开车和停车操作。

任务描述

通过小组合作学习，对比生物膜法与活性污泥法的主要区别和相似之处，并根据生物膜法基本流程讲解各组成部分的主要作用，再根据案例完成相关问题解答。

任务实施

任务名称		了解生物膜法	
任务提要		应掌握的知识点：生物膜法与活性污泥法的异同，生物膜法的基本流程；生物膜的组成、形成过程，其净化污水的原理；生物膜载体的类型、选择原则；生物接触氧化池的构造、工作原理、优点	
任务实施	任务 1 描述	通过自主学习，填写表 3-19 和表 3-20	
	任务 1 完成过程	**表 3-19　生物膜法与活性污泥法的主要区别**	

表 3-19　生物膜法与活性污泥法的主要区别

不同之处	生物膜法	活性污泥法
微生物的生长方式		
丝状菌大量繁殖		
原生动物和后生动物的数量		

表 3-20　生物膜法与活性污泥法的相似之处

相似之处	生物膜法	活性污泥法

任务实施	任务2描述	根据生物膜法基本流程图（图3-35）讲解各组成部分的主要作用，并填入表3-21。 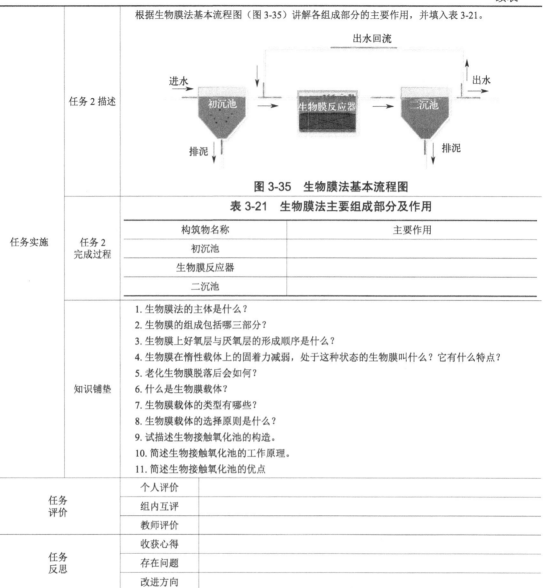 图3-35　生物膜法基本流程图

表 3-21　生物膜法主要组成部分及作用

构筑物名称	主要作用
初沉池	
生物膜反应器	
二沉池	

（续任务实施 - 知识铺垫）

知识铺垫

1. 生物膜法的主体是什么？
2. 生物膜的组成包括哪三部分？
3. 生物膜上好氧层与厌氧层的形成顺序是什么？
4. 生物膜在惰性载体上的固着力减弱，处于这种状态的生物膜叫什么？它有什么特点？
5. 老化生物膜脱落后会如何？
6. 什么是生物膜载体？
7. 生物膜载体的类型有哪些？
8. 生物膜载体的选择原则是什么？
9. 试描述生物接触氧化池的构造。
10. 简述生物接触氧化池的工作原理。
11. 简述生物接触氧化池的优点

任务评价	个人评价	
	组内互评	
	教师评价	

任务反思	收获心得	
	存在问题	
	改进方向	

 知识储备

一、生物膜法概述

1. 生物膜法与活性污泥法的主要区别

二维码 3-9

污水的生物膜处理法是与活性污泥法并列的一种污水好氧生物处理技术，但活性污泥法是依靠曝气池中悬浮流动着的活性污泥来分解有机物的，而生物膜法则是依靠固着于载体表面的生物膜来净化有机物的。生物膜法的实质是使细菌、真菌、原生动物以及后生动物的微型动物附着在滤料或某些载体上生长繁殖，并在其上形成膜状生物污泥——生物膜。污水与

生物膜接触，污水中的有机污染物作为营养物质，为生物膜上的微生物所摄取，使污水得到净化，微生物自身也得到繁衍增殖。

2. 生物膜法的工艺类型

按生物膜与污水的接触方式不同，生物膜法分为填充式和浸没式两类。在填充式生物膜法中，污水和空气沿固定的填料或转动的盘片表面流过，与其上生长的生物膜接触，典型设备有生物滤池和生物转盘。在浸没式生物膜法中，生物膜载体完全浸没在水中，通过鼓风曝气供氧。如载体固定，称为生物接触氧化法；如载体流化，则称为生物流化床。

3. 生物膜法的主要特征

（1）抗冲击负荷能力强　生物膜处理法的各种工艺对流入污水水质、水量的变化都具有较强的适应性，这种现象为多数运行的实际设备所证实，即使有一段时间中断进水，对生物膜的净化功能也不会造成致命的影响，通水后能够较快得到恢复。

（2）产泥量少、污泥沉降性好　由生物膜上脱落下来的生物污泥，密度较大，而且污泥颗粒个体较大，沉降性能良好，易于固液分离。但当生物膜内部形成的厌氧层过厚时，其脱落后将有大量非活性的细小悬浮物分散在水中，使处理水的澄清度降低。

微生物在生物膜反应器中附着生长，即使丝状菌大量生长，也不会导致污泥膨胀，相反还可利用丝状菌较强的分解氧化能力，提高处理效果。

（3）处理效能稳定、良好　由于生物膜反应器具有较高的生物量，不需要污泥回流，易于维护和管理，而且，生物膜中微生物种类丰富、活性较强，各菌群之间存在着竞争、互生的平衡关系，具有多种污染物质转化和降解途径，故生物膜反应器具有处理效能稳定、处理效果良好的特征。

（4）能够处理低浓度污水　活性污泥法处理系统不宜处理低浓度的污水。如原污水的 BOD 长期低于 50 ～ 60mg/L，将影响活性污泥絮凝体的形成和增长，使净化功能降低，处理水水质低下。但是，生物膜法对低浓度污水也能够取得较好的处理效果，运行正常可使 BOD_5 为 20 ～ 30mg/L 的污水，降至 5 ～ 10mg/L。

（5）易于维护运行　与活性污泥处理系统相比，生物膜法中的各种工艺都比较易于维护管理，而且像生物滤池、生物转盘等工艺，运行费较低，去除单位质量 BOD_5 的耗电量较少，能够节约能源。

（6）投资费用较大　生物膜法需要填料和支撑结构，投资费用较大。

二、生物膜的构造及其净化机理

图 3-36 所示是生物膜的构造与净化作用示意图。污水与滤料或某些载体流动接触时，污水中的悬浮物质和胶体物质被吸附于滤料或载体的表面上，它们中的有机物使微生物很快繁殖，这些微生物又进一步吸附、分解污水中呈悬浮、胶体和溶解状态的物质，逐渐在滤料或载体上形成一层黏液状的生物膜。经过一段时间后，生物膜沿水流方向分布，在其上由细菌和各种微生物组成的生态系统及其对有机污染物的降解功能都达到了平衡和稳定状态。

在污水不断流动的条件下，生物膜外侧总是存在着一层附着水层。生物膜本身又是微生物高度密集的物质，在膜的表面和一定深度的内部，生长繁殖着大量的各种类型的微生物和微型动物，并形成"有机污染物→细菌→原生动物、后生动物"的食物链。随着污水处理过程的进行，微生物不断增殖，生物膜的厚度不断增加，在增厚到一定程度后，膜深处氧的传递阻力逐渐加大，将会转变为厌氧状态，形成厌氧性膜。这样，生物膜便由好氧层和厌氧层组成。好氧层的厚度一般为2mm左右，有机物的降解主要是在好氧层内进行。在生物膜内、外，生物膜与水层之间进行着多种物质的传递过程。空气中的氧溶解于流动水层中，通过附着水层传递给生物膜，供微生物呼吸；污水中的有机污染物则由流动水层传递给附着水层，然后进入生物膜，并通过微生物的代谢活动被降解，使污水在流动过程中逐步得到净化。微生物的代谢产物如H_2O等通过附着水层进入流动水层，并随其排走，而CO_2、NH_3和CH_4等气态代谢产物则从水层逸出进入空气中。当厌氧层还不厚时，它与好氧层保持着一定的平衡与稳定关系，好氧层能够维持正常的净化功能。但当厌氧层逐渐增厚到一定程度时，其代谢产物也逐渐增多，向外逸出而透过好氧层，使好氧层生态系统的稳定遭到破坏，从而失去了这两种膜层之间的平衡关系，又因气态代谢产物的逸出，减弱了生物膜在滤料或载体上的固着力，处于这种状态的生物膜即为老化生物膜。在水力冲刷作用下易于脱落。老化的生物膜脱落后，滤料或载体表面又可重新吸附、生长、增厚生物膜直至重新脱落，而完成一个生长周期。在正常运行情况下，整个滤池的生物膜各个部分总是交替脱落的，池内活性生物膜数量相对稳定。

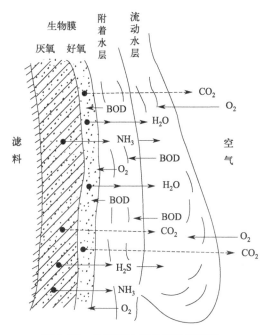

图 3-36　生物膜的构造与净化作用

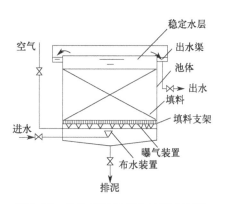

图 3-37　生物接触氧化池的基本构造

三、生物接触氧化池

1. 构造

生物接触氧化池也称为淹没式生物滤池，主要由池体、填料、支架、曝气装置、进出水装置和排泥管等组成，如图3-37所示。

（1）池体　生物接触氧化池的池体在平面上多呈圆形、矩形或方形，用钢筋混凝土浇灌制成或钢板焊接制成。池内填料高度一般为3.0～3.5m，底部布水层高为0.6～0.7m，顶部稳定水层为0.5～0.6m，总高度为4.5～5.0m。

（2）布水装置　布水装置的作用是使进入生物接触氧化池的污水均匀分布。当处理水量较小时，采用直接进水方式；当处理水量较大时，可采用进水堰或进水廊道等方式。

（3）曝气装置　曝气装置是接触氧化池的重要组成部分，与填料上的生物膜充分发挥降解有机污染物的作用、维持氧化池的正常运行和提高生化处理效率有很大关系，并且同氧化池的动力消耗有关。曝气装置的作用是充氧以维持微生物正常活动；进行充分搅动，形成紊流；防止填料堵塞，促进生物膜更新。

（4）填料　填料是生物膜的载体，也起到截留悬浮物的作用，是接触氧化池的关键部位，直接影响处理效果。同时，填料的费用在接触氧化系统的建设中占有的比重较大，所以选择适宜的填料关系到接触氧化技术的经济合理性。

二维码 3-10

接触氧化池填料的选择要求是比表面积大、空隙率大，水力阻力小，水流流态好，利于发挥传质效应；有一定的生物附着力，形状规则，尺寸均一，表面粗糙度较大；化学与物理性能稳定，经久耐用；货源充足，价格便宜，运输和施工安装方便。

目前，生物接触氧化池中常用的填料有组合填料、软性纤维填料、弹性填料、蜂窝状填料等（见图3-38），还有波纹板状填料、悬浮球填料和不规则填料等。

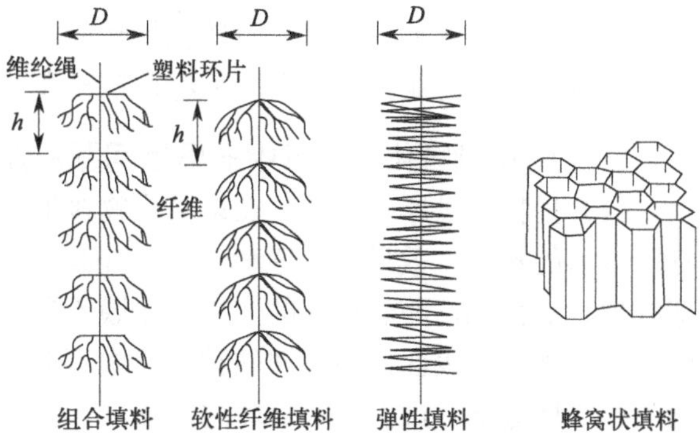

图 3-38　几种接触氧化池常用填料

2. 工作原理

在生物接触氧化池内充填填料，使污水淹没填料，采用与曝气池相同的曝气方法，经曝气的污水以一定的流速流经填料层，使填料表面长满生物膜。曝气使污水与生物膜广泛接触，在生物膜上微生物的作用下，污水中的有机污染物被去除，污水得到净化。

3. 工艺流程

生物接触氧化法的工艺流程一般可以分为一级（见图3-39）、二级（见图3-40）和多级等几种形式。

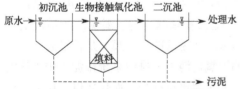

图 3-39　一级接触氧化池的工艺流程

在一级处理流程中，污水经初次沉淀池预处理后进入接触氧化池，出水经过二次沉淀池进行泥水分离后作为处理水排放。在二级处理流程中，两段接触氧化池串联运行，两个氧化池中间的沉淀池可设也可不设，在第一级氧化池内有机污染物与微生物比值（F/M）较高，微生物处于对数增长期，BOD负荷高，有机物去除较快，同时生物膜增长较快，在后一级氧化池内 F/M 较低，微生物增殖处于减速增长期或内源呼吸期，BOD负荷低，处理水水质提高。多级处理流程是连续串联两座或多座生物接触氧化池组成的系统，在各池内有机污染物的浓度差异较大，前级池内 BOD 浓度高，后级则较低，因此，每池内的生物相也有很大不同，前级以细菌为主，后级则可出现原生动物或后生动物，这对处理效果有利，处理水水质非常稳定。另外，多级接触氧化池具有硝化和生物脱氮功能。

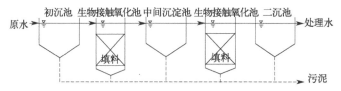

图 3-40　二级接触氧化池的工艺流程

4. 特点

生物接触氧化法融合了生物膜法和活性污泥法的优点，既有生物膜工作稳定和耐冲击、操作简单的特点，又有活性污泥悬浮生长、与污水接触良好的特点。因此，受到污水处理领域的广泛重视。

生物接触氧化处理技术具有较强的适应冲击负荷的能力，操作简单、运行方便，不需要污泥回流，并且污泥生成量少，污泥颗粒较大，易于沉淀。

5. 生物接触氧化池运行中的异常问题及处理措施

（1）生物膜过厚、结球　在采用生物接触氧化法工艺的污水处理系统中，在进入正常运行阶段后的初期，效果往往逐渐下降，究其原因是在挂膜结束后的初期生物膜较薄，生物代谢旺盛、活性强，随着运行的兼性生物膜不断生长加厚。由于周围悬浮液中的溶解氧被生物膜吸收后须从膜表面向内渗透转移，途中不断被生物膜上的好氧微生物所吸收利用，膜内层微生物活性低下，进而影响处理的效果。

在固定悬浮式填料的处理系统中，应在氧化池不同区段悬挂下部不固定的一段填料，操作人员应定期将填料提出水面观察其生物膜的厚度，在发现生物膜不断增厚，生物膜呈黑色并散发出臭味，运行日报表也显示处理效果不断下降时应采取措施"脱膜"，此时可通过瞬时的大流量、大气量的冲刷使过厚的生物膜从填料上脱落下来。此外还可以采用"闷"的方法，即停止曝气一段时间，产生的气体使生物膜与填料间的"黏性"降低，此时再以大气量冲刷脱膜效果较佳。

（2）积泥过多　在接触氧化池中悬浮生长的"污泥"主要来源于脱落的老化生物膜，预处理阶段未分离彻底的悬浮固体也是其中一个原因。较小絮体及解絮的游离细菌可随出水外流，而吸附了大量砂粒杂质的大块絮体密度较大，难以随出水流出而沉积在池底。这类大块絮体若未能从池中及时排出，会逐渐自身氧化，同时释放出的代谢产物称为"二次基质"，会提高处理系统的负荷，其中一部分代谢产物属于不可生物降解的组分，会使出水 COD 升高，因而影响处理的效果。另外，池底积泥过多还会引起曝气器微孔堵塞。为了避免这种情况的发生，应定期检查氧化池底部是否积泥，池中悬浮固体的浓度（脱落的生物膜）是否过高，一旦发现池底积有黑臭污泥或悬浮物浓度过高时应及时借助于氧化池中的排泥系统排泥。由于排泥口较少，在排泥时常常发现排泥数分钟甚至几十秒后黑臭污泥迅速减少，而代之以上层的悬浊液，这是因为沉积在池底的污泥流动性较差，这时可采用一面曝气一面排泥的方式，通过曝气使池底积泥松动后再排，必要时还可以在空压机的出气口中临时安装橡胶管，管前端安装一细小的铜管或塑料管，人工移动管口朝着池子的四角及易积泥的底部充气，使积泥重新悬浮后随出水外排或从排泥口排走。如此操作有利于污泥的更新，促使污泥"吐故纳新"。

 技能训练

生物接触氧化池的开车操作考核评分见表3-22。

表 3-22　考核评分表

序号	考核内容	考核要点	配分/分	评分标准	检测结果	扣分/分	得分/分	备注
1	准备工作	穿戴劳保用品	3	未穿戴整齐扣3分				
		工具、用具准备	2	工具选择不正确扣2分				
2	操作程序	检查提升泵、鼓风机、污泥泵备用状态，检查阀门开闭及流程畅通（仪表投用）情况	10	未检查设备扣5分				
				未检查阀门扣5分				
				未检查流程扣5分				
3		启运鼓风机向接触氧化池内充氧，调节池面布气状况	10	启运鼓风机操作不当，每步扣3分				
				布气调整不当扣5分				
4		检查接触氧化池内生物膜厚度及活性恢复情况	10	未检查生物膜扣5分				
				未检查生物活性扣5分				
5		观察来水水质、水量，打开接触氧化池进水阀，启运污泥提升泵	10	未观察水质、水量扣3分				
				未打开进水阀扣3分				
				启运提升泵操作不当每步扣3分				
6		调节进水水质、水量	10	水质调节不当扣5分				
				水量调节不当扣5分				
7		启运污泥回流泵，向再生池进行污泥回流，调节回流比（必要时）	10	启运污泥回流泵操作不当每步扣4分				
				回流比调节不当扣5分				
8		启动二沉池刮泥刮渣机	5	启运刮泥刮渣机操作不当每步扣4分				
9		调节接触氧化池充氧量	10	调节不当扣10分				
10		向再生池投加N、P营养物质	10	未投加N、P盐扣10分				
				投加量不正确扣5分				
11		检查二沉池出水情况	5	未检查扣5分				
12	使用工具	正确使用工具	2	工具使用不正确扣2分				
		正确维护工具	3	工具乱摆乱放扣3分				
13	安全及其他	按国家法规或企业规定		违规一次总分扣5分，严重违规停止操作			—	
		在规定时间内完成操作		每超时1min总分扣5分，超时3min停止操作			—	
	合计		100	总分				

任务 3-8　曝气生物滤池

学习目标

● 知识目标

掌握生物滤池（曝气生物滤池、普通生物滤池和塔式生物滤池）的相关知识（构造、各组成部分作用、工作过程、异常问题处理等）。

● 能力目标

① 能够对曝气生物滤池运行中的常见异常问题进行处理；
② 能够完成塔式生物滤池的开车和停车操作。

任务描述

假如你是一名环保设备销售员，请你向顾客介绍曝气生物滤池，并同其他生物滤池进行比较，你准备好了吗？

 任务实施

任务名称	曝气生物滤池		
任务提要	应掌握的知识点：曝气生物滤池、普通生物滤池、塔式生物滤池的构造、各组成部分作用、工作过程、异常问题处理等		
任务分析	选择图 3-41 中其中一张图片中的曝气生物滤池进行介绍 **图 3-41　曝气生物滤池构造示意图**		
任务完成过程	掌握曝气生物滤池的用途、特点、构造及各部分作用（如单孔膜空气扩散器、专用滤头、滤板）、工作过程		
知识拓展	1.普通生物滤池 ①组成； ②优点； ③缺点； ④旋转布水器的组成及作用； ⑤排水系统的作用。 2.塔式生物滤池 ①构造特点； ②滤料特点； ③布水装置； ④通风方式。 3.生物滤池的常见异常问题的成因及处理 ①滤池积水； ②滤池蝇； ③臭味		
任务评价	个人评价		
	组内互评		
	教师评价		
任务反思	收获心得		
	存在问题		
	改进方向		

生物滤池可根据设备形式不同分为普通生物滤池和塔式生物滤池。曝气生物滤池是普通生物滤池的一种变形形式，也可看成是生物接触氧化法的一种特殊形式。

一、普通生物滤池（滴滤池）

1. 特点

普通生物滤池由于负荷率低，污水的处理程度较高。一般生活污水经滤池处理后，出水BOD$_5$ 常小于 30mg/L，并有溶解氧和硝酸盐存在于水中，出水中夹带的固体物质少，无机化程度高，沉降性好。这说明在普通生物滤池中，不仅进行着有机污染物的吸附、氧化反应，而且也进行着硝化反应。缺点是水力负荷、有机负荷均较低，占地面积大，水力冲刷能力小，容易引起滤层堵塞，影响滤池通风。一般适用于处理每日污水量不高于 1000m^3 的小城镇污水处理厂。

2. 一般构造

普通生物滤池一般采用钢筋混凝土或砖石筑造，池平面有方形、矩形或圆形，其中以圆形为多，主要部分是由滤料、池壁、布水系统和排水系统组成，其构造如图 3-42 所示。

（1）滤料　滤料作为生物膜的载体，对生物滤池的净化功能影响较大。滤料表面积越大，生物量越大。但是，单位体积滤料所具有的表面积越大，滤料粒径必然越小，滤料间孔隙也会相应减少，影响滤池通风，对滤池工作不利。

滤料粒径的选择应综合考虑有机负荷和水力负荷等因素，当有机物浓度高时，应采用较大的粒径。滤料应有足够的机械强度，能承受一定的压力；其容重应小，以减少支承结构的荷载；滤料应既能抵抗污水、空气、微生物的侵蚀，又不含有影响微生物生命活动的杂质；滤料应能就地取材，价格便宜，加工容易。

生物滤池以前常采用的滤料有碎石、卵石、炉渣、焦炭等，粒径为 25 ～ 100mm，滤层厚度为 0.9 ～ 2.5m，平均 1.8 ～ 2.0m。近年来，生物滤池多采用塑料填料，主要是由聚氯乙烯、聚乙烯、聚苯乙烯、聚酰胺等材料加工成波纹板、蜂窝管、环状及空圆柱等复合式滤料。这些滤料的比表面积高达 100 ～ 340m^2/m^3，空隙率高达 90% 以上，从而改善了生物膜生长和通风条件，使处理能力大大提高。

（2）池壁　池体在平面上多呈方形、矩形或圆形，池壁起围挡滤料的作用，一些滤池的池壁上带有许多孔洞，用以促进滤层的内部通风。一般池壁顶应高出滤层表面 0.4 ～ 0.5m，防止风力对池表面均匀布水的影响。池壁下部通风孔总表面积不应小于滤池表面积的 1%。

（3）布水系统　布水装置设在填料层的上方，用以均匀喷洒污水。早期使用的布水装置是间歇喷淋式的，每两次喷淋的间隔时间为 20 ～ 30min，可让生物膜充分通风。后来发展为连续喷淋，使生物膜表面形成一层流动的水膜，这种布水装置布水均匀，能保证生物膜得到连续的冲刷。一般采用的连续式布水装置是旋转布水器，如图 3-43 所示。

旋转布水器通用于圆形或多边形生物滤池，它主要由进水竖管和可转动的布水横管组成，固定的竖管通过轴承和配水短管联系，配水短管连接布水横管，并一起旋转。布水横管一般为 2 ～ 4 根，横管中心高出滤层表面 0.15 ～ 0.25m，横管沿一侧的水平方向开设有直径为 10～15mm 的布水孔。为使每孔的洒水面积相等，靠近池中心的孔间距应较大，靠近池边的孔间距应较小。当布水孔向外喷水时，在反作用力推动下布水横管旋转。为了使污水能均匀喷洒到滤料上，每根布水横管上的布水位置应该错开，或者在布水孔外设可调节角度的挡水板，使污水从布水孔喷出后能成线状，均匀地扫过滤料表面。旋转布水器所需水头一般为 0.25～1.0m，旋转速度为 0.5～9r/min。

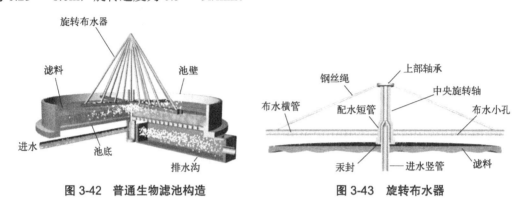

图 3-42　普通生物滤池构造　　　　　　图 3-43　旋转布水器

（4）排水系统　排水系统用以排除处理水、支承滤料及保证通风。排水系统通常分为两层，即滤料下的渗水装置和底板处的集水沟和排水沟。常见渗水装置如图 3-44 所示。

渗水装置的排水面积应不小于滤池表面积的 20%，它同池底之间的间距应不小于 0.4m。滤池底部可用坡度为 0.01 的池底集水沟，污水经集水沟汇流入总排水沟，总排水沟的坡度应不小于 0.005。总排水沟及集水沟的过水断面应不大于沟断面面积的 50%，以保留一定的空气流通空间。沟内水流的设计流速应不小于 0.6m/s。如生物滤池的占地面积不大，池底可不设集水沟，而采用坡度为 0.005～0.01 的池底将水流汇向池内或四周的总排水沟。

二、塔式生物滤池

塔式生物滤池简称塔滤，平面多呈圆形，一般高达 8～24m，直径为 1～3.5m，塔高为塔径的 6～8 倍，由塔身、滤料、布水装置、通风装置和排水装置所组成，如图 3-45 所示。

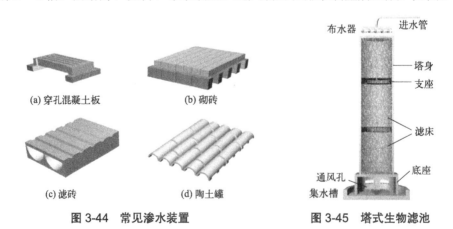

图 3-44　常见渗水装置　　　　　　图 3-45　塔式生物滤池

1. 塔身

塔身一般可用砖砌筑，也可以现场浇筑钢筋混凝土或预制构件在现场组装，也可以采用

　水污染控制技术

钢框架结构，四周用塑料板或金属板围嵌，这样能使整个池体重量大为减轻。塔身一般沿高度分层建造，在分层处设格栅，格栅承托在塔身上，使滤料重荷分层负担，每层以不大于2m为宜，以免将滤料压碎。每层都应设检修孔，以便更换滤料。还应设测温孔和观察孔，以便测量池内温度和观察塔内生物膜的生长情况以及滤料表面布水均匀程度，并取样分析。塔顶上缘应高出最上层滤料表面0.5m左右，以免风吹影响污水均匀分布。一般来说，增加塔身高度，能够提高处理效果，改善出水水质，但超过一定限度，在经济上是不适宜的。

2. 滤料

塔式生物滤池宜采用轻质滤料，使用比较多的是玻璃钢蜂窝状和波形板状等填料（见图3-46）。这种滤料具有较大的表面积，结构均匀，有利于空气流通和污水的均匀配布，流量调节幅度大，不易堵塞，效果良好。

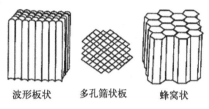

波形板状　　多孔筛状板　　蜂窝状

图 3-46　几种常用填料

3. 布水装置

塔式生物滤池的布水装置与一般生物滤池相同。对于大中型塔滤多采用旋转布水器，可用电动机驱动，也可靠污水的反作用力驱动。对于小型塔滤则多采用固定喷嘴布水系统，也可用多孔管和溅水筛板。

4. 通风装置

塔式生物滤池一般都采用自然通风，塔底有高度为0.4～0.6m的空间，周围留有通风孔，其有效面积不得小于滤池面积的7.5%，且不高于10%。也可采用机械通风，并能吹脱有害气体。当采用机械通风时，可在滤池的上部和下部设吸气或鼓风的风机。要注意空气在滤池平面上的均匀分布，并防止冬季池温降低，影响处理效果。

三、曝气生物滤池

目前，曝气生物滤池（简称BAF）具有去除SS、COD、BOD，硝化，脱氮除磷，除去AOX（有害物质）的作用，其最大特点是集生物氧化和截留悬浮固体于一体，节省了后续的二次沉淀池，在保证处理效果的前提下，使污水处理工艺得到简化。此外，曝气生物滤池的有机污染物容积负荷高、水力负荷大、水力停留时间短、所需基建投资少、能耗及运行成本低，同时该工艺出水水质高。

1. 曝气生物滤池的构造与工作原理

图3-41（b）所示为曝气生物滤池的构造示意图。池内底部设承托层，其上部则是作为滤料的填料。在承托层设置曝气用的空气管及空气扩散装置，处理水排水管兼作反冲洗水管也设置在承托层内。被处理的原污水从池上部进入池体，并通过由填料组成的滤层，在填料表面有由微生物形成的生物膜。在污水滤过滤层的同时，由池下部通过空气管向滤层进行曝气，空气由填料的间隙上升，与下流的污水相向接触，空气中的氧转移到污水中，向生物膜上的微生物提供充足的溶解氧和丰富的有机物。在微生物的新陈代谢作用下，有机污染物被降解，污水得到处理。原污水中的悬浮物及由于生物膜脱落形成的生物污泥，被填料所截留。滤层具有二次沉淀池的功能。当滤层内的截污量达到某种程度时，对滤层进行反冲洗，

反冲洗水通过反冲洗水排放管排出。

图 3-47 所示是以曝气生物滤池为核心的污水处理工艺流程。在本工艺前应设以固液分离为主体、去除悬浮物质效果良好的前处理工艺。由曝气生物滤池排出的含有大量生物污泥的反冲洗水进入反冲洗水池，然后流入前处理工艺，并在此处和固液分离产生的污泥一起处理。从曝气生物滤池流出的处理水，进入处理水水池，经投氯消毒进入接触池。在接触池后不设二次沉淀池，滤池的滤料层具有截留悬浮物和脱落生物膜的作用，用以代替二沉池。

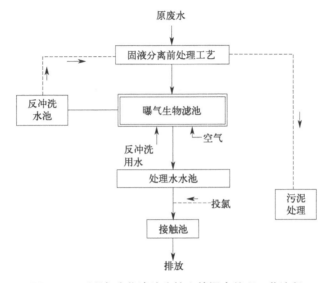

二维码 3-11

图 3-47　以曝气生物滤池为核心的污水处理工艺流程

2. 曝气生物滤池的特征

作为二级处理工艺的曝气生物滤池具有下列各项特征。

① 反应时间短：经短时间的接触，即可取得水质良好、稳定的处理水。

② 便于维护管理：曝气生物滤池在运行过程中，无须污泥回流，同时也没有污泥膨胀现象发生。曝气生物滤池的运行操作主要调整空气量和反冲洗，而后者能够实现自控，因此，曝气生物滤池是便于维护管理的。

③ 占地少：曝气生物滤池反应时间短，具有同步去除 BOD 及悬浮物的功能，可以不设二沉池，因此占地少。曝气生物滤池占地面积为传统活性污泥法系统的 2/3，是氧化沟的 1/3。

④ 节能：曝气生物滤池在电力消耗问题上，大致和传统活性污泥法相当，为氧化沟的 2/3。

⑤ 空气量较少：曝气生物滤池的空气用量大致相当于传统活性污泥法系统，为氧化沟空气用量的 2/3。

⑥ 对季节变动的适应性较强。

⑦ 对水量变动有较大的适应性。

⑧ 能够处理低浓度的污水，并取得良好的处理水质。

⑨ 具有很强的硝化功能：曝气生物滤池的滤层内能够成活高浓度的硝化菌，在去除有机污染物的同时，产生硝化反应。

⑩ 适应的水温范围广泛：在高水温及 10℃ 以下的低水温条件下，曝气生物滤池都能够取得良好的处理水质。这是因为在滤层内保持着高浓度的生物量，可能产生稳定的生物反应和过滤作用。但曝气生物滤池反冲洗水量大，占处理水量的 15% ～ 25%。

四、生物滤池运行中的异常问题及处理措施

1. 滤池积水

滤池积水的原因主要有：①滤料的粒径太小或不够均匀；②由于温度的骤变使滤料破裂以致堵塞空隙；③处理设备运转不正常，导致滤池进水中的悬浮物浓度过高；④生物膜的过度脱落堵塞了滤料间的空隙；⑤滤料的有机负荷过高。

滤池积水的预防和处理措施有：①耙松滤池表面的滤料；②用高压水流冲洗滤料表面；③停止运行积水面积上的布水器，让连续的污水流将滤料上的生物膜冲走；④向滤池进水中投配一定量的游离氯（15mg/L），历时数小时，隔周投配，投配时间可在晚间低流量时期，以减小氯的需要量；⑤停转滤池一天或更长时间以便使积水滤干；⑥对于有水封墙和可以封住排水渠的滤池，可用污水淹没滤池并持续至少一天的时间；⑦如以上方法均无效，可以更换滤料，这样做比清洗旧滤料更经济。

2. 滤池蝇问题

防治滤池蝇的方法有：①滤池连续进水不可间断；②按照与减少积水类似方法减少过量的生物膜；③每周或隔周用污水淹没滤池一天；④彻底冲淋滤池暴露部分的内壁，如尽可能延长布水横管，使污水能洒布于壁上，若池壁保持潮湿，则滤池蝇不能生存；⑤在厂区内消除滤池蝇的避难所；⑥在进水中加氯，使余氯为 0.5 ～ 1mg/L，加药周期为 1 ～ 2 周，以避免滤池蝇完成生命周期；⑦在滤池壁表面施药，杀灭欲进入滤池的成蝇，施药周期为 4 ～ 6 周，即可控制滤池蝇，但在施药前应考虑杀虫剂对受纳水体的影响。

3. 臭味

滤池是好氧的，一般不会有严重的臭味，若有臭鸡蛋味，则表明存在厌氧的区域。臭味的防治措施有：①维持所有设备（包括沉淀和污水系统）均为好氧状态；②降低污泥和生物膜的积累量；③当流量低时向滤池进水中短期加氯；④出水回流；⑤保持整个污水厂的清洁；⑥避免下水系统出现堵塞；⑦清洗所有滤池通风口；⑧将空气压入滤池的排水系统以加大通风量；⑨避免高负荷冲击，如避免牛奶加工厂、罐头厂高浓度污水的进入，以免引起污泥的积累；⑩在滤池上加盖并对排放气体除臭。此外，美国曾用加过氧化氢到初级塑料滤池出水除臭，丹麦还曾用塑料球覆盖在滤池表面上除臭，等等。

4. 滤池表面结冰问题

滤池在冬天不仅处理效率低，有时还可能结冰，使其完全失效。防止滤池结冰的措施有：①减少出水回流次数，有时可完全不回流，直至气候暖和为止；②调节喷嘴，使之布水均匀；③在上风向设置挡风屏；④及时清除滤池表面出现的冰块；⑤当采用二级滤池时，可使其并联运行，减少回流量或不回流，直至气候转暖。

5. 布水管及喷嘴的堵塞问题

布水管及喷嘴的堵塞使污水在滤料表面上分布不均，导致进水面积减少，处理效率降

低。严重时大部分喷嘴堵塞,会使布水器内压增大而爆裂。

布水管及喷嘴堵塞的防治措施有:清洗所有孔口,提高初次沉淀池对油脂和悬浮物的去除率。维持滤池适当的水力负荷以及按规定对布水器进行涂油润滑等。

6. 生物膜过厚的问题

生物膜内部厌氧层异常增厚,可发生硫酸盐还原,污泥发黑发臭,导致生物膜活性低下,大块脱落,使滤池局部堵塞,造成布水不均,不堵的部位流量及负荷偏高,出水水质下降。

防止生物膜过厚的措施有:①加大回流量,借助水力冲脱过厚的生物膜;②采取两级滤池串联,交替进水;③低频进水,使布水器的转速减慢,从而使生物膜厚度下降。

 技能训练

塔式生物滤池的开车操作考核评分见表3-23。

表 3-23 考核评分表

序号	考核内容	考核要点	配分/分	评分标准	检测结果	扣分/分	得分/分	备注
1	准备工作	穿戴劳保用品	3	未穿戴整齐扣3分				
		工具、用具准备	2	工具选择不正确扣2分				
2	操作程序	检查集水池、提升泵、塔体、填料、布水器、通风口、通风设备	10	每少检查一项扣3分				
3		检查来水水质、水量	5	未检查扣3分				
4		启运布水器	10	未按规程操作,每少或错一步扣3分				
5		打开塔滤多级进水阀	10	未操作扣10分 操作不到位扣5分				
6		引来水进入集水池,启运塔滤进水提升泵	10	操作不当扣5分 未按规程操作,每少或错一步扣3分				
7		调节多级进水阀的开度	5	未调节扣5分				
8		打开塔式生物滤池废气洗涤水阀	10	未打开阀门扣10分 操作不到位扣5分				
9		打开废气洗涤塔洗涤水阀、放空阀、洗涤污水回流阀	10	每少打开一只阀门扣3分 操作不到位扣5分				
10		启运通风设备	10	未按规程操作,每少或错一步扣3分				
11		调节各项工艺运行参数以符合工艺要求	10	未调节扣10分				
12	使用工具	正确使用工具	2	工具使用不正确扣2分				
		正确维护工具	3	工具乱摆乱放扣3分				
13	安全及其他	按国家法规或企业规定		违规一次总分扣5分,严重违规停止操作			—	
		在规定时间内完成操作		每超时1min总分扣5分,超时3min停止操作			—	
合计			100	总分				

子情境 3-2 厌氧生物处理法

任务 3-9 了解厌氧生物处理法

学习目标

● **知识目标**

掌握厌氧生物处理法的定义、优缺点、应用情况及降解有机物机理等。

● **能力目标**

① 能够对比厌氧生物处理法与好氧生物处理法的特点；

② 能够讲解厌氧生物处理法降解有机物的两阶段理论。

任务描述

通过小组合作学习，对比厌氧生物处理法与好氧生物处理法的特点，总结厌氧生物处理法的优缺点，并根据两阶段理论图讲解厌氧生物处理法降解有机物的原理。

任务实施

任务名称	了解厌氧生物处理法
任务提要	应掌握的知识点：厌氧生物处理法的定义、优点、缺点、降解有机物机理
任务描述	填写表 3-24，完成相关问题的回答
任务完成过程	1. 填空 在_____的条件下，利用_____的生命活动，将各种_____转化为_____、_____等的过程。 2. 填写表 3-24。 **表 3-24 厌氧生物处理法的优点** {表见下} 3. 厌氧生物处理法的应用有哪些？ 4. 厌氧生物处理法的缺点有哪些？ 5. 厌氧生物处理法的影响因素有哪些？ 6. 根据图 3-48 讲解厌氧生物处理法降解有机物的两阶段理论

表 3-24 厌氧生物处理法的优点

优点	具体阐述
运行费用低	
产生生物能	
剩余污泥量少，且其浓缩性、脱水性良好	
氮、磷营养需要量较少	
厌氧消化对某些难降解有机物有较好的降解能力	
有机负荷高	

任务完成过程	**不溶性有机物** 水解胞外酶 → 水解 **可溶性有机物** 胞内酶产酸菌 酸化 **细菌细胞**	**脂肪酸、醇类、H_2、CO_2**	**其他产物** 内源呼吸产物 胞内酶产甲烷菌 **细菌细胞**	**CO_2、CH_4** 酸性发酵阶段 / 碱性发酵阶段		

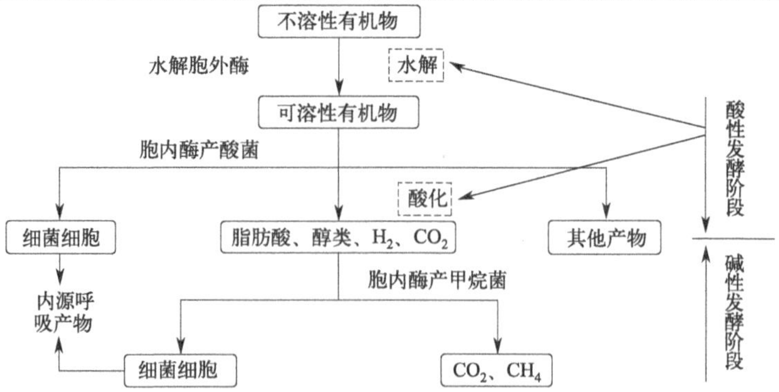

图 3-48 厌氧生物处理两阶段理论

根据图 3-49 和图 3-50，讲解厌氧生物处理法降解有机物过程的三阶段理论和四阶段理论

有机物
Ⅰ 发酵性细菌
脂肪酸、醇类
Ⅱ 产氢产乙酸菌
乙酸 ← Ⅳ ← H_2+CO_2
同型产乙酸菌
Ⅲ 产甲烷菌
CH_4

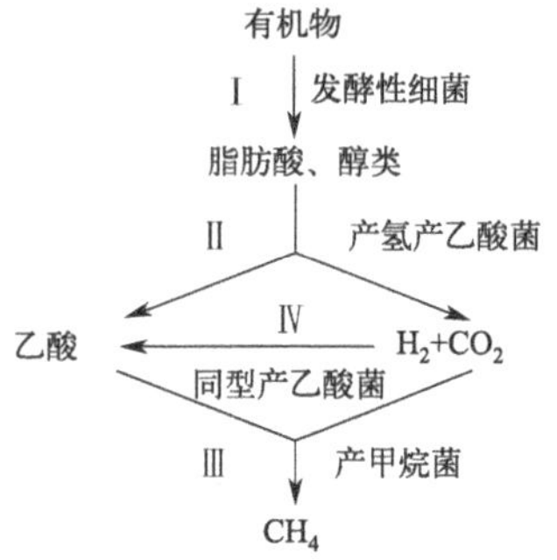

图 3-49 厌氧反应的三阶段理论和四阶段理论

说明：①Ⅰ、Ⅱ、Ⅲ为三阶段理论，Ⅰ、Ⅱ、Ⅲ、Ⅳ为四阶段理论；
②所产生的细胞物质未表示在图中

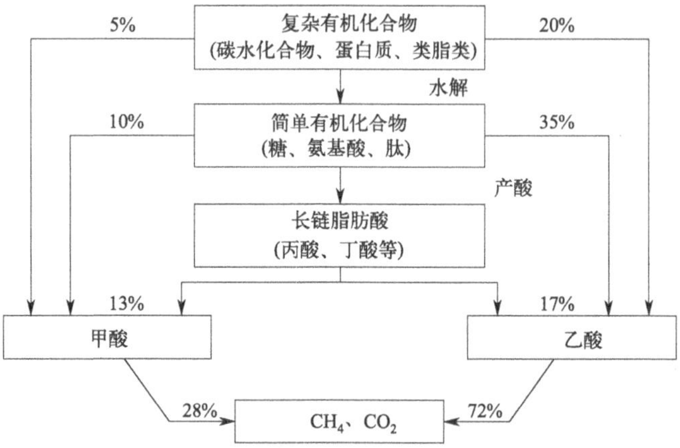

5% 复杂有机化合物（碳水化合物、蛋白质、类脂类）20%
水解
10% 简单有机化合物（糖、氨基酸、肽）35%
产酸
长链脂肪酸（丙酸、丁酸等）
13% 甲酸 乙酸 17%
28% CH_4、CO_2 72%

图 3-50 四阶段厌氧消化过程示意图

任务评价	个人评价	
	组内互评	
	教师评价	
任务反思	收获心得	
	存在问题	
	改进方向	

污水的厌氧生物处理，也称厌氧消化、厌氧发酵，是指在无氧分子条件下，通过厌氧微生物（包括兼性厌氧微生物）的新陈代谢作用，将污水中各种复杂的有机物分解转化为小分子物质（主要是 CH_4、CO_2、H_2S 等）的处理过程。厌氧消化涉及众多的微生物种群，并且各种微生物种群都有相应的营养物质和各自的代谢产物。各微生物种群通过直接或间接的营养关系，组成了一个复杂的共生系统。

近年来，厌氧过程反应机理和新型高效厌氧反应技术的研究都取得了重要进展。厌氧生物处理技术不仅用于处理有机污泥、高浓度有机污水，而且还能有效地处理诸如城市污水这样的低浓度污水，具有十分广阔的发展前景，在污水生物处理领域发挥着越来越大的作用。

一、厌氧生物处理法的特征

1. 厌氧生物处理法的主要优点

① 能耗大大降低，主要原因是厌氧生物处理无须额外的供氧设备，而且还可以回收生物能（沼气），是一种产能工艺。

② 污泥产量较低。具体来说，好氧生物处理系统每处理 1kg COD_{Cr} 产生的污泥量为 $0.25 \sim 0.6kg$，而厌氧生物处理系统每处理 1kg COD_{Cr} 产生的污泥量仅为 $0.02 \sim 0.18kg$。这一特点主要源于厌氧微生物的增殖速率比好氧微生物低得多。这不仅减少了污泥处理的能耗，还降低了污泥处置的成本。

③ 厌氧微生物可能会对好氧微生物不能降解的一些有机物进行降解或部分降解。

④ 反应过程较为复杂。厌氧消化是由多种不同性质、不同功能的微生物协同工作的一个连续的微生物过程。

2. 厌氧生物处理法的主要缺点

① 对温度、pH 等环境因素较敏感；

② 处理出水水质较差，需进一步利用好氧法进行处理；

③ 气味较大；

④ 对氨氮的去除效果不好。

二、厌氧生物处理法的机理

1. 两阶段理论

由于厌氧反应是一个极其复杂的过程，从 20 世纪 30 年代开始，有机物的厌氧消化过程被认为是由不产甲烷的发酵细菌和产甲烷的产甲烷细菌共同作用的两阶段厌氧消化过程，如图 3-51 所示。

第一阶段是由发酵细菌把复杂的有机物水解和发酵（酸化）成低分子中间产物的过程，如形成脂肪酸（挥发酸）、醇类、CO_2 和 H_2 等。因为在该阶段有大量脂肪酸产生，使发酵液的 pH 值降低，所以此阶段被称为酸性发酵阶段或产酸阶段。第二阶段是由产甲烷细菌将第一阶段的一些发酵产物进一步转化为 CH_4 和 CO_2 的过程。由于有机酸在第二阶段不断被转化为 CH_4 和 CO_2，同时系统中有 NH_4^+ 的存在，使发酵液的 pH 值不断上升，所以此阶段被称为碱性发酵阶段或产甲烷阶段。

两阶段理论简要地描述了厌氧生物处理过程，但没有全面反映厌氧消化的本质。研究表明，产甲烷菌能利用甲酸、乙酸、甲醇、甲基胺类和 H_2、CO_2，但不能利用两个碳原子以上的脂肪酸和除甲醇以外的醇类产生甲烷，因此两阶段理论难以确切地解释这些脂肪酸或醇类是如何转化为 CH_4 和 CO_2 的。

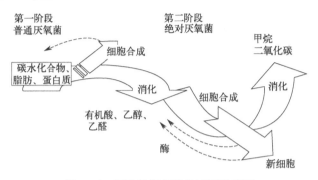

图 3-51　两阶段厌氧消化过程示意图

2. 三阶段理论

随着对厌氧消化微生物研究的不断深入，厌氧消化中非产甲烷细菌和产甲烷细菌之间的相互关系更加明确。1979 年，伯力特（Bryant）等人根据微生物的生理种群，提出的厌氧消化三阶段理论，是当前较为公认的理论模式。该理论认为产甲烷菌不能利用除乙酸、H_2、CO_2 和甲醇等以外的有机酸和醇类，长链脂肪酸和醇类必须经过产氢产乙酸菌转化为乙酸、CO_2 和 H_2 等后，才能被产甲烷菌利用。三阶段厌氧消化过程如图 3-49 所示。

第一阶段为水解发酵阶段。在该阶段，复杂的有机物在厌氧菌胞外酶的作用下，首先被分解成简单的有机物，如纤维素经水解转化成较简单的糖类，蛋白质转化成较简单的氨基酸，脂类转化成脂肪酸和甘油等。继而这些简单的有机物在产酸菌的作用下经过厌氧发酵和氧化转化成乙酸、丙酸、丁酸等脂肪酸和醇类等。参与这个阶段的水解发酵菌主要是专性厌氧菌和兼性厌氧菌。第二阶段为产氢产乙酸阶段。在该阶段，产氢产乙酸菌把除乙酸、甲烷、甲醇以外的第一阶段产生的中间产物，如丙酸、丁酸等脂肪酸和醇类等转化成乙酸和氢，并有 CO_2 产生。第三阶段为产甲烷阶段。在该阶段中，产甲烷菌把第一阶段和第二阶段产生的乙酸、CO_2 和 H_2 等转化为甲烷。

产酸细菌有兼性的，也有厌氧的，而甲烷细菌则是严格的厌氧菌。甲烷细菌对环境的变化，如 pH 值、重金属离子、温度等的变化，较产酸细菌敏感得多，细胞的增殖和产 CH_4 的速度都慢得多。因此，厌氧反应的控制阶段是产甲烷阶段，产甲烷阶段的反应速度和条件决定了厌氧反应的速度和条件。实质上，厌氧反应的控制条件和影响因素就是产甲烷阶段的控制条件和影响因素。

3. 四阶段理论（四菌群学说）

几乎在 Bryant 提出"三阶段理论"的同时，有人提出了厌氧消化过程的"四阶段理论"（如图 3-50 所示）。实际上，它是在上述三阶段理论的基础上，增加了一类细菌——同型产乙酸菌，其主要功能是可以将产氢产乙酸菌产生的 H_2、CO_2 合成为乙酸。但研究表明，实际上这一部分由 H_2、CO_2 合成而来的乙酸的量较少，只占厌氧体系中总乙酸量的 5% 左右。

总体来说，"三阶段理论""四阶段理论"是目前公认的对厌氧生物处理过程较全面和较准确的描述。

三、厌氧生物处理法的影响因素

产甲烷反应是厌氧消化过程的控制阶段，因此，在讨论厌氧生物处理的影响因素时主要讨论影响产甲烷菌的各项因素。主要影响因素有温度、pH值和碱度、氧化还原电位、营养物质、F/M、有毒物质等。

1. 温度

温度对厌氧微生物的影响尤为显著。厌氧细菌可分为嗜热菌（或高温菌）和嗜温菌（中温菌），相应地，厌氧消化分为高温消化（55℃左右）和中温消化（35℃左右）。高温消化的反应速率为中温消化的 1.5 ～ 1.9 倍，产气率也较高，但气体中甲烷含量较低。当处理含有病原菌和寄生虫卵的废水或污泥时，高温消化可取得较好的卫生效果，消化后污泥的脱水性能也较好。随着新型厌氧反应器的开发研究和应用，温度对厌氧消化的影响不再非常重要（因为新型反应器内的生物量很大），因此可以在常温条件下（20 ～ 25℃）进行，以节省能量和运行费用。

2. pH 值和碱度

pH值是厌氧消化过程中的最重要的影响因素，原因是产甲烷菌对pH值的变化非常敏感，一般认为其最适pH值范围为6.8 ～ 7.2，在pH值 < 6.5 或pH值 > 8.2时，产甲烷菌会受到严重抑制，而进一步导致整个厌氧消化过程的恶化。厌氧体系中的pH值受多种因素的影响，如进水pH值、进水水质（有机物浓度、有机物种类等）、生化反应、酸碱平衡、气固液相间的溶解平衡等。厌氧体系是一个pH值的缓冲体系，主要由碳酸盐体系所控制。一般来说，系统中脂肪酸含量的增加（累积），将消耗 HCO_3^-，使pH下降；但产甲烷菌不但可以消耗脂肪酸，而且还会产生 HCO_3^-，使系统的pH值回升。

碱度曾一度在厌氧消化中被认为是一个至关重要的影响因素，但实际上其作用主要是保证厌氧体系具有一定的缓冲能力，维持合适的pH值。厌氧体系一旦发生酸化，则需要很长的时间才能恢复。

3. 氧化还原电位

严格的厌氧环境是产甲烷菌进行正常生理活动的基本条件。非产甲烷菌可以在氧化还原电位为 -100 ～ 100mV 的环境正常生长和活动；产甲烷菌的最适氧化还原电位为 -150 ～ 400mV，在培养产甲烷菌的初期，氧化还原电位不能高于 -330mV。

4. 营养物质

厌氧微生物对 N、P 等营养物质的要求略低于好氧微生物，其要求 COD：N：P = 200：5：1。多数厌氧菌不具有合成某些必要的维生素或氨基酸的功能，所以有时需要投加：①K、Na、Ca 等金属盐类；②微量元素 Ni、Co、Mo、Fe 等；③有机微量物质：酵母浸出膏、生物素、维生素等。

5. F/M

厌氧生物处理的有机物负荷（以 COD 计）较好氧生物处理更高，一般可达 5 ～ 10kg/

$(m^3 \cdot d)$，甚至可达 $50 \sim 80 kg/(m^3 \cdot d)$。厌氧生物处理无传氧的限制，可以积聚更高的生物量。

产酸阶段的反应速率远高于产甲烷阶段，因此必须十分谨慎地选择有机负荷。高有机容积负荷的前提是高的生物量，而相应污泥负荷较低；高有机容积负荷可以缩短 HRT（水力停留时间），减少反应器容积。

6. 有毒物质

常见的抑制性物质有：硫化物、氨氮、重金属、氰化物及某些有毒有机物。

① 硫化物：硫酸盐和其他硫的氧化物很容易在厌氧消化过程中被还原成硫化物；可溶的硫化物达到一定浓度时，会对厌氧消化过程主要是产甲烷过程产生抑制作用；投加某些金属如 Fe 可以去除 S^{2-}，或从系统中吹脱 H_2S 可以减轻硫化物的抑制作用。

② 氨氮：氨氮是厌氧消化的缓冲剂；但浓度过高则会对厌氧消化过程产生毒害作用；抑制浓度为 $50 \sim 200 mg/L$，但驯化后，适应能力会得到加强。

③ 重金属：使厌氧细菌的酶系统受到破坏。

④ 氰化物：氰化物对厌氧微生物有毒害作用，可以抑制厌氧生物处理过程中的关键酶或影响代谢途径，如影响甲烷生成等，进而影响废水处理的效率。

⑤ 有毒有机物：主要包括带有特定官能团或结构（醛基、双键、氯取代基及苯环等）的物质，通过抑制厌氧菌的活动而影响厌氧过程。这些物质可能干扰微生物的代谢途径，降低微生物的活性，甚至导致微生物死亡。

任务 3-10　UASB+SBR 工艺

📚 学习目标

● 知识目标

① 掌握 UASB 反应器的用途、特点、构造、工作原理和初次启动过程等；
② 了解颗粒污泥的性质、成分、类型、特点等。

● 能力目标

① 能够熟练完成 UASB 工艺系统开车操作；
② 能够解析此工艺流程。

🎯 任务描述

某污水处理厂的二级处理采用 UASB+SBR 工艺，请对此处理系统进行开车操作。

📋 任务实施

任务名称	UASB+SBR 工艺
任务提要	应掌握的知识点：UASB 反应器相关知识（用途、特点、构造、工作原理等）。 应掌握的技能点：UASB+SBR 工艺系统开车操作

基本 技术信息	该污水处理厂工艺流程图见图 3-52，根据流程图思考如下问题： 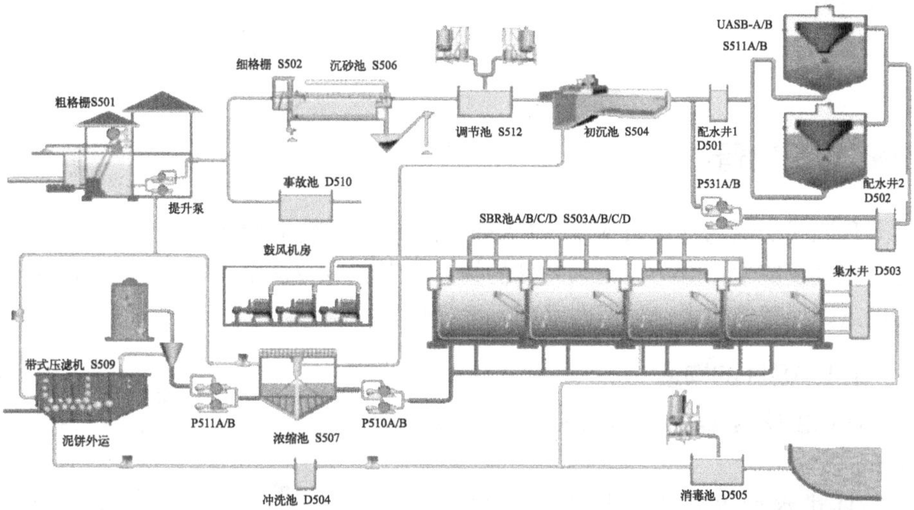 图 3-52 某污水处理厂工艺流程图 1. 写出污水的走向。 2. 污水处理程度分为几级？ 3. 一级处理包括哪些构筑物？ 4. 二级处理采用哪种工艺？该工艺包括哪些构筑物？ 二维码 3-12
任务描述	请对 UASB+SBR 工艺系统进行开车操作
任务 完成过程	1. 制订总开车顺序； 2. 为一级处理各构筑物制订开车顺序； 3. 为 UASB 反应器制订开车顺序； 4. 为 SBR 池制订开车顺序； 5. 为消毒池制订开车顺序
	工艺知识铺垫
	1.UASB 反应器的全称是什么？ 2.UASB 反应器的用途是什么？ 3.UASB 反应器的构造有哪些？ 4. 简述 UASB 反应器的组成及各组成部分的作用。 ①进水配水系统； ②反应区； ③三相分离器； ④出水系统； ⑤气室； ⑥浮渣清除系统； ⑦排泥系统 5. 简述 UASB 反应器的工作过程。 6. 简述 UASB 反应器的特点
	试操作成绩：
	存在问题：
任务评价	个人评价
	组内互评
	教师评价

任务反思	收获心得	
	存在问题	
	改进方向	

 知识储备

升流式厌氧污泥床反应器（UASB）与其他厌氧生物处理装置的区别在于：①污水由下向上流过反应器；②污泥无须特殊的搅拌设备；③反应器顶部有特殊的三相分离器。其突出的优点是处理能力大、处理效率高、运行性能稳定。

1. UASB 的构造

UASB 反应器如图 3-53 所示，主要构造如下。

① 进水配水系统：作用主要是将污水尽可能均匀地分配到整个反应器，并具有一定的水力搅拌功能。它是反应器高效运行的关键之一。

② 反应区：包括污泥床区和污泥悬浮层区，有机物主要在这里被厌氧菌所分解，是反应器的主要部位。污泥床主要由沉降性能良好的厌氧污泥组成，SS 质量浓度可达 50～100g/L 或更高。污泥悬浮层主要靠反应过程中产生的气体的上升搅拌作用形成，污泥质量浓度较低，SS 一般在 5～40g/L 范围内。

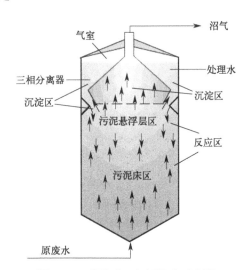

图 3-53　升流式厌氧污泥床反应器

③ 三相分离器：由沉淀区、回流缝和气封组成，其功能是把沼气、污泥和液体分开。污泥经沉淀区沉淀后由回流缝回流到反应区，沼气分离后进入气室。三相分离器的分离效果将直接影响反应器的处理效果。

④ 出水系统：其作用是把沉淀区表层处理过的水均匀地加以收集，排出反应器。

⑤ 气室：也称集气罩，其作用是收集沼气。

⑥ 浮渣清除系统：其功能是清除沉淀区液面和气室表面的浮渣。如浮渣不多可省略。

⑦ 排泥系统：其功能是均匀地排除反应区的剩余污泥。

UASB 反应器中最重要的设备是三相分离器，这一设备安装在反应器的顶部并将反应器分为下部的反应区和上部的沉淀区。三相分离器的一个主要目的就是尽可能有效地分离从污泥床中产生的沼气，特别是在高负荷的情况下。集气室下面反射板的作用是防止沼气通过集气室之间的缝隙逸出沉淀室。另外挡板还有利于减少反应室内高产气量所造成的液体紊动。

2. UASB 的工作原理

在底部反应区内存留大量厌氧污泥，具有良好的沉淀性能和凝聚性能的污泥在下部形成污泥层。污水从厌氧污泥床底部均匀流入，与污泥层中的污泥混合接触，污泥中的微生物分解污水中的有机物，并将其转化为沼气。沼气以微小气泡形式不断放出，微小气泡在上升过程中不断合并，逐渐形成较大的气泡，在污泥床上部由于沼气的搅动形成一个污泥浓度较稀薄的悬浮污泥层，一起上升进入三相分离器，沼气碰到分离器下部的反射板时，折向反射板的四周，然后穿过水层进入气室，集中在气室的沼气，通过导管导出。固液混合液经过反射进入三相分离器的沉淀区，污水中的污泥发生絮凝，颗粒逐渐增大，并在重力作用下沉降，沉淀至斜壁上的污泥沿着斜壁滑回厌氧反应区内，使反应区内积累大量的污泥，与污泥分离后的处理出水从沉淀区上部溢流堰溢出，然后排出反应器。

3. UASB 的特点

由于在 UASB 反应器中能够培养得到一种具有良好沉降性能和高产甲烷活性的颗粒厌氧污泥，因而相对于其他同类装置，颗粒污泥 UASB 反应器具有一定的优势，其突出特点如下。

① 有机负荷较高，水力负荷能满足要求。

② 提供了一个有利于污泥絮凝和颗粒化的条件，并通过工艺条件的合理控制，使厌氧污泥能保持良好的沉淀性能。

③ 通过污泥的颗粒化和流化作用，形成一个相对稳定的厌氧微生物生态环境，并使其与基质充分接触，最大限度地发挥生物的转化能力。

④ 污泥颗粒化后使反应器对不利条件的抗性增强。

⑤ 用于将污泥或流出液人工回流的机械搅拌一般维持在最低限度，甚至可完全取消，尤其是颗粒污泥 UASB 反应器，由于颗粒污泥的密度比人工载体小，在一定的水力负荷下，可以靠反应器内产生的气体来实现污泥与基质的充分接触。因此，UASB 可省去搅拌和回流污泥所需的设备和能耗。

⑥ 在反应器上部设置的三相分离器，使消化液携带的污泥能自动返回反应区内，对沉降良好的污泥或颗粒污泥避免了附设沉淀分离装置、辅助脱气装置和回流污泥设备，简化了工艺，节约了投资和运行费用。

⑦ 在反应器内不需投加填料和载体，提高了容积利用率，避免了堵塞。

正因如此，UASB 反应器已成为第二代厌氧处理反应器中发展最为迅速、应用最为广泛的装置。目前 UASB 反应器不仅用于处理高、中等浓度的有机污水，也开始用于处理城市污水等污水。

4. 启动 UASB

（1）初次启动　UASB 反应器的启动可以分为以下三个阶段。

第一阶段：启动初始阶段。在此阶段，反应器中的污染容积负荷（以 COD 计）应该低于 $2kg/(m^3 \cdot d)$，或污泥有机负荷（以 COD 计）应在 $0.05 \sim 0.1kg/(kg \cdot d)$。在这一阶段中，因为上升水流的冲刷与逐渐产生的少量沼气上逸的推动，一些细小分散的污泥可能会被冲刷流出反应器。因此在 UASB 反应器启动阶段不能追求反应器的处理效果、产气率与出水水质，而应该将污泥的驯化与颗粒化作为主要工作目标。

第二阶段：在这一阶段可以将反应器有机容积负荷上升至 $2 \sim 5kg/(m^3 \cdot d)$。在此阶段中污泥逐渐出现颗粒状，同时在出水中被冲刷洗出的污泥相比第一阶段逐渐减少，这时被洗出的污泥多为沉降性能较差的絮状污泥。厌氧污泥的驯化过程在这个阶段完成。

第三阶段：这一阶段反应器的容积负荷增加到5kg/（m³·d）。絮状污泥迅速减少，颗粒状污泥的含量进一步增加，当反应器中普遍以颗粒污泥为主时，反应器的最大容积负荷可达到50kg/（m³·d）。当反应器中污泥颗粒化完成以后，反应器的启动也就完成。

UASB反应器启动的要点：①接种VSS污泥量为12～15kg/m³；②初始污泥COD负荷率为0.05～0.1kg/（kg·d）；③当进水COD质量浓度大于5000mg/L时，采用出水循环或稀释进水；④保持乙酸质量浓度为800～1000mg/L；⑤除非VFA降解率超过80%，否则不增加污泥负荷率；⑥允许稳定性差的污泥流失，洗出的污泥不再返回反应器；⑦截住重质污泥。

（2）缩短UASB启动时间的途径

① 投加无机絮凝剂或高聚物。为了保证反应器内的最佳生长条件，必要时可改变污水的成分，其方法是向进水中投加养分、维生素和促进剂等。研究发现，在处理生物难降解有机污染物亚甲基安息香酸污水时，向污水中投加FeSO₄和生物易降解培养基后，可以有效降低原系统的氧化还原能力，达到一个合适的亚甲基源水平，缩短UASB的启动时间。另一项研究表明，在UASB反应器启动时，向反应器内加入质量浓度为750mg/L的亲水性高聚物（WAP）能够加速颗粒污泥的形成，从而缩短启动时间。

② 投加细微颗粒物。在UASB启动初期，人为地向反应器中投加适量的细微颗粒物如黏土、陶粒、颗粒活性炭等，有利于缩短颗粒污泥的出现时间，但投加过量的惰性颗粒会在水力冲刷和沼气搅拌下相互撞击、摩擦，造成强烈的剪切作用，阻碍初成体的聚集和黏结，对于颗粒污泥的成长有害无益。在反应器中投加少量陶粒、颗粒活性炭等，使启动时间明显缩短，这部分细颗粒物的体积占反应器有效容积的2%～3%。

（3）二次启动　尽管UASB的初次启动所消耗的时间很长，但一旦启动成功，即使放置不使用，要再次启动起来仍然比较容易。UASB反应器二次启动过程可以比初次启动更快地增大有机负荷。若初次进水COD浓度为3g/L，24d后进水的COD浓度可以增至6g/L，48d后进水的COD浓度可以上升到12g/L。二次启动进水的污染负荷与浓度的增加方法与初次启动相似，每次增加负荷不应该超过原有负荷的50%。在二次启动的运行过程中，反应器产气情况、出水的VFA浓度、COD去除率、反应器中pH值等指标仍然是需要控制的因素。其控制方法与初次启动相同。

 技能训练

UASB+SBR工艺开车操作如下。

（1）开车前的准备工作及全面大检查　开车前进行全面大检查，确保设备处于良好的备用状态。

（2）粗格栅和提升泵房岗位

① 打开粗格栅入口现场阀；

② 启动粗格栅；

③ 启动潜水泵；

④ 打开潜水泵后止回阀。

（3）细格栅和平流式沉砂池岗位

① 打开平流式沉砂池刮渣机电源，启动刮渣机；

② 打开平流式沉砂池出口闸阀。

（4）初沉池岗位

① 打开初沉池刮泥机电源，启动刮泥机；

② 打开初沉池出口排水闸阀；

③ 当初沉池中污泥积累到一定高度时，打开初沉池出口排泥闸阀，排泥入浓缩池。

（5）调节池岗位　用于调节水量和水质。

（6）UASB 反应器岗位

① 原污水流入 UASB 反应器；

② 进入三相分离器将气、固、液三相进行分离。气室的功能是收集产生的沼气。处理水排水系统功能是将沉淀区水面上的处理水均匀地加以收集，并将其排出反应器。

（7）SBR 池岗位

① 原污水流入间歇式曝气池；

② 按时间顺序依次进行进水→反应→沉淀→出水→待机（闲置）等五个基本过程，周而复始反复进行。

（8）浓缩池

① 启动浓缩池刮泥机；

② 打开浓缩池后提升泵前阀；

③ 启动浓缩池后提升泵；

④ 打开浓缩池后提升泵后截止阀，输送污泥入脱水机房；

⑤ 打开浓缩池后闸阀，排水入粗格栅。

（9）脱水机房

① 启动脱水机房加药计量泵；

② 启动脱水机房离心脱水机；

③ 开脱水机房后闸阀，排水入粗格栅。

情境任务评价

完成任务评价表，见表 3-25。

表 3-25　情境 3 任务评价表

学生信息		考核项目及赋分										
		基本项及赋分						技能项及赋分	加分项及赋分			情境考核及赋分
学号	学生姓名	出勤（5分）	态度（8分）	任务单（20分）	作业（10分）	合作（2分）	劳动（2分）	仿真操作（20分）	拓展问题（10分）	拓展任务（10分）	组长（3分）	综合考核（10分）
1												
2												
3												
...												
评价人												

📨 阅读材料

对青年工作者的忠告与希望：理论联系实际，科研一定要落地

北京城市排水集团有限责任公司水质检测中心技术主任翟家骥高工从事水质监测工作30余年。翟家骥高工1982年考入北京市政工程管理处污水处理研究管理所，从此与污水监测结下不解之缘。从化验员干起、历任班组长、化验室主任、化验科科长、技术部部长、分析部兼质控部部长、技术主任等职。翟家骥谦虚地表述了自己的专业生涯："我有幸伴随着北京污水处理事业的发展而成长，在多年的一线实际工作中实现了由一名普通检测人员到业内技术专家的转变。"

翟家骥高工还是北京电子科技职业学院、北京工业技术学院等多所院校的外聘教师。并多次在北京理工大学等高等学府授课。作为CMA、CMAF、CNAS国家级评审员、财政部评标专家和市水务局水影响评价技术审查专家，先后考察过不同的仪器生产企业，评审过多家第三方检测实验室。对于现在强调的产学研用相结合，翟工说，这是科技成果转化为实际应用的很好途径，是年轻人毕业进入工作岗位后迅速实现从学生到技术人员角色转化的关键渠道，是高等学校、职业院校教师理论与实际教学相结合的良好平台。只有通过这样的平台，才能使科技成果得到实践，年轻人的能力和水平得以提高，学校的教学接上地气。

翟工认为，青年工作者应该脚踏实地在第一线，扎实工作，与时俱进，不断砺炼。"梅花香自苦寒来"，肯于脚踏实地，埋头苦干又勤于思考的人，最终才能有所成就。翟工希望自己是一个引导员的角色，能将自己多年来努力学习、不断在工作实践中进取的经验传授给年轻人，引导他们积极投身到改善水环境，造福全人类的污水处理事业中来。

🧠 感悟

同学们，要想在学习和工作中有所成就，必须坚持不懈地努力，不断学习，积累经验，"不忘初心，方得始终"。

情境 4 污水的三级处理

经过二级处理后，污水中仍然存在难降解的有机物、氮和磷等能够导致水体富营养化的可溶性无机物、病原微生物等，通过三级处理可去除上述污染物，达到污水再生、回用的目的，因此，污水的三级处理已成为一种发展趋势。

【情境导引任务】

素质目标

① 具有较高的政治思想觉悟和职业素养；
② 具有团队意识和相互协作精神；
③ 具有一定的语言表达能力、沟通能力及人际交往能力；
④ 具有事故保护和工作安全意识。

任务描述

1. 污水三级处理的主要任务有哪些？
2. 污水三级处理的常用工艺有哪些？请填入表 4-1。

表 4-1　污水三级处理的常用工艺

处理工艺	主要去除污染物

任务 4-1　某城市污水处理厂再生水处理工艺解析

 **任务描述**

请解析某城市污水处理厂再生水处理工艺流程及各部分的作用。

 **任务实施**

任务名称	某城市污水处理厂再生水处理工艺解析
任务提要	应掌握的知识点：混凝沉淀工艺：工艺过程（基本流程、各工艺环节主要作用及相应设备），混凝法的定义、适用对象，混凝剂的作用、常用类型。 过滤工艺：工艺过程（过滤、反冲洗、快滤池、压力过滤器），过滤法的机理、适用对象。 应掌握的技能点：案例中混凝沉淀工艺、过滤工艺中各环节的详细解析
关键词解读：再生水	1.定义 2.用途
案例基本情况了解	再生水处理系统是为保证出水达到一级A标准而增加的三级处理系统。 再生水处理系统由混合池、折板絮凝池、斜板（管）沉淀池、V型滤池等组成。 主要通过投加混凝剂与助凝剂去除SS、胶体微粒
任务完成须知	1.再生水处理系统出水达到一级A标准，其遵循的水质排放标准是什么？ 2.再生水处理系统采用了哪些工艺？ 3.再生水系统的处理对象是什么？ 4.再生水系统采用了哪些处理方法？ 5.混凝法的原理是什么？ 6.混凝沉淀工艺包括哪些设备？
任务1描述	请解析案例中的混凝沉淀工艺；说出各组成构筑物的作用；绘制混凝沉淀工艺基本流程
任务1完成过程	1.混合池 ①混合池作用是什么？ ②是否需要搅拌？搅拌设备是什么？ ③混合时间是多少？ ④案例中混合池的类型、构造图、工作原理是什么？ ⑤案例中所用的混凝剂是什么？ ⑥混凝剂的作用是什么？ ⑦混凝剂的类型是什么？ ⑧对混合池的要求是什么？ 2.折板絮凝池 ①折板絮凝池的作用是什么？ ②是否需要搅拌？ ③反应时间是多少？ ④案例中折板絮凝池的构造是什么？ 3.斜板（管）沉淀池 ①斜板（管）沉淀池的作用是什么？ ②斜板（管）沉淀池的构造是什么？ 4.绘制混凝沉淀工艺基本流程。 5.澄清池的特点有哪些？ 6.简述机械加速澄清池的特点

任务 2 描述	1. 简述混凝剂常用的投加方式及其原理。 2. 湿式投加的步骤是什么？ 3. 简述助凝剂的作用和类型。 4. 简述影响混凝的主要因素
任务 2 完成过程	1. 过滤工艺的主要用途有哪些？ 2. 过滤法的原理是什么？ 3. 请讲述各主要组成部分的作用。 ①滤料层 ②承托层 ③配水系统 4. 简述 V 型滤池优缺点
拓展任务	请根据图 4-1 讲述普通快滤池的工艺过程 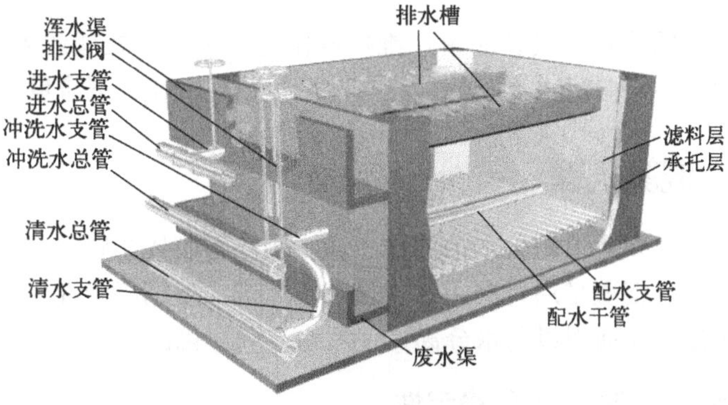 **图 4-1　普通快滤池**
拓展任务完成过程	1. 简述普通快滤池过滤过程。 2. 简述普通快滤池反冲洗过程。 3. 简述普通快滤池跑砂漏砂问题的原因及处理办法
工艺知识拓展	1. 压力过滤器的组成有哪些？ 2. 压力过滤器的特点是什么？ 3. 压力过滤器的类型有哪些？
任务评价	个人评价 组内互评 教师评价
任务反思	收获心得 存在问题 改进方向

任务 4-1-1　混凝沉淀工艺

学习目标

●知识目标

① 理解混凝法的原理、特点以及混凝效果的影响因素等；
② 掌握混凝沉淀处理的流程及各个环节的作用、设备的构造、工作过程等；
③ 掌握澄清池的类型、构造、工作过程、运行管理等。

● 能力目标

能够解析混凝沉淀工艺流程。

 **知识储备**

一、概述

1. 用途

混凝法是污水处理中常采用的方法，可以用来降低污水的浊度和色度，去除多种高分子有机物、某些重金属物质和放射性物质。此外，混凝法还能改善污泥的脱水性能。

2. 特点

混凝法的优点是设备简单，维护操作易于掌握，处理效果好，间歇或连续运行均可以。缺点是由于不断向污水中投药，经常性运行费用较高，沉渣量大，且脱水较困难。

二、混凝机理

混凝的主要对象是污水中的细小悬浮颗粒和胶体微粒，这些颗粒很难用自然沉淀法从水中分离出去。混凝是通过向污水中投加混凝剂，使细小悬浮颗粒和胶体微粒聚集成较粗大的颗粒而沉淀，从而得以与水分离，使污水得到净化。

1. 污水中胶体颗粒的稳定性

污水中的细小悬浮颗粒和胶体微粒分量很轻，胶体微粒直径为 $10^{-3} \sim 10^{-8}$mm。这些颗粒在污水中受水分子热运动的碰撞而做无规则的布朗运动，同时胶体微粒本身带电，同类胶体微粒带有同性电荷，彼此之间存在静电排斥力，因此不能相互靠近以结成较大颗粒而下沉。另外，许多水分子被吸引在胶体微粒周围形成水化膜，阻止胶体微粒与带相反电荷的离子中和，妨碍颗粒之间接触并凝聚下沉。因此污水中的细小悬浮颗粒和胶体微粒不易沉降，总保持着分散和稳定状态。

2. 混凝原理

混凝剂对水中胶体粒子的混凝作用有三种，即电性中和、吸附架桥、网捕或卷扫作用。这三种作用究竟以何者为主，取决于混凝剂种类和投加量、水中胶体粒子性质和含量，以及水的 pH 值等。这三种作用有时会同时发生，有时仅其中一至两种机理起作用。

三、常用混凝剂与助凝剂

1. 混凝剂

能够使水中的胶体微粒相互黏结和聚结的物质称为混凝剂，它具有破坏胶体的稳定性和促进胶体絮凝的功能。

常用的混凝剂是铝盐和铁盐。铝盐主要有硫酸铝 $[Al_2(SO_4)_3 \cdot 18H_2O]$、明矾 $[K_2SO_4 \cdot Al_2(SO_4)_3 \cdot 24H_2O]$、铝酸钠（$NaAlO_2$）、三氯化铝（$AlCl_3$）及碱式氯化铝 $[Al_n(OH)_mCl_{3n-m}]$。铁盐主要有硫酸亚铁（$FeSO_4$）、硫酸铁 $[Fe_2(SO_4)_3]$ 及三氯化铁（$FeCl_3 \cdot 6H_2O$）。近年来，高分子混凝剂有很大发展，一般聚合物的分子量都很高，絮凝能力很强，如聚丙烯酰胺等具有投加量少、絮凝体沉淀速度大等优点，目前应用较普遍。

2. 助凝剂

在污水混凝处理中，有时使用单一的混凝剂不能取得良好的效果，往往需要投加辅助药剂以提高混凝效果，这种辅助药剂称为助凝剂。助凝剂的作用只是提高絮凝体的强度，增加其重量，促进沉降，且使污泥有较好的脱水性能，或者用于调整 pH 值，破坏对混凝作用有干扰的物质。助凝剂本身不起凝聚作用，因为它不能降低胶粒的ζ电位。

常用的助凝剂有以下两类。

① 调节或改善混凝条件的助凝剂。如 CaO、Ca（OH）$_2$、Na$_2$CO$_3$、NaHCO$_3$ 等碱性物质，可用来调整 pH 值，以达到混凝剂使用的最佳 pH 值。用 Cl$_2$ 作氧化剂，可以去除有机物对混凝剂的干扰，并将 Fe^{2+} 氧化为 Fe^{3+}（在亚铁盐做混凝剂时尤为重要），还有 MgO 等。

② 改善絮凝体结构的高分子助凝剂。如聚丙烯酰胺、活性炭、各种黏土等。

四、混凝装置与工艺过程

1. 混凝过程

混凝沉淀处理流程包括投药、混合、反应及沉淀分离。其示意流程如图 4-2 所示。

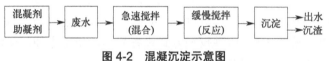

图 4-2　混凝沉淀示意图

二维码 4-1

混凝沉淀分为混合、反应、沉淀三个阶段。混合阶段的作用主要是将药剂迅速、均匀地分配到污水中的各个部分，以压缩污水中胶体颗粒的双电层，降低或消除胶粒的稳定性，使这些微粒能互相聚集成较大的微粒——绒粒。混合阶段需要剧烈短促地搅拌，作用时间要短，以获得瞬时混合时效果为最好。

反应阶段的作用是促使失去稳定的胶体粒子碰撞结合变大，成为可见的矾花绒粒，所以反应阶段需要较长的时间，而且只需缓慢地搅拌。在反应阶段，由聚集作用所生成的微粒与污水中原有的悬浮微粒之间或各自之间，由于碰撞、吸附、黏着、架桥作用生成较大的绒体，然后送入沉淀池进行沉淀分离。

2. 混凝剂溶液的配制及设备

投药方法有干投法和湿投法。干投法是把经过破碎易于溶解的药剂直接投入污水中。干投法占地面积小，但对药剂的粒度要求较严格。由于其投加量控制较难，对机械设备的要求较高，同时劳动条件也较差，目前国内应用较少。湿投法是将混凝剂和助凝剂配成一定浓度的溶液，然后按处理水量大小定量投加。

药剂调制有水力法、压缩空气法、机械法等。当投加量很小时，也可以在溶液桶、溶液池内进行人工调制。水力调制、人工调制、机械调制和压缩空气调制适用于各种药剂，但压缩空气调制不宜用于长时间的石灰乳液连续搅拌。

3. 混凝剂的投加

混凝剂投加设备包括计量设备、药液提升设备、投药箱、必要的水封箱以及注入设备等。根据不同投药方式或投药量控制系统，所用设备也有所不同。

（1）计量设备 药液投入原水中必须有计量或定量设备，并能随时调节。计量设备多种多样，应根据具体情况选用。计量设备有转子流量计、电磁流量计、苗嘴、计量泵（见图4-3）等。

（2）投加方式

① 高位溶液池重力投加。当取水泵房距水厂较远时，应建造高位溶液池利用重力将药液投入水泵压水管上，见图4-4，或者投加在混合池入口处。这种投加方式安全可靠，但溶液池位置较高。

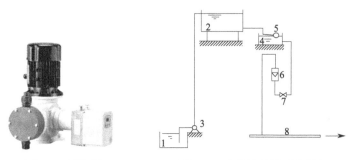

图 4-3 计量泵　　　　图 4-4 高位溶液池重力投加

1—溶解池；2—溶液池；3—提升泵；4—水封箱；
5—浮球阀；6—流量计；7—调节阀；8—压水管

② 水射器投加。指利用高压水通过水射器喷嘴和喉管之间的真空抽吸作用将药液吸入，并随水的余压注入原水管中，见图4-5。这种投加方式设备简单，使用方便，溶液池高度不受太大限制，但水射器效率较低，且易磨损。

③ 泵投加。泵投加有两种方式：一种是采用计量泵（柱塞泵或隔膜泵），另一种是采用离心泵配上流量计。采用计量泵不必另备计量设备，泵上有计量标志，可通过改变计量泵行程或变频调速改变药液投加量，最适合用于混凝剂自动控制系统。图4-6为计量泵投加示意图。

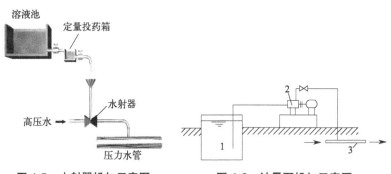

图 4-5 水射器投加示意图　　　　图 4-6 计量泵投加示意图

1—溶液池；2—计量泵；3—压水管

4. 混合

污水与混凝剂和助凝剂进行充分混合，是进行反应和混凝沉淀的前提。混合要求速度快。

（1）水泵混合 水泵混合是我国常用的混合方式。药剂投加在取水泵吸水管或吸水喇叭口处，利用水泵叶轮高速旋转以达到快速混合的目的。水泵混合效果好，不需另建混合设施，节省动力。水泵混合通常用于水泵靠近水处理构筑物的场合，两者间距不宜大于150m。

（2）管式混合　目前广泛使用的管式混合器是管式静态混合器。混合器内按要求安装若干固定混合单元。每一混合单元由若干固定叶片按一定角度交叉组成。水流和药剂通过混合器时，将被单元体多次分割、改向并形成涡旋，达到混合目的。这种混合器构造简单，无活动部件，安装方便，混合快速而均匀。目前，我国已生产多种形式的静态混合器，图4-7为其中一种。管式静态混合器的口径与输水管道相配合，目前最大口径已达2000mm。这种混合器水头损失稍大，但因混合效果好，在总体经济效益上具有优势，唯一缺点是当流量过小时效果降低。

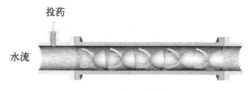

图 4-7　管式静态混合器

（3）混合槽混合

① 机械搅拌混合槽。结构如图4-8所示，多为钢筋混凝土制，通过桨板转动搅拌达到混合的目的。特别适用于多种药剂处理污水的情况，混合效果比较好。

② 分流隔板式混合槽。结构如图4-9所示，槽为钢筋混凝土或钢制，槽内设隔板，药剂于隔板前投入，水在隔板通道间流动的过程中与药剂达到充分混合。混合效果比较好，但占地面积大，压头损失大。

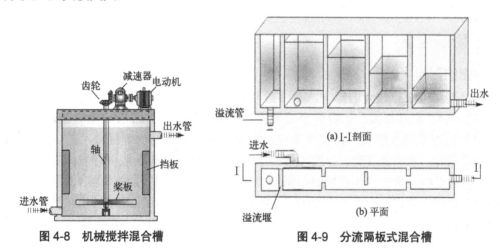

图 4-8　机械搅拌混合槽　　　　图 4-9　分流隔板式混合槽

5. 反应

水与药剂混合后进入反应池进行反应。反应池内水流特点是流速由大到小，在较大的反应流速时，水中的胶体颗粒发生碰撞吸附，在较小的反应流速时，碰撞吸附后的颗粒结成更大的絮凝体（矾花）。

二维码 4-2

（1）隔板反应池

① 平流式隔板反应池。其结构见图4-10，多为矩形钢筋混凝土池子，池内设木质或水泥隔板，水流沿廊道回转流动，可形成很好的絮凝体。一般进口流速为 0.5～0.6m/s，出口流速为 0.15～0.2m/s，反应时间一般为 20～30min。优点是反应效果好，构造简单，施工方便。但池容大，水头损失大。

② 回转式隔板反应池。其结构如图4-11所示，是平流式隔板反应池的一种改进形式，常和平流式沉淀池合建，优点是反应效果好，压头损失小。隔板反应池适用于处理水量大且水量变化小的情况。

（2）涡流式反应池　涡流式反应池的结构如图 4-12 所示，下半部为圆锥形，水从锥底部流入，形成涡流扩散后缓慢上升，随锥体截面积变大，反应液流速也由大变小，流速变化的结果有利于絮凝体形成。优点是反应时间短，容积小，适用水量比隔板反应池小些。

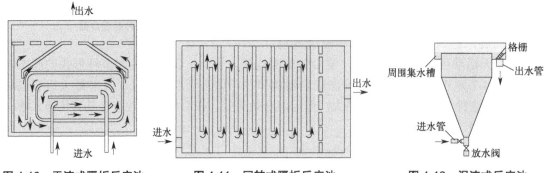

图 4-10　平流式隔板反应池　　　图 4-11　回转式隔板反应池　　　图 4-12　涡流式反应池

6. 沉淀

进行混凝沉淀处理的污水经过投药混合反应生成絮凝体后，要进入沉淀池使生成的絮凝体沉淀与水分离，最终达到净化的目的。

五、影响因素

1. 水温的影响

水温对混凝效果有较大的影响，水温过高或过低都对混凝不利，最适宜的混凝水温为 20～30℃之间。水温低时，絮凝体形成缓慢，絮凝颗粒细小，混凝效果较差，原因如下：①因为无机盐混凝剂水解反应是吸热反应，水温低时，混凝剂水解缓慢，影响胶体颗粒脱稳；②水温低时，水的黏度变大，胶体颗粒运动的阻力增大，影响胶体颗粒间的有效碰撞和絮凝；③水温低时，水中胶体颗粒的布朗运动减弱，不利于已脱稳胶体颗粒的异向絮凝。水温过高时，混凝效果也会变差，主要由于水温高时混凝剂水解反应速度过快，形成的絮凝体水合作用增强、松散不易沉降；在污水处理时，产生的污泥体积大，含水量高，不易处理。

2. 水的 pH 值的影响

水的 pH 值对混凝效果的影响很大，主要从两个方面来影响混凝效果。一方面是水的 pH 值直接与水中胶体颗粒的表面电荷和电位有关，不同的 pH 值下胶体颗粒的表面电荷和电位不同，所需要的混凝剂量也不同；另一方面是水的 pH 值对混凝剂的水解反应有显著影响，不同混凝剂的最佳水解反应所需要的 pH 值范围不同，因此，水的 pH 值对混凝效果的影响也因混凝剂种类而异。聚合氯化铝的最佳混凝除浊 pH 值范围为 6.5～8.5。在实际应用中，需要根据水质的实际情况调整 pH 值，并注意聚合氯化铝的使用量和混合方式，以确保其发挥最佳的净化效果。

3. 水的碱度的影响

由于混凝剂加入原水中后，发生水解反应，反应过程中消耗水的碱度，特别是无机盐类混凝剂，消耗的碱度更多。当原水中碱度很低时，投入混凝剂因消耗水中的碱度而使水的 pH 值降低，如果水的 pH 值超出混凝剂最佳混凝 pH 值范围，将使混凝效果受到显著影响。

当原水碱度低或混凝剂投加量较大时，通常需要加入一定量的碱性药剂如石灰等来提高混凝效果。

4. 水中浊质颗粒浓度的影响

水中浊质颗粒浓度对混凝效果有明显影响，浊质颗粒浓度过低时，颗粒间的碰撞概率大大减小，混凝效果变差。过高则需投加高分子絮凝剂如聚丙烯酰胺，将原水浊度降到一定程度以后再投加混凝剂进行常规处理。

5. 水中有机物的影响

水中有机物对胶体有保护稳定作用，水中溶解性的有机物分子吸附在胶体颗粒表面，像形成一层有机涂层一样将胶体颗粒保护起来，阻碍胶体颗粒之间的碰撞，阻碍混凝剂与胶体颗粒之间的脱稳凝聚作用，因此，在有机物存在条件下的胶体颗粒比没有有机物时更难脱稳，混凝剂量需增大。可通过投高锰酸钾、臭氧、氯等为预氧化剂，但需考虑是否产生有毒作用的副产物。

6. 混凝剂种类与投加量的影响

由于不同种类的混凝剂其水解特性和使用的水质情况不完全相同，因此应根据原水水质情况优化选用适当的混凝剂种类。对于无机盐类混凝剂，要求形成能有效压缩双电层或产生强烈电中和作用的形态；对于有机高分子絮凝剂，则要求有适量的官能团和聚合结构，以及较大的分子量。一般情况下，混凝效果随混凝剂投加量增加而提高，但当混凝剂的用量达到一定值后，混凝效果达到顶峰，再增加混凝剂用量则会发生再稳定现象，混凝效果反而下降。理论上最佳投加量可使混凝沉淀后的净水浊度最低，胶体滴定电荷与 ζ 电位值都趋于0。但由于考虑成本问题，实际生产中最佳混凝剂投加量通常兼顾净化后水质达到国家标准并使混凝剂投加量最低。

7. 混凝剂投加方式的影响

混凝剂投加方式有干投和湿投两种。由于固体混凝剂与液体混凝剂甚至不同浓度的液体混凝剂之间，其中能压缩双电层或具有电中和能力的混凝剂水解形态不完全一样，因此投加到水中后产生的混凝效果也不一样。如果除投加混凝剂外还投加其他助凝剂，则各种药剂之间的投加先后顺序对混凝效果也有很大影响，必须通过模拟实验和实际生产实践确定适宜的投加方式和投加顺序。

8. 水力条件的影响

投加混凝剂后，混凝过程可分为快速混合与絮凝反应两个阶段，但在实际水处理工艺中，两个阶段是连续不可分割的，在水力条件上也要求具有连续性。由于混凝剂投加到水中后，其水解形态可能快速发生变化，通常快速混合阶段要使投入的混凝剂迅速均匀地分散到原水中，这样混凝剂能均匀地在水中水解聚合并使胶体颗粒脱稳凝聚，快速混合要求有快速而剧烈的水力或机械搅拌作用，而且在短时间内完成。进入絮凝反应阶段后，此时要使已脱稳的胶体颗粒通过异向絮凝和同向絮凝的方式逐渐增大成具有良好沉降性能的絮凝体，因此，絮凝反应阶段搅拌强度和水流速度应随絮凝体的增大而逐渐降低，避免已聚集的絮凝体被打碎而影响混凝沉淀效果。同时，由于絮凝反应是一个絮凝体逐渐增长的缓慢过程，如果混凝反应后需要絮凝体增长到足够大的颗粒尺寸通过沉淀去除，需要保证一定的絮凝作用时间，如果混凝反应后是采用气浮或直接过滤工艺，则反应时间可以大大缩短。

六、澄清池

澄清池是用于混凝处理的一种设备。在澄清池内，可以同时完成混合、反应、沉淀分离等过程。其优点是占地面积小，处理效果好，生产效率高，节省药剂用量；缺点是对进水水质要求严格，设备结构复杂。

澄清池的构造形式很多，从基本原理上可分为两大类：一类是悬浮泥渣型，有悬浮澄清池、脉冲澄清池；另一类是泥渣循环型，有机械加速澄清池和水力循环加速澄清池。目前常用的是机械加速澄清池。

机械加速澄清池简称加速澄清池，是一种常见的泥渣循环式澄清池。在澄清池中，泥渣循环流动，悬浮层中泥渣浓度较高，颗粒间相互接触的机会很大，因此投药少，效率高，运行稳定。

1. 构造

机械加速澄清池的构造如图 4-13 所示。

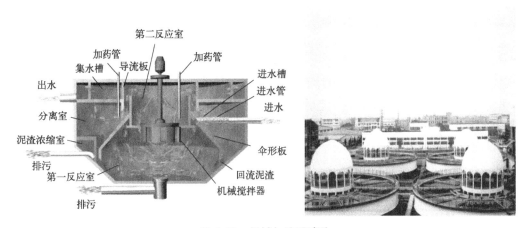

图 4-13　机械加速澄清池

加速澄清池多为圆形钢筋混凝土结构，小型的也有钢板结构。主要构造包括第一反应室、第二反应室、导流室和泥渣浓缩室，此外还有进水系统、加药系统、排泥系统、机械搅拌提升系统等。

2. 工作原理

污水从进水管通过环形配水三角槽，从底边的调节缝流入第一反应室，混凝剂可以加在配水三角槽中，也可以加到反应室中。第一反应室周围被伞形板包围着，其上部设有提升搅拌设备，叶轮的转动在第一反应室形成涡流，使污水、混凝剂以及回流过来的泥渣充分接触混合，由于叶轮的提升作用，水由第一反应室提升到第二反应室，继续进行混凝反应。第二反应室为圆筒形，水从筒口四周流到导流室。导流室内有导流板，使污水平稳地流入分离室，分离室的面积较大，使水流速度突然减小，泥渣便靠重力下沉与水分离。分离室上层清水经集水槽与出水管流出池外。下沉的泥渣一部分进入泥渣浓缩室，经浓缩后排放，而大部分泥渣在提升设备作用下通过回流缝又回到第一反应室，再以上述流程循环进行。

技能训练

PAC（聚合氯化铝）/PAM（聚丙烯酰胺）加药装置操作如下。

1. 设备和系统介绍

① 设计范围：PAC/PAM 加药装置各一套。

② 管道阀门：均采用不锈钢材质。

③ 溶液箱：$1m^3$ 不锈钢药箱。 PAC/PAM 加药装置为二箱三泵方式。计量泵采用液压隔膜计量泵。

④ 全部设备安装在钢制框架上，安装容易，维修方便。

⑤ 电气控制：配有独立的电气控制柜，柜面上具有计量泵电机手动的转换开关、手动时计量泵电机操作按钮、报警灯等。

⑥ 计量泵电机运行方式：手动按钮—继电器—泵电机。

⑦ PAC/PAM 加药装置为手动操作控制电机、控制加药量。

2. 配制溶液说明

① 按照所需配制药液浓度，根据药剂的槽容积及药剂纯度，计量出药量、水量，将药加入药液槽，打开给水阀门，加入所需要的水量。

② 配制溶液：将一定数量的药剂（固体或液体），倒入溶液箱中，开启给水阀注水，当液面达到规定液面时停止注水，启动电动搅拌器，使溶液箱中药剂充分混合均匀，以便加药使用。

③ 开动搅拌机：使所加入的药剂完全溶解并搅拌均匀即可，投药前先打开截止阀进水阀，将溶液箱灌满，同时将计量装置调至所设的投药量，再打开溶液箱截止阀便开始投药。

④ 投加药剂：将计量泵加药量调整到某一数值，启动计量泵，向加药点投加药剂，不断调整计量泵加药量，使加药量满足工艺要求，若不能满足，需重新调整配制药液浓度。

⑤ 溶液箱中残存物可通过排污管排出；溶液箱液位可根据磁性翻板液位计来监测。

⑥ 根据药品的清洁程度，应定期对溶液箱进行清洗。

3. 操作规程

（1）启动前的准备　各种 PAC/PAM 加药装置基本相同，要特别注意的是磷酸盐加药处高压范围应严格按安全规程执行。

注意：计量泵与搅拌电机转向是否为顺时针（电机外壳已注明转向标志）方向。

人工加水：加除盐水至溶液箱规定位置。

人工配药：将各种药物加入箱内，并达到规定的浓度（可以人工测定）。

Y 形过滤器每三个月清洗一次，清洗后在低压管道内即有空气进入，此时应开泵放气（应用手动方式开泵，放气时应将放气螺丝微微松出少许，只要有水出即可），要等到从放气孔中间歇地喷射出水流，说明压力已进入高压区。

调节泵的出液量，操作如下。

① 小范围的调节：按调节手柄上的刻度 10% ～ 100% 微微旋动即可，一般应取 30% ～ 90% 为量值。

② 大范围的调节：在加油孔旁，旋启小盖，用内六角微微调节，顺时针为大，逆时针为小。

（2）启动

① 手动控制。本装置为手动 PAC/PAM 加药装置。合上总电源开关，合上分路电源开关，合上控制电源开关，此时绿灯亮。将按钮开关按到"手动"位置，在加药泵及其他机械部分均无异常的情况下，按相应泵的启动按钮，此时绿灯灭，红灯亮，加药泵进入正常运行，反之，按相应泵的停止按钮，此时绿灯亮，红灯灭，加药泵停止运行。

同理，可启、停搅拌机电机（注：搅拌机不属自动范围）。

要注意压力表的指示是否正常，有时由于在低压端混入空气，逐步在泵出口形成气泡，使隔膜运动形成不了压力，此时可以利用放气螺丝排掉空气后拧紧即可。

在运行最初的半小时内，要注意电机的温升、压力表的指示及各部件状态的工况。

当正常运行时，泵的进、出口内应传出清晰的撞击声。

② 自动控制。在手动状态全部正常时，才能进入自动控制。

a. 合上自动加药电源开关（建议断开手动加药分路开关）。

b. 将转换开关拨到"自动"位置。此时，只要 PLC（可编程逻辑控制器）有信号输出，泵电机就会按一定频率转动。

任务 4-1-2　过滤工艺

学习目标

● 知识目标

① 理解过滤法的原理、用途；

② 掌握普通快滤池、虹吸滤池、重力式无阀滤池的构造、工作过程、常见问题等。

● 能力目标

能够解析过滤工艺。

知识储备

一、概述

过滤一般是指通过具有孔隙的颗粒状滤料层（如石英砂等）截留水中的悬浮物和胶体杂质，从而使水获得澄清的工艺过程。过滤的作用主要是去除水中的悬浮物或胶体杂质，特别是能有效地去除沉淀技术不能去除的微小颗粒和细菌等，而且对 BOD 和 COD 也有某种程度的去除效果。

在污水处理中，过滤常用于污水的深度处理，用在混凝、沉淀或澄清等处理工艺之后，以进一步去除污水中细小的悬浮颗粒，降低浊度。此外，还常作为对水质浊度要求较高的处理工艺，如活性炭吸附、离子交换除盐、膜分离法等的预处理。

二、过滤机理

1. 阻力截留

当污水自上而下流过颗粒滤料层时，粒径较大的悬浮颗粒首先被截留在表层滤料的空隙中，随着此层滤料间的空隙越来越小，截污能力也变得越来越强，逐渐形成一层主要由被截留的固体颗粒构成的滤膜，并由它起主要的过滤作用。这种作用为阻力截留或筛滤作用。悬浮物粒径越大，表层滤料和滤速越小，就越容易形成表层筛滤膜，滤膜的截污能力也越高。

2. 重力沉降

污水通过滤料层时，众多的滤料表面提供了巨大的沉降面积。重力沉降强度主要与滤料直径及过滤速度有关。滤料越小，沉降面积越大；滤速越小，则水流越平稳。这些都有利于悬浮物的沉降。

3. 接触絮凝

由于滤料具有巨大的比表面积，它与悬浮物之间有明显的物理吸附作用。此外，静电力等也会使滤料颗粒黏附水中的悬浮颗粒，即在滤料层内部发生接触絮凝。

在实际过滤过程中，上述三种机理往往同时起作用，只是随条件不同而有主次之分。对粒径较大的悬浮颗粒，以阻力截留为主，因这一过程主要发生在滤料表层，通常称为表面过滤。对于细微悬浮物，以发生在滤料深层的重力沉降和接触絮凝为主，称为深层过滤。

三、影响过滤效果的因素

1. 滤料的影响

（1）粒度　粒度与粒径成反比，即粒度越小，过滤效率越高，但水头损失也增加越快。在小滤料过滤中，筛分与拦截机理起重要作用。

（2）形状　角形滤料的表面积比同体积的球形滤料的表面积大，因此，当体积相同时，角形滤料过滤效果好。

（3）孔隙率　球形滤料孔隙率与粒径关系不大，一般都在 0.43 左右。但角形滤料的孔隙率取决于粒径及其分布，一般为 0.48～0.55。较小的孔隙率会产生较高的水头损失和过滤效率，而较大的孔隙率提供较大的纳污空间和较长的过滤时间，但悬浮物容易穿透。

（4）厚度　滤床越厚，滤液越清，操作周期越长。

（5）表面性质　滤料表面不带电荷或者带有与悬浮颗粒表面电荷相反的电荷，有利于悬浮颗粒在其表面上吸附和接触絮凝。投加电解质或调节 pH 值可改变滤料表面的电动点电位。

2. 悬浮物的影响

（1）粒度　几乎所有过滤机理都受悬浮物粒度的影响。粒度越大，通过筛滤去除越容易。原水投加混凝剂，待其生成适当粒度的絮体后进行过滤，可以提高过滤效果。

（2）形状　角形悬浮颗粒因比表面积大，其去除效率比球形颗粒高。

（3）密度　颗粒密度主要通过沉淀、惯性及布朗运动机理影响过滤效率，因这些机理对过滤贡献不大，故影响程度较小。

（4）浓度　过滤效率随原水浓度升高而降低，浓度越高，穿透越易，水头损失增加越快。

（5）温度　温度影响密度及黏度，通过沉淀和附着机理影响过滤效率。降低温度对过滤不利。

（6）表面性质　悬浮物的絮凝特性、电动电位等主要取决于表面性质，凝聚过滤法就是在原水加药脱稳后尚未形成微絮体时，进行过滤。这种方法投药量少，过滤效果好。

3. 滤速

滤池的滤速不能过慢，因为滤速过慢，单元过滤面积的处理水量就小。为了达到一定的出水量，势必要增大过滤面积，也就要增大投资。但如果滤速过快，不仅增加了水头损失，过滤周期也会缩短，也会使出水的质量下降，滤速一般选择在 $10 \sim 12m/h$。

4. 反洗

反洗是用以除去滤出的悬浮物，以恢复滤料的过滤能力。为了把悬浮物冲洗干净，必须要有一定的反洗速度和时间。这与滤料大小及密度、膨胀率及水温都有关系。滤料用石英砂时，反洗强度为 $15L/(s \cdot m^2)$；而用相对密度小的无烟煤时，为 $10 \sim 12L/(s \cdot m^2)$。反洗时，滤层的膨胀率为 $25\% \sim 50\%$。反洗效果好，才能使滤池的运行良好。

四、普通快滤池

1. 构造

快滤池的类型较多，其基本结构包括池体、滤料、承托层、配水系统和反冲洗装置等部分。普通快滤池的构造如图 4-1 所示。

（1）滤料　滤料的种类、性质、形状和级配是决定滤层截留杂质能力的重要因素。良好的滤料应具有截污能力强、过滤出水水质好、过滤周期长、产水量较高等特点。具有足够的机械强度、化学性质稳定和对人体无害的分散颗粒材料均可做水处理滤料，如石英砂、石榴石、无烟煤粒、重质矿粒以及人工生产的陶粒滤料、瓷料、纤维球、聚苯乙烯泡沫滤珠等。目前应用最广泛的是石英砂、无烟煤等颗粒滤料。

滤池分单层滤料滤池、双层滤料滤池和三层滤料滤池。后两种滤池较单层滤料滤池具有更强截污能力。单层滤料滤池的构造简单，操作也简便，因而应用广泛。双层滤料滤池是在石英砂滤层上加一层无烟煤滤层，三层滤料由石英砂、无烟煤、磁铁矿的颗粒组成。

（2）承托层　承托层的作用主要是承托滤料，防止过滤时滤料漏入配水系统开孔而进入清水池；冲洗时起均匀布水作用。承托层一般采用卵石或砾石，按颗粒大小分层铺设。

（3）配水系统　配水系统的作用是保证反冲洗水均匀地分布在整个滤池断面上，而在过滤时也能均匀地收集滤后水，前者是滤池正常操作的关键。为了尽量使整个滤池断面上反冲洗水分布均匀，工程中常采用以下两类配水系统。

① 大阻力配水系统。大阻力配水系统是由穿孔的主干管及其两侧一系列支管以及卵石承托层组成。每根支管上钻有若干个布水孔眼。这种配水系统在快滤池中被广泛应用。此系统的优点是配水均匀，工作可靠，基建费用低，但反冲洗水头大，动力消耗大。

② 小阻力配水系统。小阻力配水系统是在滤池底部设较大的配水室，在其上面铺设阻

力较小的多孔滤板、滤头等进行配水。小阻力配水系统的优点是反冲洗水头小，但配水不均匀。这种系统适用于反冲洗水头有限的虹吸滤池和重力式无阀滤池等。

2. 工艺过程

快滤池的工艺过程包括过滤和反冲洗，这两个基本阶段交替进行。

（1）过滤　过滤时，开启进水支管与清水支管的阀门；关闭冲洗水支管阀门与排水阀，污水依次经过进水总管、支管、浑水渠进入滤池，进入滤池的水经过滤料层、承托层过滤后，由配水支管汇集起来，再经配水干管、清水支管、清水总管流往清水池。污水流经滤料层时，水中悬浮物和胶体杂质被截留在滤料表面和内层孔隙中。随着过滤过程的进行，滤料层截留的杂质不断积累，滤料层内孔隙由上至下逐渐被堵塞，水流通过滤层的阻力和水头损失随之增多。当水头损失达到允许的最大值时或出水水质达到某一规定值时，滤池就要停止过滤，进行反冲洗工作。

（2）反冲洗　反冲洗时，冲洗水的流向与过滤方向完全相反，从滤池底部向滤池上部流动。首先关闭进水支管与清水支管阀门，然后开启排水阀与冲洗支管阀门。冲洗水依次经过冲洗水总管、冲洗水支管、配水干管进入配水支管，冲洗水通过支管及其上面的许多孔眼流出，由下而上流过承托层和滤料层，均匀地分布在滤池平面上。滤料在由下而上的水流中处于悬浮状态，由于水流剪切力及颗粒间的相互碰撞作用，滤料颗粒表面杂质被剥离下来，从而得到清洗。冲洗污水经浑水渠、冲洗排水槽进入废水渠排出池外。冲洗完毕后，即可关闭冲洗水支管阀门与排水阀，开启进水支管与清水支管的阀门，重新开始下一循环的过滤。从过滤开始到过滤停止之间的过滤时间称为滤池的过滤周期。过滤周期与滤料组成、进水水质等因素有关，一般在 8 ～ 48h 之间。

滤池冲洗质量的好坏，对滤池的正常工作有很大影响。滤池反冲洗的目的是恢复滤料层（砂层）的工作能力，要求在滤池冲洗时，应满足下列条件：①冲洗水在整个底部平面上应均匀分布，这是借助配水系统完成的；②冲洗水要求有足够的冲洗强度和水头，使砂层达到一定的膨胀高度；③要有一定的冲洗时间；④冲洗的排水要迅速排出。

五、虹吸滤池

虹吸滤池的进水和冲洗水的排除都是由虹吸完成的，因此称为虹吸滤池。其构造如图4-14所示。

虹吸滤池通常是由 6 ～ 8 格单元滤池所组成的一个过滤整体，称为"一组（座）滤池"，平面形状多为矩形，呈双排布置。

过滤工作过程如下：利用真空系统对进水虹吸管抽真空，使之形成虹吸，待滤水由进水总渠经进水虹吸管流入单元滤池进水槽，再经溢流堰溢流入布水管后进入滤池。进入滤池的水自上而下通过滤层进行过滤，滤后水经承托层、小阻力配水系统、底部配水空间，进入清水室，由连通孔进入清水渠，汇集后经清水出水堰溢流进入清水池。

在过滤过程中，随着滤料层中截留的悬浮杂质不断增加，水流通过滤层的阻力和过滤水头损失逐渐增大，由于各过滤单元的进、出水量不变，因此滤池内水位不断地上升。当某一格单元滤池的水位上升到最高设计水位（或滤后水水质达到某一规定值）时，该格单元滤池便需停止过滤，进行反冲洗。

反冲洗工作过程如下：反冲洗时，应先破坏失效单元滤池的进水虹吸管的真空，使该格单元滤池停止进水，滤池水位逐渐下降，滤速逐渐降低。当滤池内水位下降速度显著变慢时，利用真空系统抽出排水虹吸管中的空气使之形成虹吸，滤池内剩余待滤水被排水虹吸管迅速排入滤池底部排水渠，滤池内水位迅速下降。当池内水位低于清水渠中的水位时，反冲洗正式开始，滤池内水位继续下降。当滤池内水面降至配水槽顶端时，反冲洗水头达到最大值。其他格单元滤池的滤后水作为该格单元滤池的反冲洗所需清水，源源不断地从清水渠经连通孔、清水室进入该格单元滤池的底部配水空间，经小阻力配水系统、承托层、沿着与过滤时相反的方向自下而上通过滤料层，对滤料层进行反冲洗。冲洗污水经排水槽收集后由排水虹吸管进入滤池底部排水渠排走。当滤料冲洗干净后，破坏排水虹吸管的真空，冲洗停止。然后再用真空系统使进水虹吸管恢复工作，过滤重新开始。

六、重力式无阀滤池

重力式无阀滤池是利用水力学原理，通过进出水压差自动控制虹吸产生和破坏，实现自动运行的滤池，其构造如图 4-15 所示。

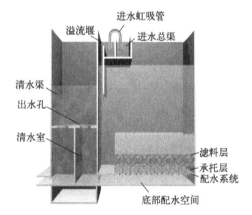

图 4-14　虹吸滤池构造示意图

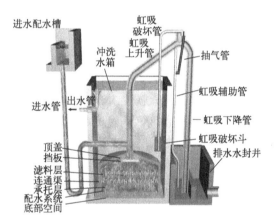

图 4-15　无阀滤池构造示意图

重力式无阀滤池工作过程如下：过滤时，待滤水经进水配水槽，由进水管进入虹吸上升管，再经伞形顶盖下面的配水挡板整流和消能后，均匀地分布在滤料层的上部，水流自上而下通过滤料层、承托层、小阻力配水系统，进入底部集水空间，然后清水从底部集水空间经连通渠（管）上升到冲洗水箱，冲洗水箱水位开始逐渐上升，当水箱水位上升到出水渠的溢流堰顶后，溢流入渠内，最后经滤池出水管进入清水池。冲洗水箱内贮存的滤后水即为无阀滤池的冲洗水。

在过滤的过程中，随着滤料层内截留杂质量的不断增多，滤料层内孔隙由上至下逐渐被堵塞，过滤水头损失也逐渐增加，从而使虹吸上升管内的水位逐渐升高。当水位上升到虹吸辅助管的管口时，水便从虹吸辅助管中不断向下流入水封井内，依靠下降水流在抽气管中形成的负压和水流的挟气作用，抽气管不断将虹吸管中空气抽出，使虹吸管中真空度逐渐增大。其结果是虹吸上升管中水位和虹吸下降管中水位都同时上升，当虹吸上升管中的水越过虹吸管顶端下落时，下落水流与下降管中上升水柱汇成一股冲出管口，把管中残留空气全部带走，形成虹吸。此时，由于伞形盖内的水被虹吸管排向池外，造成滤层上部压力骤降，从而使冲洗水箱内的清水沿着与过滤时相反的方向自下而上通过滤层，对滤料层进行反冲洗。

冲洗后的污水经虹吸管进入排水水封井排出。

在冲洗过程中，冲洗水箱内水位逐渐下降。当水位下降到虹吸破坏斗缘口以下时，虹吸管在排水的同时，通过虹吸破坏管抽吸虹吸破坏斗中的水，直至将水吸完，使管口与大气相通，空气由虹吸破坏管进入虹吸管，虹吸即被破坏，冲洗结束，过滤自动重新开始。

七、滤池运行中的常见问题及解决措施

1. 滤池运行前的准备

检查所有管道和阀门是否完好，各管口标高是否符合设计要求，排水槽面是否严格水平。初次铺设滤料应比设计厚度多 5mm 左右。清除杂物，保持滤料平整，然后放水检查，排除滤料内空气。放水检查结束后，对滤料进行连续冲洗至洁净。

2. 滤池运行中的常见问题及解决措施

（1）滤料中结泥球

① 主要危害：砂层阻塞，砂面易发生裂缝，泥球往往腐蚀发酵，直接影响滤砂的正常运转和净水效果。

② 主要原因：冲洗强度不够，长时间冲洗不干净；进入滤池的水浊度过高，使滤池负担过重；配水系统不均匀，部分滤池冲洗不干净。

③ 解决方法：a. 改善冲洗条件，调整冲洗强度和冲洗时间；b. 降低进水浊度；c. 检查承托层有无移动，配水系统是否堵塞；d. 用液氯或漂白粉溶液等浸泡滤料，情况严重时要大修翻砂。

（2）冲洗时大量气泡上升

① 主要危害：滤池水头损失增加很快，工作周期缩短；滤层产生裂缝，影响水质或大量漏砂、跑砂。

② 主要原因：滤池发生滤干后，未经反冲排气又再过滤使空气进入滤层；工作周期过长，水头损失过大，使砂面上的作用水头小于滤料水头损失，从而产生负水头，使水中逸出空气存于滤料中；当用水塔供给冲洗水时，因冲洗水塔存水用完，空气随水夹带进滤池，水中溶气量过多。

③ 解决方法：a. 加强操作管理，一旦出现上述情况，可用清水倒滤；b. 调整工作周期，提高滤池内水位；c. 检查水中溶气量大的原因，消除溶气的来源。

（3）滤料表面不平，出现喷口现象

① 主要危害：过滤不均匀，影响出水水质。

② 主要原因：滤料凸起，可能是滤层下面承托层及配水系统有堵塞；滤料凹下，可能是配水系统局部有碎裂或排水槽口不平。

③ 解决方法：查找凸起和凹下的原因，翻整滤料层和承托层，检修配水系统和排水槽。

（4）漏砂跑砂

① 主要危害：影响滤池正常工作，使清水池和出水中带砂影响水质。

② 主要原因：冲洗时大量气泡上升；配水系统发生局部堵塞；冲洗不均匀，使承托层移动；反冲洗式阀门开放太快或冲洗强度过高，使滤料跑出；滤水管破裂。

③ 解决方法：a. 弄清冲洗时大量气泡上升的原因，并解决这一问题；b. 检查配水系统，

排出堵塞；c.改善冲洗条件；d.严格按规程操作；e.检修滤水管。

（5）滤速逐渐降低，周期减短

① 主要危害：影响滤池正常生产。

② 主要原因：冲洗不良，滤层积泥；滤料强度差，颗粒破碎。

③ 解决对策：a.改善冲洗条件；b.刮除表层滤砂，换上符合要求的滤砂。

技能训练

V形滤池的过滤与反冲洗均为自动控制状态，但仍需定时正常巡视与检查。V形滤池的巡视与检查是确保滤池正常运行和过滤效果的关键步骤，主要有以下几个方面。

① 检查滤池进水情况，滤池进水堰的涌水高度是否一致，有无溢水现象。若严重溢水，检查滤池运行情况，是否所有滤池均在正常工作状态下过滤，有无滤池因故障而处于停止状态，有无滤池处于维护状态（若有滤池处于维护状态，其他滤池均不能冲洗）。

② 检查滤池过滤情况，进水气动方闸门（500mm×500mm）是否打开，排水气动方闸门（800mm×800mm）是否关闭，滤池管廊中清水出水气动阀是否打开，反冲洗进水气动阀是否关闭。（以上均可以通过管廊上部操作间的操作台查看，"F5"是查看滤池的状态，"F8"是查看滤池运行中各阀门的状态。）

③ 及时巡视，若发现水位过高，查看②所列的阀门是否处于正常状态。因为水位过高超过阻塞计的范围会导致阻塞计失灵，阻塞值读数为0。此时可按"F6"复位，若故障仍不能排除，及时汇报值班长及厂部。

④ 检查管廊上部操作间每个滤池显示屏的工作状态，看"ALARM"灯是否亮。若"ALARM"灯亮，说明滤池有故障。同时按下"SHIFT+ENTER"，显示屏会显示滤池的故障原因，根据故障原因提出相应的解决方案。

⑤ 观察滤池反冲洗过程，布水布气是否平均分配在滤池的整个平面上，冲洗结束后滤前水质是否清澈，冲洗程序是否正确（通过按"F5"看滤池的工作状态）。

⑥ 滤池反冲洗完毕后，检查显示阻塞程度的水头损失。若水头损失稳定呈上升趋势，则表示冲洗不完全。此时，检查水洗及气洗的流量，若流量正常，延长气水洗与漂洗的时间。一般在冲洗完毕1h后记录水头损失值，应长期记录下去（记录工作从滤池正常运行时起）。

⑦ 每三个月对砂层进行测量，每次砂层厚度下降10cm时，应填充损耗的部分（一年最多一次）。若滤砂损失过大，在冲洗期间必须检查滤头是否堵塞或破损，是否反冲水或气量过大。

⑧ 一旦发现滤池有藻类必须立即清理（特别是长在墙壁上及配水渠与中心槽上的）。

⑨ 检查管廊中沉淀池浊度仪、滤后水余氯分析仪及取样泵是否工作正常，仪表读数是否正常。

⑩ 检查管廊中的管路系统是否有漏水、漏气现象。

⑪ 检查滤池出水情况，滤池溢流井有无溢水现象。

⑫ 检查反冲洗泵房的反冲洗泵、鼓风机房、空压机等设备及管路系统工作是否正常，电柜及显示屏有无故障信号，电流表、压力表的读数是否在正常范围内。

⑬ 如遇异常情况，记录清楚并及时报值班长与厂部。

任务 4-2 反渗透工艺

 学习目标

● 知识目标

① 理解膜分离法的类型、特点；
② 掌握反渗透膜组件、超滤膜组件的组成、工作过程、特点等；
③ 了解反渗透膜、超滤膜的类型及应满足的要求；
④ 理解膜污染的定义、症状、类型、产生原因；掌握膜清洗的主要方法、设备等。

● 能力目标

能够完成反渗透装置的启动操作。

 任务描述

某污水处理厂的反渗透工艺现在需要启动反渗透装置。

任务实施

任务名称	反渗透工艺
任务提要	应掌握的知识点：反渗透工艺的组成，预处理系统组成及作用，反渗透系统组成及作用；反渗透法及反渗透机理，反渗透膜作用及类型，反渗透膜组件组成及类型。 应掌握的技能点：启动反渗透装置
基本 技术信息	该污水处理厂工艺流程图如图 4-16 所示，请仔细阅读工艺说明。 ![反渗透工艺总貌图] 原水箱　砂滤塔　炭滤塔　软化器　精密过滤器 紫外消毒设备　净水水箱　反渗透系统　高压泵 **图 4-16　反渗透工艺总貌图** 二维码 4-3
预备任务 1 描述	本系统采用"预处理＋单级反渗透"水处理工艺，该方案设计合理、运行稳定、产水的品质满足要求，并已在多项类似工程中得到应用及检验。本工艺设备具有安装方便、使用方便、操作方便、维护方便、运行稳定、节能、环保、自动化程度高、经济实用等特点。 　请解读预处理系统，并完成表 4-2 的填写

预备 任务 1 完成过程	**表 4-2　预处理系统设备名称及主要作用** | 设备名称	主要作用 | |---|---| |	| |	| |	| |		
预处理 工艺知识拓展	1. 水污染指数（SDI）的定义是什么？ 2. 水污染指数的作用是什么？ 3. 反渗透流程中，原水预处理的作用是什么？ 4. 原水预处理的内容有哪些？
预备任务 2 描述	请解读反渗透系统
预备 任务 2 完成过程	1. 反渗透系统由哪些设备组成？ 2. 反渗透系统的核心设备是什么？ 3. 反渗透器的主要作用是什么？ 4. 根据图 4-17 讲述反渗透的原理。 图 4-17　反渗透的原理 ①什么是渗透？ ②什么是反渗透？ 5. 实现反渗透应满足的条件是什么？ 6. 什么是膜组件？ 7. 膜组件的组成有哪些？ 8. 膜组件的类型有哪些？ 9. 反渗透膜的分类有哪些？ 10. 膜组件的组合方式是什么？ 11. 简述膜清洗的目的
任务 1 描述	请启动预处理系统 （污水处理膜处理装置工艺仿真软件，预处理系统的启动）
任务 1 完成过程	第一步，制订启动方案 第二步，试启动 试启动成绩： 存在问题：
任务 2 描述	请启动反渗透系统
任务 2 完成过程	第一步，制订启动方案 第二步，试启动 试启动成绩： 存在问题：
知识拓展	1. 膜分离法的原理是什么？ 2. 膜清洗的方法有哪些？
拓展任务描述	请对预处理系统进行反冲洗

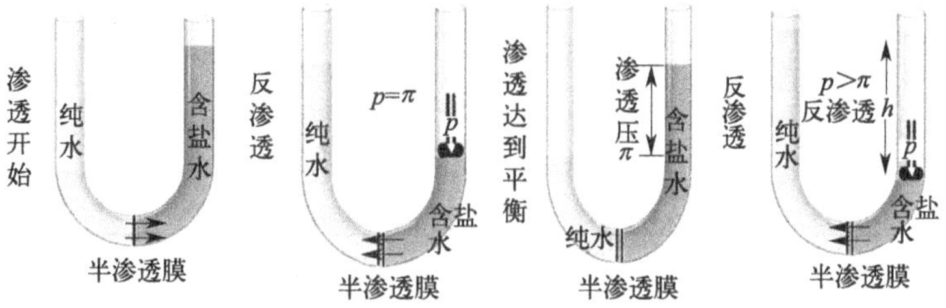

拓展任务 完成过程	第一步，制订操作方案	
	第二步，试操作 试操作成绩： 存在问题：	
任务评价	个人评价	
	组内互评	
	教师评价	
任务反思	收获心得	
	存在问题	
	改进方向	

 知识储备

一、膜分离法概述

1. 基本概念

利用隔膜使溶剂（通常是水）同溶质或微粒分离的方法称为膜分离法。用隔膜分离溶液时，使溶质通过膜的方法称为渗析，使溶剂通过膜的方法称为渗透。

2. 原理

膜分离系统的工作原理就是利用一种高分子聚合物（通常是聚酰亚胺或聚砜）薄膜来选择"过滤"进料气而达到分离的目的。当两种或两种以上的气体混合物通过聚合物薄膜时，各气体组分在聚合物中的溶解扩散系数的差异，导致其渗透通过膜壁的速率不同。由此，可将气体分为"快气"（如 H_2O、H_2 等）和"慢气"（如 N_2、CH_4 及其他烃类等）。当混合气体在驱动力 - 膜两侧相应组分分压差的作用下，渗透速率相对较快的气体优先透过膜壁在低压渗透侧被富集，而渗透速率相对较慢的气体则在高压滞留侧被富集。

膜的分离选择性（各气体组分渗透量的差异）、膜面积和膜两侧的分压差构成了膜分离的三要素。其中，膜分离的选择性取决于制造商选用的膜材料及制备工艺，是决定膜分离系统性能和效率的关键因素。

膜分离系统的核心部件是一构型类似于管壳式换热器的膜分离器，数万根细小的中空纤维丝浇铸成管束而置于承压管壳内。混合气体进入分离器后沿纤维的一侧轴向流动，"快气"不断透过膜壁而在纤维的另一侧富集，通过渗透气出口排出，而滞留气则从与气体入口相对的另一端非渗透气出口排出。

3. 方法分类

根据溶质或溶剂透过膜的推动力不同，膜分离法可分为三类。

① 以浓度差为推动力的方法有：渗析和自然渗透。

② 以电动势为推动力的方法有：电渗析和电渗透。

③ 以压力差为推动力的方法有：压渗析和反渗透、超滤、微孔过滤。

其中常用的是电渗析、反渗透和超滤，其次是渗析和微孔过滤。

4. 特点

① 在膜分离过程中，不发生相变化，能量的转化效率高。

② 一般不需要投加其他物质，可节省原材料和化学药品。

③ 膜分离过程中，分离和浓缩同时进行，这样能回收有价值的物质。

④ 根据膜的选择透过性和膜孔径的大小，可将不同粒径的物质分开，这使物质得到纯化而又不改变其原有的属性。

⑤ 膜分离过程不会破坏对热敏感和对热不稳定的物质，可在常温下得到分离。

⑥ 膜分离法适应性强，操作及维护方便，易于实现自动化控制。

5. 工业化应用

（1）供水

① 高质量饮用水供给。随着水体的污染和人民生活水平提高，人们越来越希望得到高质量的饮用水供给。采用活性炭吸附过滤和超滤结合制取高质量饮用水，设备投资少，制水成本低，是优质饮用水制备的经济有效方法，具有广阔的市场前景。

② 工业供水。自来水和地下水的水质不能满足许多化学工业、电子工业和纺织工业的要求，需要经过净化处理方可以使用，超滤膜技术是净化工业用水的重要技术之一。

③ 医药用水。医药针剂用水是采用多级蒸馏制备的，其工艺烦琐、能耗高，而且质量常常得不到保证。用超滤膜技术除针剂热原和终端水热原，取得很好效果。

（2）工艺水的处理（分离、浓缩、分级和纯化） 在各工业生产过程中，往往有分离、浓缩、分级和纯化某种水溶液的需求。传统用的方法是沉淀、过滤、加热、冷冻、蒸馏、萃取和结晶等过程。这些方法表现出流程长、耗能多、物料损失多、设备庞大、效率低、操作烦琐等缺点，以超滤膜技术取代某种传统技术可以获得显著的经济效益。

① 膜技术在制药工业的应用。膜技术广泛应用于生物制备和医药生产中的分离、浓缩和纯化。如血液制备的分离、抗生素和干扰素的纯化、蛋白质的分级和纯化、中草药剂的除菌和澄清等。发酵是生物制药的主流技术，从发酵液中提取药物，传统工艺是溶剂萃取或加热浓缩，反复使用有机溶剂和酸碱溶液，耗量大，流程长，废水处理任务重。特别是许多药物热敏性强，使传统工艺的实用性多受限制。国际先进的制药生产线，大量采用膜分离技术代替传统的分离、浓缩和纯化工艺。如以膜设备浓缩纯化抗生素、中药汤及中药针剂澄清等。

② 膜技术在食品领域工业的应用。利用超滤膜技术把发酵液中的产品和菌体分离，再采用其他方法精制流程。其优点是：生产效率和产品质量提高；简化了工艺流程；菌体蛋白不含外加杂质，利用价值高，实现资源综合利用。如酱油和醋的澄清、果汁澄清和浓缩、乳制品生产、制糖工业都采用了膜技术。

③ 膜技术在各种工业生产中的应用。凡是涉及分子级的浓缩和分离的过程，都有膜技术应用的机会。汽车电泳漆的在线纯化采用超滤膜除去杂质，持续保证涂漆质量；燃料工业用超滤膜技术分离和浓缩中间体。

（3）在环境保护和水资源化中的应用 膜技术在废水处理、污染防治和水资源综合利用方面得到广泛应用。在许多情况下，不仅处理了废水，还能回收有用物质和能量。

① 各种含油废水及废油的处理。

a. 采油回注水的处理：膜技术可以除去在水中的乳化溶解油，提高注入水的质量。

b. 含油废水的处理：许多工业生产和运输业都产生大量的含油废水，膜滤技术是达标排放最有效的方法。

c. 废润滑油的纯化：常规技术加膜分离，可得到很纯的润滑油，适用于汽车等废机油的处理。

d. 机床切削油的纯化回收：膜法可除去废切削油中的细菌和杂质，处理后回用。

e. 废食用油的纯化处理技术：食用油在连续高温下产生致癌物质，用膜技术可将这部分除去。

f. 食用菜籽油的纯化：菜籽油中含有 15%～48% 高含碳量的芥酸，用膜技术可有效去除。

② 废水的处理及回用。

a. 膜生物反应器处理生活污水回用中水，其占地面积小，设备投资低，处理水质好。

b. 印刷废水的处理及回用，采用膜技术处理可以达标排放，也可回收。

c. 电镀废水可采用膜技术处理，水可回用，污染物回槽利用。

d. 印染废水采用膜技术可除去有色染料，得到的水可回用。牛仔布印染废水可回收靛蓝染料。

e. 造纸废水用膜技术可将废水中的木质素、色素等分离出来，净化水可排放或回用。

二、反渗透

1. 原理

反渗透如图 4-18 所示。有一种膜只允许溶剂通过而不允许溶质通过，如果用这种半渗透膜将盐水和淡水或两种浓度不同的溶液隔开，则可发现水将从淡水侧或浓度较低的一侧通过膜自动地渗透到盐水或浓度较高的溶液一侧，盐水体积逐渐增加，在达到某一高度后便自行停止，此时即达到了平衡状态，这种现象称为渗透作用。当渗透平衡时，溶液两侧液面的静水压差称为渗透压。如果在盐水面上施加大于渗透压的压力，则此时盐水中的水就会流向淡水侧，这种现象称为反渗透。

任何溶液都具有相应的渗透压，但要有半渗透膜才能表现出来。渗透压与溶液的性质、浓度和温度有关，而与膜无关。

反渗透不是自动进行的，为了进行反渗透作用，就必须加压。只有当工作压力大于溶液的渗透压时，反渗透才能进行。在反渗透过程中，溶液的浓度逐渐升高，因此，反渗透设备的工作压力必须超过与浓水出口处浓度相应的渗透压。温度升高，渗透压升高，所以溶液温度的任何升高必须通过增加工作压力予以补偿。

二维码 4-4

2. 反渗透膜

反渗透膜是一种多孔性膜，具有良好的化学性质，当溶液与这种膜接触时，由于界面现象和吸附的作用，对水优先吸附或对溶质优先排斥，在膜面上形成一纯水层。被优先吸附在界面上的水以水流的形式通过膜的毛细管并被连续地排出。所以反渗透过程是界面现象和在压力下流体通过毛细管的综合结果。反渗透膜的种类很多，目前在水处理中应用较多的是醋酸纤维素膜和芳香族聚酰胺膜。

3. 反渗透装置

（1）板框式反渗透装置　板框式反渗透装置结构如图 4-19 所示。整个装置由若干圆板一块一块地重叠起来组成。圆板外环有密封圈支撑，使内部组成压力容器，高压水串流通过每块板。圆板中间部分是多孔性材料，用以支撑膜并引出被分离的水。每块板两面都装上反渗透膜，膜周边用胶黏剂和圆板外环密封。装置上下安装有进水和出水管，使处理水进入和排出，板周边用螺栓把整个装置压紧。板框式反渗透装置结构简单，体积比管式反渗透装置小，其缺点是装卸复杂，单位体积膜表面积小。

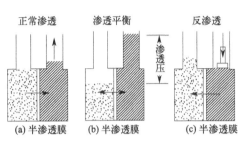

图 4-18　反渗透原理

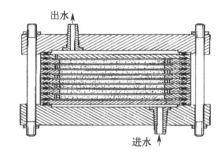

图 4-19　板框式反渗透装置

（2）管式反渗透装置　管式反渗透装置如图 4-20 所示。管式反渗透装置是将若干根直径 10～20mm、长 1～3m 的反渗透管状膜装入多孔高压管中，管膜与高压管之间衬以尼龙布以便透水。高压管常用铜管或玻璃钢管，管端部用橡胶密封圈密封，管两头有管箍和管接头以螺栓连接。管式反渗透装置的特点是水力条件好，安装、清洗、维修比较方便，能耐高压，可以处理高黏度的原液；缺点是膜的有效面积小，装置体积大，而且两头需要较多的联结装置。

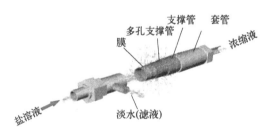

图 4-20　管式反渗透装置

（3）螺卷式反渗透装置　该装置由平膜做成，在多孔的导水垫层两侧各贴一张平膜，膜的三个边与垫层用胶黏剂密封呈信封状，称为膜叶。将一个或多个膜叶的信封口胶接在接受淡水的穿孔管上，在膜与膜之间放置隔网，然后将膜叶绕淡水穿孔管卷起来便制成了圆筒状膜组件（图 4-21）。将一个或多个组件放入耐压管内便可制成螺卷式反渗透装置。工作时，原水沿隔网轴向流动，而通过膜的淡水则沿垫层流入多孔管，并从那里排出装置外。螺卷式反渗透装置的优点是结构紧凑，单位容积的膜面积大，所以处理效率高，占地面积小，操作方便。缺点是不能处理含有悬浮物的液体，原水流程短，压力损失大，浓水难以循环以及密封长度大，清洗、维修不方便。

（4）中空纤维式反渗透装置　是用中空纤维膜制成的一种反渗透装置。图 4-22 所示即为其中的一种构造形式。中空纤维外径 50～200μm，内径 25～42μm，将其捆成膜束，膜束外侧覆以保护性格网，内部中间放置供分配原水用的多孔管，膜束两端用环氧树脂加固。将其一端切断，使纤维膜呈开口状，并在这一侧放置多孔支撑板。将整个膜束装在耐压圆筒内，在圆筒的两端加上盖板，其中一端为穿孔管进口，而放置多孔支撑板的另一端则为淡水排放口。高压原水从穿孔管的一端进入，由穿孔管侧壁的孔洞流出，在纤维膜间空隙流动，淡水渗入纤维膜内，汇流到多孔支撑板的一侧，通过排放口流出装置外，浓水则汇集于另一端，通过浓水排放口排出。

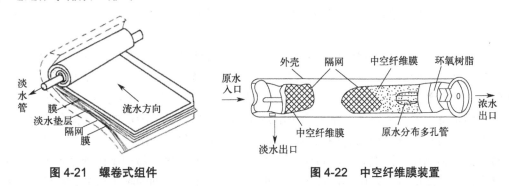

图 4-21　螺卷式组件　　　　　图 4-22　中空纤维膜装置

中空纤维式反渗透装置的优点是单位体积膜表面积大，制造和安装简单，不需要支撑物等。缺点是不能用于处理含悬浮物的污水，必须预先经过过滤处理，另外难发现损坏的膜。

4. 反渗透工艺组合方式

为了满足不同水处理对象对溶液分离技术的要求，实际工程中常将组件进行多种组合。组件的组合方式有一级和多级（一般为二级）。在各个级别中又分为一段和多段。一级是指一次加压的膜分离过程，多级是指进料必须经过多次加压的分离过程。反渗透常用如图 4-23 所示的组合方式。

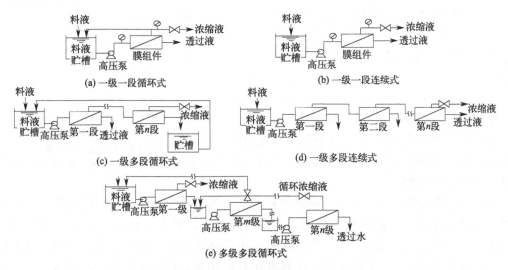

图 4-23　反渗透工艺组合方式

5. 膜清洗工艺

膜运行一段时间后就会出现膜污染，直接结果就是膜通量下降。解决膜污染最直接的办法就是膜清洗。膜的清洗工艺分为物理法和化学法两大类。

物理法又可分为水力清洗、水气混合冲洗、逆流清洗及海绵球清洗。水力清洗主要采用减压后高速的水力冲洗以去除膜面污染物。水气混合冲洗是借助气液与膜面发生剪切作用而消除极化层。逆流清洗是在卷式或中空纤维式组件中，将反向压力施加于支撑层，引起膜透过液的反向流动，以松动和去除膜进料侧活化层表面的污染物。海绵球清洗是依靠水力冲击使直径稍大于管径的海绵球流经膜面，以去除膜表面的污染物，但此法仅限于在内压管式组件中使用。

化学清洗技术就是利用化学药品或其他水溶液清除物体表面污垢的方法。化学清洗利用的是化学药品的反应能力，具有作用强烈、反应迅速的特点。化学药品通常都是配成水溶液形式使用，由于液体有流动性好、渗透力强的特点，容易均匀分布到所有清洗表面，所以适合清洗形状复杂的物体，而不至于产生清洗不到的死角。化学清洗的缺点是化学清洗液如果选择不当，会对清洗物造成腐蚀破坏，从而造成损失。化学清洗产生的废液排放会造成对环境的污染，因此化学清洗必须配备污水处理装置。另外，化学药剂操作处理不妥时会对工人的健康、安全造成危害。化学清洗的种类很多，按化学清洗剂的种类可分为碱清洗、酸清洗、表面活性剂清洗、络合剂清洗、聚电解质清洗、消毒剂清洗、有机溶剂清洗、复合型药剂清洗和酶清洗等。

三、超过滤

1. 超过滤工作原理

超过滤简称超滤，用于去除污水中大分子物质和微粒。超滤之所以能够截留大分子物质和微粒，其机理是：膜表面孔径机械筛分作用，膜孔阻塞、阻滞作用，膜表面及膜孔对杂质的吸附作用。一般认为主要是筛分作用。

超滤工作原理如图 4-24 所示。在外力的作用下，被分离的溶液以一定的流速沿着超滤膜表面流动，溶液中的溶剂和低分子量物质、无机离子，从高压侧透过超滤膜进入低压侧，并作为滤液而排出；而溶液中高分子物质、胶体微粒及微生物等被超滤膜截留，溶液被浓缩并以浓缩液形式排出。由于它的分离机理主要是依靠机械筛分作用，膜的化学性质对膜的分离特性影响不大，因此可用微孔模型表示超滤的传质过程。

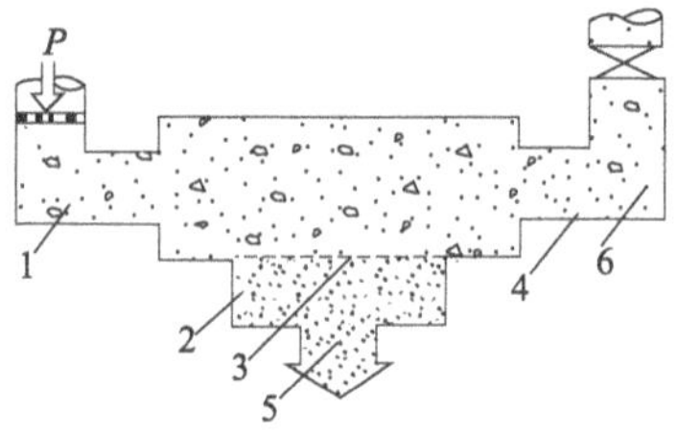

图 4-24　超滤的原理
1—超滤进口溶液；2—超滤透过膜的溶液；
3—超滤膜；4—超滤出口溶液；
5—透过超滤膜的物质；6—被超滤膜截留下的物质

超滤与反渗透的共同点在于，两种过程的动力均是溶液的压力，在溶液的压力下，溶剂的分子通过薄膜，而溶解的物质阻滞在隔膜表面上。两者区别在于，超过滤所用的薄膜（超滤膜）较疏松，透水量大，除盐率低，用以分离高分子和低分子有机物以及无机离子等，能够分离的溶质分子至少要比溶剂的分子大 10 倍，在这种系统中渗透压已经不起作用了。

超过滤的去除机理主要是筛滤作用，其工作压力低（0.07 ~ 0.7MPa）。反渗透所用的薄膜（反渗透膜）致密，透水量低，除盐率高，具有选择透过能力，用以分离分子大小大致相同的溶剂和溶质，所需的工作压力高（大于 2.8MPa），反渗透膜上的分离过程伴随有半透膜、溶解物质和溶剂之间复杂的物理化学作用。

2. 超滤膜和膜组件

超滤膜有多种，最常用的是二醋酸纤维素膜和聚砜膜。

二醋酸纤维素膜可以根据截留的分子量不同而成为一个膜系列。膜孔径大小和制膜组分间的配比与成膜条件有关。例如，截留分子量为 10000 左右的膜，它的制膜组分在二醋酸纤维素、丙酮、甲酰胺之间的质量分数分别为 16.3%、44.5%、39.2%。其成膜工艺与反渗透膜相似，它在凝胶成型后，不需再进行热处理。

聚砜膜具有良好的化学稳定性和热稳定性。这种膜也有多种孔径。该膜的制膜液由聚砜树脂、二甲基甲酰胺和乙二醇甲醚组成。

超滤的膜组件和反渗透组件一样，可分为板式、管式（包括内压管式和外压管式）、卷式和中空纤维组件等，这些组件我国均有产品。

3. 超滤的影响因素

（1）料液流速　提高料液流速虽然对减缓浓差极化、提高透过通量有利，但需提高料液压力，增加能耗。一般紊流体系中流速控制在 1 ~ 3m/s。

（2）操作压力　超滤膜透过通量与操作压力的关系取决于膜和凝胶层的性质。一般操作压力为 0.5 ~ 0.6MPa。

（3）温度　操作温度主要取决于所处理的物料的化学、物理性质。由于高温可降低料液的黏度，增加传质效率，提高透过通量，因此应在允许的最高温度下进行操作。

（4）运行周期　随着超滤过程的进行，在膜表面逐渐形成凝胶层，使透过通量逐步下降，当通量达到某一最低数值时，就需要进行清洗，这段时间称为一个运行周期。运行周期的变化与清洗情况有关。

（5）进料浓度　随着超滤过程的进行，主体液流的浓度逐渐增加，此时黏度变大，使凝胶层厚度增大，从而影响透过通量。因此对主体液流应定出最高允许浓度。

技能训练

启动反渗透装置操作如下。

① 进入精滤器界面，打开精滤器出水阀，开度 60；

② 进入高压泵控制面板，点击高压泵运行按钮，启动高压泵；

③ 关闭精滤器排水阀；

④ 反渗透器净水阀门开度调整为 65，以此调节进水压力达到 0.5MPa，冲洗 5min；

⑤ 打开反渗透产水阀，开度 100；

⑥ 关闭净水排放取样阀；

⑦ 反渗透器浓水排水阀开度调节为 65 左右；

⑧ 反渗透器净水排水阀开度调节为 65 左右；

⑨ 改变浓水阀门开度，控制反渗透产水量和回收率，控制产水量为 6000m³/h，回收率为 67%。

任务 4-3　活性炭吸附工艺

 学习目标

● **知识目标**

① 了解吸附的去除对象与功能；

② 理解吸附的实质与原因；

③ 掌握吸附的类型、吸附理论及影响吸附的因素；

④ 掌握活性炭吸附工艺。

● **能力目标**

① 能够完成活性炭过滤器的投运操作；

② 能够完成活性炭清洗操作。

 任务描述

某污水处理厂的活性炭吸附工艺现在需要启动活性炭吸附设备，并清洗活性炭。

任务实施

任务名称	活性炭吸附工艺
任务提要	应掌握的知识点：吸附法的类型、吸附剂、去除对象与功能、影响因素及工艺运行方式等；活性炭特性、类型、再生及应用等。 应掌握的技能点：活性炭过滤器的投运操作
基本 技术信息	活性炭过滤器中控图见图4-25，仔细阅读说明。 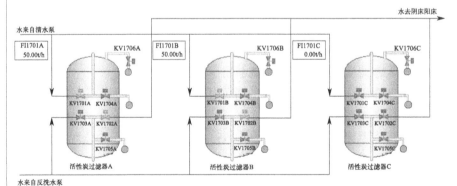 **图 4-25　活性炭过滤器** 　　活性炭过滤器内装活性炭，用粗石英砂作支撑层。活性炭过滤器主要用于吸附水中游离氯（吸附力达99%），也可吸附水中的悬浮性胶体，去除微生物、重金属及异味，对有机物和色度也有较高的去除率。 　　过滤器通过定期反洗可实现再生，过滤器的运行—反洗—正洗—运行等过程通过开关相关阀门来完成。 　　活性炭过滤器根据进出口压差（0.05～0.15MPa）在体内进行反洗，由专用的反洗水泵供水反洗

工艺知识储备	1. 什么是吸附？ 2. 吸附分为哪几种类型？ 3. 废水处理中应用的吸附剂有哪些？ 4. 吸附的去除对象是什么？ 5. 影响吸附的因素有哪些？ 6. 什么是吸附剂的解析再生？ 7. 吸附剂解吸再生的方法有哪些？ 8. 活性炭有哪些特性？ 9. 活性炭在废水处理中有哪些应用？	
任务 1 描述	活性炭过滤器的投运操作	
任务 1 完成过程	第一步，制订启动方案	
	第二步，试启动 试启动成绩： 存在问题：	
任务 2 描述	活性炭的清洗操作	
任务 2 完成过程	第一步，制订操作方案	
	第二步，试操作 试操作成绩： 存在问题：	
知识拓展	除了活性炭，水处理中常用的吸附剂还有哪些？	
任务评价	个人评价	
	组内互评	
	教师评价	
任务反思	收获心得	
	存在问题	
	改进方向	

 ## 知识储备

吸附是指利用多孔性固体吸附废水中某种或几种污染物，以回收或去除这些污染物，从而使废水得到净化的方法。

一、吸附类型

吸附是一种界面现象，其作用发生在两个相的界面上。例如活性炭与废水相接触，废水中的污染物会从水中转移到活性炭的表面上，这就是吸附作用。具有吸附能力的多孔性固体物质称为吸附剂，而废水中被吸附的物质称为吸附质。

根据吸附剂表面吸附力的不同，吸附可分为物理吸附和化学吸附两种类型。物理吸附指吸附剂与吸附质之间通过范德华力而产生的吸附；而化学吸附则是由原子或分子间的电子转移或共有，即剩余化学键力所引起的吸附。在水处理中，物理吸附和化学吸附并不是孤立的，往往相伴发生，是两类吸附综合的结果，例如有的吸附在低温时以物理吸附为主，而在高温时以化学吸附为主。表 4-3 是两类吸附特征的比较。

表 4-3　两类吸附特征的比较

吸附性能	吸附类型	
	物理吸附	化学吸附
作用力	分子引力（范德华力）	剩余化学键力
选择性	一般没有选择性	有选择性
形成吸附层	单分子或多分子吸附层均可	只能形成单分子吸附层
吸附热	较小，一般在 41.9kJ/mol 以内	较大，相当于化学反应热，一般为 83.7 ～ 418.7kJ/mol
吸附速度	快，几乎不需要活化能	较慢，需要一定的活化能
温度	放热过程，低温有利于吸附	温度升高，吸附速度增加
可逆性	较易解吸	化学键力大时，吸附不可逆

二、吸附剂

从广义而言，一切固体物质的表面都有吸附作用，但实际上，只有多孔物质或磨得极细的物质，由于具有很大的比表面积，才能有明显的吸附能力，也才能作为吸附剂。废水处理过程中应用的吸附剂有活性炭、磺化煤、沸石、活性白土、硅藻土、焦炭、木炭、木屑、树脂等。

活性炭是一种非极性吸附剂，是由含炭为主的物质作原料，经高温度炭化和活化制得的疏水性吸附剂。外观为暗黑色，有粒状和粉状两种，目前工业上大量采用的是粒状活性炭。活性炭主要成分除碳以外，还含有少量的氧、氢、硫等元素，以及水分、灰分。它具有良好的吸附性能和稳定的化学性质，可以耐强酸、强碱，能经受水浸、高温、高压作用，不易破碎。

与其他吸附剂相比，活性炭具有巨大的比表面积和微孔特别发达等的特点。通常活性炭的比表面积可达 $500 \sim 1700m^2/g$，因而具有强大的吸附能力。但是，比表面积相同的活性炭，其吸附容量并不一定相同，因为吸附容量不仅与比表面积有关，而且还与微孔结构、微孔分布以及表面化学性质有关。

活性炭的孔径分布范围较宽，一般可分为三类：孔径小于 2nm 的为微孔；孔径为 $2 \sim 50nm$ 的为中孔（也称为过渡孔）；孔径大于 50nm 的为大孔。活性炭中的微孔比表面积占活性炭比表面积的 95% 以上，在很大程度上决定了活性炭的吸附容量。中孔为不能进入微孔的较大分子提供了吸附位点，在较高的相对压力下产生毛细管凝聚。大孔比表面积一般不超过 $0.5m^2/g$，主要是吸附质分子到达微孔和中孔的通道，对吸附过程影响不大。需要注意的是，活性炭的孔径大小会受到其制备方法、原料等因素的影响。不同用途的活性炭可能会具有不同的孔径分布特点，以适应对不同大小分子的吸附或其他特定需求。

活性炭是目前废水处理中普遍采用的吸附剂，已用于炼油废水、含酚印染废水、氯丁橡胶生产废水、腈纶生产废水等废水处理以及城市污水的深度处理。

三、吸附的去除对象与功能

1. 去除对象

在水处理中，用于去除水中色、嗅、微量的有机物、各种离子和胶体物质等。在废水处理中，用于去除金属离子、色度及难降解有机物等。

2. 功能

① 可满足更高的用水水质要求；
② 可实现水或废水的深度处理，利于回用。

四、吸附的实质

吸附是一种物质附着在另一种物质表面上的过程，可发生在气-固、气-液、液-固两相之间。水和废水处理中主要涉及液-固两相之间的转移过程。

吸附是一种表面现象，与表面张力和表面能的变化有关。吸附剂固体颗粒表面由于受力不均衡而产生表面张力，具有表面能。

吸附为一个自发地降低固体颗粒表面自由能的过程，具有可逆性。物质吸附于固体表面之后，减小表面张力，使界面上的分子受力趋于均衡，故吸附是自动发生的。

五、吸附理论

1. 等温吸附模型

吸附是一种表面化学过程，因此研究吸附可从两方面进行：化学平衡和化学反应速度。

吸附等温线实际上表达了吸附达到动态平衡时的平衡浓度表达式。

（1）吸附平衡　即吸附速度与解吸速度相等。

如果吸附是可逆的，存在吸附和解吸两个过程。当吸附质在吸附剂表面达到动态平衡时，吸附质在溶液中的浓度和吸附剂表面的浓度都不再改变，此时溶液中的吸附质浓度称为平衡浓度。

（2）吸附剂的吸附量　吸附剂吸附能力的大小用吸附量（q）表示，即单位质量的吸附剂吸附的吸附质的质量。

（3）吸附等温线　温度一定的条件下，水的体积和原水中吸附质浓度一定时，改变投炭量，吸附的平衡浓度和吸附量均发生相应改变。其规律如图 4-26 所示。

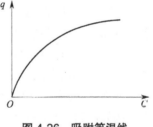

图 4-26　吸附等温线

2. 吸附速度

吸附速度是指单位时间内单位质量的吸附剂所吸附的物质的量。影响吸附速度的因素主要如下。

（1）从吸附剂的角度

① 吸附剂的孔隙度。孔隙度高，吸附质能更迅速地扩散到吸附剂内部，加快吸附速度。例如，具有丰富微孔和中孔结构的活性炭，其吸附速度相对较快。

② 吸附剂的粒度。较小的粒度意味着更大的比表面积和更短的扩散路径，能够加快吸附速度。

（2）从吸附质的角度

① 吸附质的初始浓度。初始浓度越大，浓度梯度越大，吸附质向吸附剂表面扩散的动力越强，吸附速度也就越快。

② 吸附质的分子大小和形状。小分子和形状规则的分子更容易进入吸附剂的孔隙，从而加快吸附速度。

（3）外部环境因素

① 温度。适当提高温度能增加分子的运动速度和扩散速率，加快吸附速度，但温度过高可能会破坏吸附作用。

② 搅拌或流动状况。搅拌或流动可以使吸附质更均匀地分布，增加与吸附剂的接触机会，提高吸附速度。以气体在固体表面的吸附为例，如果气体的压力增大，相当于增加了吸附质的浓度，吸附速度会相应提高。

在污水处理中，通过优化吸附剂的特性和操作条件，可以有效地控制吸附速度，提高处理效率。

水中多孔吸附剂对吸附质的吸附过程分三个阶段：

第一阶段为颗粒外部扩散（膜扩散）阶段，吸附质通过液膜；

第二阶段为内部扩散阶段，吸附质向细孔深处扩散；

第三阶段为吸附反应阶段，吸附质被吸附于细孔表面上。

第三阶段一般进行很快，故吸附受前两阶段扩散速度控制。

扩散分为外部扩散和内部扩散。外部扩散与膜两边浓度和膜表面积（即吸附剂外表面积）成正比，与溶液搅动程度有关。增加溶液与吸附剂的相对速度，可使液膜变薄，提高外扩速度。内部扩散比较复杂，与微孔大小、构造、吸附质颗粒大小、吸附剂颗粒大小有关。吸附剂颗粒小，对提高吸附速度有利。

3. 影响吸附的因素

（1）吸附剂的性质

① 吸附剂的比表面积。比表面积越大，提供的吸附位点就越多，从而能够吸附更多的物质。例如，活性炭具有巨大的比表面积，因此在气体和液体的净化处理中被广泛应用。

② 吸附剂的孔隙结构。孔隙大小和分布会决定能够吸附的分子大小和类型。例如，沸石具有特定大小的孔隙，只能允许特定尺寸的分子进入孔隙进行吸附。

③ 吸附剂的表面化学性质。吸附剂表面的官能团类型和数量会影响其对不同物质的亲和力。例如，带有羟基官能团的吸附剂可能对极性分子有更强的吸附能力。

④ 吸附剂的极性。极性吸附剂更容易吸附极性物质，而非极性吸附剂则更倾向于吸附非极性物质。

（2）吸附质的性质　能使液体表面张力降低越多的吸附质，越易被吸附。吸附质浓度的影响可由吸附等温线看出。吸附质的溶解度、表面自由能、分子大小和不饱和程度、极性等均对吸附有影响。

（3）pH 值　溶液的 pH 值影响溶质在水中的存在状态（分子、离子、络合物）和溶解度，也影响活性炭的表面电荷特性，活性炭在酸性溶液中吸附性能好，在 pH > 9 时不易吸附。

（4）温度　吸附是放热反应，因此温度升高，吸附量减少。

（5）工艺运行方式

① 接触时间。以使吸附达到平衡为原则，确定最佳接触时间。一般为 0.5 ～ 1.0h。受吸附速度影响，应结合技术和经济两方面考虑。吸附时应保证一定的接触时间，以使吸附接近平衡。

② 混合程度。快速的混合及良好的接触有利于提高吸附速率，充分发挥吸附剂的吸附能力。

（6）生物协同作用　活性炭使用一定时间后，其表面会繁殖微生物，可参与对有机物的去除。目前，有人利用生物活性炭处理低浓度有机废水，取得了较好的效果。其优点是参与有机物的分解、去除；缺点是增加水头损失，产生厌氧状态。

六、吸附剂的解吸再生

吸附剂在达到吸附饱和后，必须进行解吸再生，才能重复使用。所谓解吸再生就是在吸附剂结构不发生或者稍微发生变化的情况下将被吸附的物质从吸附剂的表面去除，以恢复其吸附性能。所以解吸再生是吸附的逆过程。

目前，吸附剂的解吸再生方法有：加热再生法、药剂再生法、化学氧化再生法、生物法等。在废水处理上，应用较多的是加热再生法。

1. 加热再生法

加热再生法分为低温和高温两种方法。低温适用于吸附了气体的饱和活性炭，通常加热到 $100 \sim 200℃$ 被吸附的物质就可以脱附；高温适用于废水处理中的饱和活性炭，通常加热到 $800 \sim 1000℃$ 并需要加入活化气体（如水蒸气、二氧化碳等）才能完成再生。高温加热再生活性炭一般分三步进行。

（1）干燥　加热到 $100 \sim 150℃$ 将吸附在活性炭细孔中的水分（含水率为 $40\% \sim 50\%$）蒸发出来，同时部分低沸点的有机物也随之挥发出来。干燥过程所需热量约为再生总热量的 50%。

（2）炭化　水分蒸发后，继续加温到 $700℃$，这时，低沸点有机物全部挥发脱附。高沸点有机物由于热分解，一部分成为低沸点有机物挥发脱附，另一部分被炭化，残留在活性炭微孔中。

（3）活化　将炭化留在活性炭微孔中的残留炭通入活化气体（如水蒸气、二氧化碳及氧）进行气化，达到重新造孔的目的。活化温度一般 $700 \sim 1000℃$。活化过程中，还必须控制再生装置中氧含量，一般控制在 1% 以下，以减少活性炭损失。再生后废气主要含 CO_2、H_2、CO 以及 SO_2、O_2 等，视吸附物及活化气的不同而异。

用于废水处理的活性炭，由于废水中成分复杂，除含有机物外，还含有金属盐等无机物，这些金属化合物再生时大多仍残留在活性炭微孔中（除汞、铅、锌可气化外），使活性炭吸附性能降低，如将饱和炭先用稀盐酸处理，再生炭的性能可能恢复到新炭的水平。高温加热再生法是目前废水处理中粒状活性炭再生的最普遍最有效的方法。影响再生的因素很多，如活性炭的物理及化学性质、吸附性质、吸附负荷、再生炉型、再生过程中操作条件等。再生后吸附剂性能的恢复率可达 95% 以上。

干燥、炭化和活化三步是在再生炉中进行的。再生炉的炉型很多，如回转炉、移动床炉、立式多段炉及流动床炉等。目前采用最广的是立式多段炉。再生炉体为钢壳，内衬耐火材料，内部分隔成 $4 \sim 9$ 段炉床。中心轴转动时带动把柄使活性炭自上段向下段移动。立式多段炉的特点是占地面积小，炉内有效面积大，炭在炉内停留时间短，再生质量均匀，再生损失一般为 7% 左右。但这种炉型结构复杂，操作要求严格。从再生炉排出的废气中含有甲烷、乙烷、乙烯、焦油蒸汽、二氧化硫、二氧化碳、一氧化碳、氢以及过剩的氧等。为了防止废气污染大气，可将废气先送入燃烧器燃烧脱臭，然后进入水洗塔除尘和臭味物质。

2. 药剂再生法

药剂再生法又可分为无机药剂再生法和有机溶剂再生法两类。

（1）无机药剂再生法　用无机酸（H_2SO_4、HCl）或碱（NaOH）等无机药剂使吸附在活性炭上的污染物脱附。例如，吸附高浓度酚的饱和炭，用 NaOH 再生，脱附下来的酚为酚钠盐，可回收利用。

（2）有机溶剂再生法　用苯、丙酮及甲醇等有机溶剂萃取吸附在活性炭上的有机物。例如吸附含二硝基氯苯的染料废水的饱和活性炭，用有机溶剂氯苯脱附后，再用热蒸汽吹扫氯苯，脱附率可达 93%。

药剂再生可在吸附塔内进行，设备和操作管理简单，但一般随再生次数的增加，活性炭吸附性能明显降低，需要补充新炭，废弃一部分饱和炭。

3. 化学氧化再生法

属于化学氧化法的有下列几种方法。

（1）湿式氧化法　饱和炭用高压泵经换热器和水蒸气加热器送入氧化反应塔。在塔内进行粒状炭的再生。

（2）电解氧化法　将碳作为阳极，进行水的电解，在活性炭表面产生的氧气把吸附质氧化分解。

（3）臭氧氧化法　利用强氧化剂臭氧，将吸附在活性炭上的有机物加以分解。

4. 生物法

利用微生物的作用，将被活性炭吸附的有机物氧化分解。

七、活性炭吸附

活性炭吸附是一种高效的净化技术，它基于活性炭的物理和化学性质，通过吸附作用去除水中的溶解有机物、无机物和重金属离子，以及空气中的有害物质。

1. 活性炭的特性

活性炭具有如下优点：吸附能力强，可有效去除有害物质；化学稳定性好，可在多种环境下使用；力学强度高，具有一定的耐用性；可再生，降低使用成本。但活性炭也有以下缺点：回收效率较低，需要清洗和净化才能重新使用；使用寿命较短，需要定期更换；处理费用相对较高，特别是在大规模应用中。

2. 活性炭的制备

活性炭如图 4-27 所示，以煤、木材、骨头、硬果壳、石油残渣等原料磨碎经高温碳化和活化及筛分而成。

3. 活性炭的类型

（1）粉末状　吸附能力强，制备容易，价格较便宜，但难以再生，难以重复使用。

（2）颗粒状　吸附能力较粉末活性炭强，制备较复杂，价格较贵，易于再生，可重复使用，是最常用的活性炭类型。

（3）粗粒状　如图4-28所示。

图4-27　活性炭

图4-28　粗粒状活性炭

4. 活性炭的再生

饱和活性炭经脱水、干燥、碳化、活化和冷却等过程进行再生，可恢复其吸附能力。

八、活性炭吸附的应用

1. 在水处理中的应用

（1）功能　可用于臭和味的去除、总有机碳（TOC）的去除、消毒副产物（DBPs）的去除、挥发性有机物（VOCs）的去除、人工合成有机物的去除。

（2）应用场合　可应用于受污地表水的强化预处理、工业用水的纯水处理等。

2. 在废水处理中的应用

（1）功能　可用于色度的去除、金属离子的去除、难降解有机物的去除。

（2）应用场合　可应用于工业废水回用的深度处理、某些工业废水的预处理、生物活性炭联合处理等。

3. 应用实例

（1）萃取 - 活性炭吸附法处理 DMF 废水　N, N- 二甲基甲酰胺（DMF）是一种常用的化工溶剂，被广泛应用于聚氨酯合成革工业及医药、农药等行业。由于 DMF 在制革生产中被大量用作溶剂，生产所排放的废水中含有较高浓度的 DMF。

处理 DMF 废水的方法有：活性炭吸附 - 二氯甲烷再生法、化学水解法和生化法。化学水解法与生化法都只是破坏 DMF 而没有回收 DMF，处理成本较高，尤其不适用于处理较高浓度的 DMF 废水。对于高浓度 DMF（近 100g/L）的制革废水，目前工厂多采用直接精馏处理，分离 DMF 与水，回收的 DMF 回用于生产。但该法能耗较高，当废水中 DMF 浓度较低（如小于 50g/L）时，回收成本将大幅度增加。

研究表明，采用溶剂萃取 - 活性炭吸附法，能有效处理制革厂的高浓度 DMF 废水（DMF质量浓度为 93.4g/L）。该方法先用三氯甲烷（$CHCl_3$）萃取废水中的 DMF，萃取液经精馏分离可回收 DMF 和萃取剂。用 $CHCl_3$ 进行五级逆流萃取后，萃余液中的 DMF 可降到 1.33g/L，萃取率达 96.8%。接着，对萃余液进行活性炭吸附处理，可使 COD 降到 100mg/L 以下。经 $CHCl_3$ 萃取后的制革废水再用活性炭吸附法深度净化处理。而饱和活性炭经二氯甲烷（CH_2Cl_2）洗脱、160℃空气活化后，其吸附性能和数量基本不变，可反复使用。

（2）活性炭吸附法处理染料废水　纺织工业的发展带动了染料生产的发展。染料废水成分复杂，水质变化大，色度深，浓度大，处理困难。染料废水的处理方法很多，主要有氧化、吸附、膜分离、絮凝、生物降解等。这些方法各有优缺点，其中吸附法是利用吸附剂对废水中污染物的吸附作用去除污染物。吸附剂是多孔性物质，具有很大的比表面积。活性炭是目前最有效的吸附剂之一，能有效地去除废水的色度和COD。活性炭处理染料废水在国内外都有研究，但大多数是和其他工艺耦合，其中活性炭吸附多用于深度处理或将活性炭作为载体和催化剂，单独使用活性炭处理较高浓度染料废水的研究很少。活性炭对染料废水有良好的脱色效果。酸性品红废水的脱色最容易，碱性品红废水次之。染料废水的脱色率随温度的升高而增加，pH 值对染料废水的脱色效果没有太大的影响。在最佳的吸附工艺条件下，酸性品红、碱性品红和活性黑染料废水的脱色率均超过 97%，出水的色度稀释倍数不大于50 倍，COD 小于 50mg/L，达到国家排放标准。考虑到分离出的活性炭仍具有部分吸附能力，而且活性炭价格贵，因此，可以利用这些活性炭处理染料废水使其达到较低的中间浓度，然后再用新的活性炭使处于中间浓度的染料废水达到排放标准，以便减小成本。

（3）粉煤灰活性炭处理含铬电镀废水　电镀废水中不仅含有氰化物等剧毒成分，而且含有铬、锌、铜、镍等金属离子。铬是电镀中用量较大的一种金属原料。研究发现，六价铬有致癌的危害，其毒性比三价铬强 100 倍。含铬电镀废水的处理方法很多，主要有化学沉淀法、活性炭法、电解法和膜处理法等。活性炭法中以粉煤灰活性炭为吸附剂、还原剂，对含 Cr（Ⅵ）的电镀废水进行处理。

pH 值对吸附量和去除率有较大影响。pH 值为 3 左右时吸附量达到最大，Cr（Ⅵ）去除效果最好，pH 值过高或过低时，粉煤灰活性炭对 Cr（Ⅵ）的吸附能力较低。

吸附时间对吸附量和去除率也有一定的影响，随着时间延长，吸附量和去除率均增大，当达到平衡时间时，吸附基本完全，时间进一步延长，吸附量和去除率虽然增加但不明显。

被活性炭吸附的 Cr（Ⅵ），经化学还原生成 Cr^{3+}，在酸性条件下 Cr^{3+} 与活性炭脱附，因而可以使活性炭再生，其再生的方法是用 5% 的 H_2SO_4 溶液浸泡活性炭，使 Cr^{3+} 完全解吸，然后用水冲洗、干燥。再生后的活性炭对 Cr（Ⅵ）的去除效果略有下降。Cr^{3+} 溶液用碱中和生成 $Cr(OH)_3$，$Cr(OH)_3$ 可回收利用，防止二次污染。

（4）活性炭吸附 - 电化学高级氧化再生法处理难降解有机污染物　含有芳香化合物等有毒难降解污染物的废水，因其结构稳定，可生化性差，常规处理方法难以见效，成为我国水处理领域需要重点解决的技术难题。高级氧化技术和活性炭吸附则是研究较为广泛的两种处理方法。

近年来，电化学高级氧化技术作为一种新发展的高级氧化技术，因其处理效率高、操作简便、环境友好等优点，引起极大关注。它通过电极反应产生氧化能力很强的羟基自由基有效降解污染物。研究表明，当有机污染物浓度较低时，传质将成为控制因素，导致降解过程仅发生在阳极表面而很少在溶液主体，并且因降解中间产物的滞留导致阳极毒化，从而降低了处理效果。活性炭因其极强的吸附能力在废水处理中获得广泛的应用，但其成本高，且易吸附饱和，若不进行再生回收不仅不经济，还会对环境造成污染。常用的再生方法如热再生和化学法再生法等，需高温或高压条件，费用高。最近，电化学再生法引起了研究者的注意，在常温常压下其再生效率可达 85%。但目前报道的电化学再生方法时间较长，主要原因是：①采用石墨等常规电极，不易产生羟基自由基等活性物种，氧化性欠强，导致再生不彻底；②再生装置很少考虑传质，导致再生时间长。

基于上述研究背景，提出将活性炭吸附和电化学高级氧化集于一体的新型"相转移"废水处理方法。首先将有机污染物通过活性炭流化床快速吸附，然后通过床内特制的电化学装置实现活性炭现场再生，使得转移到活性炭上的有机污染物降解，而活性炭再生后能保证该体系反复运行。

4. 其他应用

活性炭还应用于生物 - 活性炭工艺、臭氧 - 活性炭工艺、活性炭纤维工艺等。

5. 活性炭吸附工艺及其设计

（1）操作方式　废水进行吸附前，应先经预处理去除悬浮物、油类等杂质，避免堵塞吸附剂的孔隙。

吸附操作分为静态与动态操作方式。静态操作为间歇式，很少使用（适用于小流量且间歇排放的废水）；动态操作为连续式，有固定床、移动床和流动床三种。

① 固定床。水连续进入和流出，经床层吸附杂质可得到清洁的出水。为充分发挥炭床的最大吸附作用，常采用多塔串联运行。

② 移动床。水由下部进入上部排出，底层饱和的炭定期由下部排出，经再生的炭由塔顶补充，可节省占地面积。

③ 流动床（流化床）。利用进水动力使炭粒之间发生相对运动，呈流化态悬浮，有利于炭与水的充分接触。

（2）布置方式　布置方式如图 4-29 所示，包括下向流、上向流、串联 [提高出水水质及活性炭（AC）利用率] 和并联（处理低浓度、大水量的废水）。

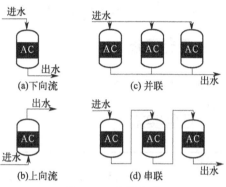

图 4-29　布置方式

 技能训练

活性炭过滤器的投运操作如下。

① 打开原水箱进口调节阀的前切断阀；
② 打开原水箱进口调节阀的后切断阀；
③ 打开原水箱液位控制器；
④ 原水箱的液位上升到 5m；
⑤ 打开活性炭过滤器的现场进口阀；
⑥ 打开活性炭过滤器的进口阀；
⑦ 打开活性炭过滤器的出口阀；
⑧ 打开活性炭过滤器的现场出口阀；
⑨ 打开清水泵的进口阀；
⑩ 启动清水泵；
⑪ 打开清水泵的出口阀。

任务 4-4 离子交换工艺

 学习目标

●知识目标

① 掌握离子交换的含义、交换过程、交换方式与设备；

② 掌握离子交换剂的分类；

③ 掌握离子交换树脂的性能指标、选择性能及再生等；

④ 掌握废水水质对离子交换树脂交换能力的影响。

●能力目标

能够完成离子交换系统阳床装填操作。

 任务描述

某污水处理纯水设备需要装填阳床。

任务实施

任务名称	离子交换工艺
任务提要	应掌握的知识点：离子交换法的含义、特点，离子交换剂的分类，交换过程；离子交换树脂的性能指标、选择性；离子交换工艺的交换方式、交换设备、再生操作等。 应掌握的技能点：离子交换系统阳床装填操作
基本 技术信息	工艺简介如图 4-30 所示。 1. 反渗透系统 界区外来的预处理水，经过保安过滤器，由高压泵加压进入反渗透装置（采用串联式反渗透膜）。反渗透膜出口纯水及浓水分别采出。清洗水、冲洗水均由清洗泵经保安过滤器流出，进入反渗透装置进行清洗及冲洗。 2. 离子交换系统 界区外来的预处理水，由进水口进入钠离子交换器，下部出水口出水。 结构如下。 （1）进水装置 在设备的上部设有进水装置，能使水均匀地分布在交换剂层上。 （2）中排装置 中排装置设置在离子交换树脂层和压脂层的分界面上，用于排出再生废液和进小反洗水。 （3）排水装置 多孔板上装设滤水帽或用石英砂垫层，砂垫层配比按要求装填。在交换器下部排水帽处、树脂面处及最大反洗膨胀高度处各设视镜一个，以观察内部工况。 处理工艺如下。 （1）运行 设备内保持一定高的水垫层，以防进水直接冲击树脂层上的压脂层。投入运行前必须进行正洗。即：打开进水阀和排气阀，当水满时及时关闭排气阀，打开正洗排水阀，至水质合格立即关闭正洗排水阀，打开出水阀，转入正常运行。 （2）再生 当出水水质不合格或生产了一定体积的软水后，离子交换器需停止运行，进行再生。再生的步骤如下（图 4-31）。 ①小反洗：再生前应对中间排液管上面的压脂层进行小反洗，洗去运行时积聚在压脂层和中间排液装置上的污物。小反洗时，先关闭进水阀及出水阀，再打开小反洗进水阀及反洗排水阀，流速一般为 5～10m/h，时间 3～5min。小反洗结束后，关闭小反洗进水阀及反洗排水阀。 ②进再生液：打开进再生液阀，将再生液从设备的底部输入，再打开中间排液阀，再生废液由中间装置排出。为保证再生效果，再生流速应控制在 5m/h，盐液浓度控制在 5%～8%（再生结束后进行更换）。

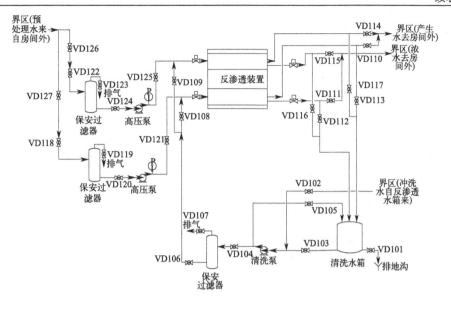

图 4-30　离子交换工艺示意图

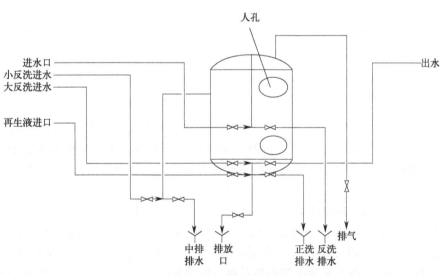

图 4-31　再生工艺示意图

③小正洗：在进再生液过程中，会有部分废液渗入压脂层中，为了节省正洗耗水量及缩短正洗时间，在正洗之前，用小正洗将这部分废液洗匀。小正洗时，打开进水阀然后打开中间排液阀，水从中排装置排出，流速控制在 $10 \sim 15m/h$，时间 $5 \sim 10min$。

④正洗：小正洗结束后，关闭中间排液阀，开启正洗排水阀进行正洗，流速同运行流速，待出水水质符合要求时即关闭排水阀，打开出水阀投入正常运行。

⑤大反洗：由于交换剂被压实、污染等会影响正常运行，所以在运行若干周期后必须进行一次大反洗，大反洗的间隔周期可根据实际的进水浊度、出水质量、运行压差和交换容量的情况而定，一般运行 $10 \sim 20$ 个周期进行一次。大反洗后交换剂层被打乱，为了恢复正常交换容量，在大反洗后的第一次再生时，再生剂要比第一次增加 $0.5 \sim 1.0$ 倍。大反洗时，打开大反洗进水阀，阀门要由小到大，反洗强度以控制在反洗视镜的中心线为准，打开反洗排水阀进行反洗，反洗时间为 $10 \sim 15min$

工艺知识 储备	1. 什么是离子交换？ 2. 离子交换剂分为哪几种类型？ 3. 废水处理中应用较多的是哪种离子交换剂？ 4. 离子交换树脂的性能指标有哪些？ 5. 离子交换过程通常分为哪五个阶段？ 6. 在常温低浓度下，各种树脂对各种离子的选择性有哪些规律？ 7. 废水水质的哪些方面影响离子交换树脂的交换能力？ 8. 离子交换方式有哪两种？ 9. 离子交换树脂的再生操作包括哪三个过程？	
任务描述	阳床装填操作	
任务 完成过程	第一步，制订操作方案	
	第二步，试操作 试启动成绩： 存在问题：	
知识拓展	1. 再生剂的用量控制方法有哪些？ 2. 什么是顺流再生和逆流再生？其主要优缺点分别是什么？	
任务评价	个人评价	
	组内互评	
	教师评价	
任务反思	收获心得	
	存在问题	
	改进方向	

 知识储备

离子交换法是一种借助于离子交换剂上的离子和废水中的离子进行交换反应而除去废水中有害离子的方法。离子交换过程是一种特殊吸附过程，所以在许多方面都与吸附过程类似。但与吸附比较，离子交换过程的特点在于：它主要吸附水中的离子化合物，并进行等当量的离子交换。在废水处理中，离子交换主要用于回收和去除废水中金、银、铜、镉、铬、锌等金属离子，对于净化放射性废水及有机废水也有应用。

在废水处理中，离子交换法的优点为：离子的去除效率高，设备较简单，操作易控制。目前在应用中存在的问题是：应用范围受到离子交换剂品种、产量、成本的限制，对废水的预处理要求较高，离子交换剂的再生及再生液的处理有时也是一个难以解决的问题。

一、离子交换剂

（一）离子交换剂的分类

离子交换剂分为无机和有机两大类。无机的离子交换剂有天然沸石和人工合成沸石。沸石既可作阳离子交换剂，也能用作吸附剂。有机的离子交换剂有磺化煤和各种离子交换树脂，在废水处理中，应用较多的是离子交换树脂。

离子交换树脂是一类具有离子交换特性的有机高分子聚合电解质，是一种疏松的具有多孔结构的固体球形颗粒，粒径一般为 0.3 ~ 1.2mm，不溶于水也不溶于电解质溶液，其结构可分为不溶性的树脂本体和具有活性的交换基团（也叫活性基团）两部分。树脂本体为有机化合物和交联剂组成的高分子共聚物。交联剂的作用为使树脂本体形成立体的网状结构。交换基团由起交换作用的离子和与树脂本体联结的离子组成。如：

磺酸型阳离子交换树脂：

$$R—SO_3H^+$$

（树脂本体）（交换基团）

其中，H^+ 是可交换离子。

季铵型阴离子交换树脂：

$$R \equiv N^+OH^-$$

（树脂本体）（交换基团）

其中，OH^- 是可交换离子。

离子交换树脂按离子交换的选择性分为阳离子交换树脂和阴离子交换树脂。

阳离子交换树脂内的活性基团是酸性的，它能够与溶液中的阳离子进行交换。如 $R—SO_3H^+$，酸性基团上的 H^+ 可以电离，能与其他阳离子进行离子交换。

阴离子交换树脂内的活性基团是碱性的，它能够与溶液中的阴离子进行离子交换。如 $R—NH_2$ 活性基团水合后形成含有可解离的 OH^- 的形态：

$$R—NH_2 \xrightarrow{水合} R—NH_3^+OH^-$$

OH^- 可以和其他阴离子进行交换。

离子交换树脂按活性基团中酸碱的强弱分为以下四种。

① 强酸性阳离子交换树脂，活性基团一般为—SO_3H，故又称磺酸型阳离子交换树脂。

② 弱酸性阳离子交换树脂，活性基团一般为—COOH，故又称为羧酸型阳离子交换树脂。

③ 强碱性阴离子交换树脂，活性基团一般为 $\equiv NOH$，故又称为季铵型阴离子交换树脂。

④ 弱碱性阴离子交换树脂，活性基团一般有—NH_3OH、$=NH_2OH$、$\equiv NHOH$（未水化时分解为—NH_2、$=NH$、$\equiv N$）之分，故分别又称伯胺型、仲胺型和叔胺型离子交换树脂。

离子交换树脂中的 H^+ 可用 Na^+ 代替，阴离子交换树脂中的 OH^- 可以用 Cl^- 代替。因此，阳离子交换树脂又有氢型、钠型之分，阴离子交换树脂又有氢氧型和氯型之分。

根据离子交换树脂颗粒内部结构特点，又分为凝胶型和大孔型两类。目前使用的树脂多数为凝胶型离子交换树脂。

（二）离子交换树脂的性能指标

离子交换树脂的性能对处理效率、再生周期及再生剂的耗量有很大的影响，判断离子交换性能的几个重要指标如下。

1. 离子交换容量

交换容量是树脂交换能力大小的标准，可以用质量法和容积法两种方法表示。质量法是指单位质量的干树脂中离子交换基团的数量，用 mmol/g 或 mol/g 来表示。容积法是指单位体积的湿树脂中离子交换基团的数量，用 mmol/L 或 mol/m^3 来表示。由于树脂一般在湿态下使用，因此常用的是容积法。

离子交换容量有全交换容量、工作交换容量、有效交换容量。

2. 含水率

离子交换树脂由于具有亲水性，因此总会有一定数量的水化水（或称化合水分），称为含水率。含水率通常以湿树脂（去除表面水分后）所含水分的质量分数来表示（一般在5%左右），也可折算成水分相当于干树脂的质量分数表示。

树脂中也有游离水或表面水，但这种并非化合水分，能用离心法去除。这种水分与树脂性能无关。

3. 相对密度

离子交换树脂的相对密度有三种表示方法：干真相对密度、湿真相对密度和视相对密度。

4. 溶胀性

当树脂由一种离子形态转变为另一种离子形态时所发生的体积变化称为溶胀性或膨胀。树脂溶胀的程度用溶胀度来表示。如强酸性阳离子交换树脂由钠型转变成氢型时其体积溶胀度为5%～7%。

5. 耐热性

各种树脂所能承受的温度都有一个极限，超过这个极限，就会发生比较严重的热分解现象，影响交换容量和使用寿命。

6. 化学稳定性

废水中的氧化剂如氧、氯、铬酸、硝酸等，由于其氧化作用能使树脂网状结构破坏，活性基团的数量和性质也会发生变化。

防止树脂因氧化而化学降解的办法主要有三种：一是采用高交联度的树脂，二是在废水中加入适量的还原剂，三是使交换柱内的pH值保持在6左右。

除上述几项指标外，还有树脂的外形、黏度、耐磨性、在水中的不溶性等。

二、离子交换基本理论

（一）离子交换过程

离子交换过程可以看作是固相的离子交换树脂与液相（废水）中电解质之间的化学置换反应。其反应一般都是可逆的。

阳离子交换过程可用下式表示：

$$R^-A^+ + B^+ \rightleftharpoons R^-B^+ + A^+$$

阴离子交换过程可用下式表示：

$$R^+C^- + D^- \rightleftharpoons R^+D^- + C^-$$

式中，R表示树脂本体；A、C表示树脂上可被交换的离子；B、D表示溶液中的交换离子。

离子交换过程通常分为以下五个阶段。

① 交换离子从溶液中扩散到树脂颗粒表面。

② 交换离子在树脂颗粒内部扩散。

③ 交换离子与结合在树脂活性基团上的可交换离子发生交换反应。

④ 被交换下来的离子在树脂颗粒内部扩散。

⑤ 被交换下来的离子在溶液中扩散。

实际上离子交换反应的速度是很快的，离子交换的总速度取决于扩散速度。

当离子交换树脂的吸附达到饱和时，通入某种高浓度电解质溶液，将被吸附的离子交换下来，可使树脂得到再生。

（二）离子交换树脂的选择性

由于离子交换树脂对于水中各种离子的吸附能力并不相同，其中一些离子很容易被吸附，而另一些离子却很难吸附，再生时，被树脂吸附的离子有的很容易被置换下来，而有的却很难被置换。离子交换树脂所具有的这种性能称为选择性能。

采用离子交换法处理废水时，必须考虑树脂的选择性，树脂对各种离子的交换能力是不同的，交换能力的大小主要取决于各种离子对该种树脂的亲和力（选择性），在常温低浓度下，各种树脂对各种离子的选择性可归纳出如下规律。

① 强酸性阳离子交换树脂的选择顺序为：$Fe^{3+}>Cr^{3+}>Al^{3+}>Ca^{2+}>Mg^{2+}>K^+=NH_4^+>Na^+>H^+>Li^+$。

② 弱酸性阳离子交换树脂的选择顺序为：$H^+>Fe^{3+}>Cr^{3+}>Al^{3+}>Ca^{2+}>Mg^{2+}>K^+=NH_4^+>Na^+>Li^+$。

③ 强碱性阴离子交换树脂的选择性顺序为：$Cr_2O_7^{2-}>SO_4^{2-}>CrO_4^{2-}>NO_3^->Cl^->OH^->F^->HCO_3^->HSiO_3^-$。

④ 弱碱性阴离子交换树脂的选择性顺序为：$OH^->Cr_2O_7^{2-}>SO_4^{2-}>CrO_4^{2-}>NO_3^->Cl^->HCO_3^-$。

⑤ 螯合树脂的选择性顺序与树脂种类有关。螯合树脂在化学性质方面与弱酸性阳离子树脂相似，但比弱酸性树脂对重金属的选择性高。螯合树脂通常为 Na 型，树脂内金属离子与树脂的活性基团相螯合。典型的螯合树脂为亚氨基二乙酸型，它与金属的反应如下：

式中，Me^{2+} 代表重金属离子。

亚氨基二乙酸型螯合树脂的选择性顺序为：Hg>Cr>Ni>Mn>Ca>Mg>Na。位于顺序前列的金属离子可以取代位于顺序后列的离子。

这里应强调的是，上面介绍的选择性顺序均为对常温低浓度而言。在高温高浓度时，处于顺序后列的离子可以取代位于顺序前列的离子。这就是树脂再生的依据之一。

（三）废水水质对离子交换树脂交换能力的影响

1. 悬浮物和油脂

废水中的悬浮物会堵塞树脂孔隙，油脂会包住树脂颗粒，都会使交换能力下降，因此当这些物质含量较多时，应进行预处理。预处理的方法有过滤、吸附等。

2. 有机物

废水中某些高分子有机物与树脂活性基团的固定离子结合力很大，一旦结合就很难进行再生，会降低树脂的再生率和交换能力。例如高分子有机酸与强碱性季铵基团的结合力就很大，难以洗脱下来。为了减少树脂的有机污染，可选用低交联度的树脂，或者在废水进行离子交换处理之前进行预处理。

3. 高价金属离子

废水中 Fe^{3+}、Al^{3+} 等高价金属离子可能引起树脂中毒，当树脂发生铁中毒时，树脂颜色会变深。从阳离子树脂的选择性可看出，高价金属离子易为树脂吸附，再生时难以把它洗脱下来，会降低树脂的交换能力。为了恢复树脂的交换能力，可用高浓度酸长时间浸泡。

4.pH 值

离子交换树脂是由网状结构的高分子固体与附在本体上的许多活性基团构成的不溶性高分子电解质。强酸性和强碱性树脂的活性基团的电离能力很强，交换能力基本上与 pH 值无关，但弱酸性树脂在 pH 值低时不电离或部分电离，因此，在碱性条件下，才能得到较大的交换能力。而弱碱性树脂在酸性溶液中才能得到较大的交换能力。螯合树脂对金属的结合与 pH 值有很大关系，每种金属都有适宜的 pH 值。

另外，杂质在废水中存在的状态，有的与 pH 值有关。例如含铬废水中，$Cr_2O_7^{2-}$ 与 CrO_4^{2-} 两种离子的比例与 pH 值有关。用阴离子树脂去除废水中六价铬，其交换能力在酸性条件下比在碱性条件下高，因为同样交换一个二价阴离子，交换一个 $Cr_2O_7^{2-}$ 能去除两个铬。

5. 水温

水温高虽可加速离子交换的扩散，但各种离子交换树脂都有一定的允许使用温度范围，如国产 732# 阳离子树脂允许使用温度小于 110℃，而 717# 阴离子树脂小于 60℃，水温超过允许温度时，会使树脂交换基团分解破坏，从而降低树脂的交换能力。所以温度太高时，应进行降温处理

6. 氧化剂

废水中如果含有氧化剂（如 Cl_2、O_2、$H_2Cr_2O_7$ 等）时，会使树脂氧化分解。强碱性阴离子树脂容易被氧化剂氧化，使交换基团变成非碱性物质，可能完全丧失交换能力。氧化作用也会影响交换树脂的本体，使树脂加速老化，导致交换能力下降。为了减轻氧化剂对树脂的影响，可选用交联度大的树脂或加入适当的还原剂。

另外，用离子交换树脂处理高浓度电解废水时，由于渗透压的作用也会使树脂发生破碎现象，处理这种废水一般选用交联度大的树脂。

三、离子交换的工艺过程

离子交换方式可分为静态交换和动态交换两种。静态交换是将废水与交换剂置于同一耐腐蚀的容器内，使它们充分接触（可进行不断搅动）直至交换反应达到平衡状态。此法适用于平衡良好的交换反应。动态交换是指废水与树脂相对移动，有柱式（塔式）与连续式之分。目前，在离子交换系统中多采用柱式交换法。

1. 柱式交换法

国内常用固定床式离子交换柱与吸附柱相同（见图 4-32）。树脂在柱内不移动，废水通过一定高度的树脂层进行交换，在一根柱内的交换相当于多次或无数次静交换。当树脂失去交换能力以后，需进行反洗和再生。柱式交换法的操作步骤如图 4-33 所示。其中，反洗起

去除微粒及疏松树脂层的作用；正洗可清洗树脂颗粒表面及内部的再生剂；反洗或减压可将未再生完全的树脂赶离柱底，使未再生区得到稀释，避免漏泄；洗脱应用于回收操作。

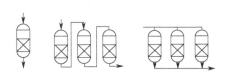

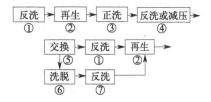

图 4-32　固定床式离子交换柱　　　　图 4-33　柱式离子交换法的操作步骤

柱式交换法的工作是周期性进行的。交换效果受树脂对离子的选择性、树脂的再生程度、树脂层的高度、废水的流速及离子浓度等因素影响。

离子交换柱的装置类型有以下几种情况（图 4-34）。

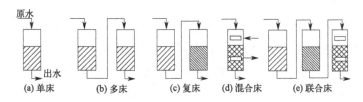

图 4-34　离子交换柱组合方法

① 单床离子交换器：使用一种树脂的单床结构。

② 多床离子交换器：使用一种树脂，由两个以上交换器组成的离子交换系统。

③ 复床离子交换器：使用两种树脂的两个交换器的串联系统。

④ 混合床离子交换器：同一交换器内填装阴阳两种树脂。

⑤ 联合床离子交换器：将复床与混合床联合使用。

2. 连续式交换法

连续式交换法的特点是交换、再生、清洗等操作在装置的不同部位同时进行，耗竭的树脂连续进入再生柱，新生的树脂同时又连续进入交换柱。该法进行交换所需树脂量比柱式少，树脂利用率高，连续运行，效率高，但设备较复杂，树脂磨损大。连续式交换法使用的设备有移动床和流动床。

四、离子交换树脂的再生

离子交换树脂在失去工作能力后，必须再生才能使用。离子交换反应是一个可逆反应，树脂再生就是使离子交换反应逆向进行，以恢复树脂的离子交换性能。树脂再生常用的是化学药剂再生。

1. 再生操作过程

再生的操作运行包括反洗（反冲或逆洗）、再生、正洗三个过程。反洗是在离子交换树脂失效后，逆向通入冲洗水和空气，以松动树脂层和达到清洗树脂层内的杂物或分离阴、阳离子交换树脂（对于混合床）的目的，经反洗后，便可进行再生。在单床和复床情况下，将再生剂以一定流速流经各自交换柱内的树脂层进行再生。对于混合床，则有柱内、柱外再生及阴离子交换树脂外移再生三种方法，具体运用应视具体情况而定。混合床再生前必须使树脂先分层，通常用水力反洗分层法，即借助于水力使树脂悬浮，利用阴阳离子交换树脂的相对密度及膨胀率不同因而沉降速度不同而达到分层目的，由于阳离子交换树脂的相对密度总比阴离子交换树脂大，因此上层总是阴离子交换树脂，下层总是阳离子交换树脂，并有明显的分界面。分层后自上部注入再生液经阴离子交换树脂层流出，下部注入再生液经阳离子交换树脂层流出，各自获得再生，如图 4-35 所示。显然再生后还必须用水正洗，洗去树脂中残余再生剂及再生反应物。有时再生后树脂类型与使用所需树脂型式不同，还需转型。

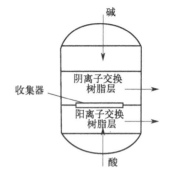

图 4-35 混合床离子交换树脂塔的再生

2. 再生剂的选择

对于不同性质的废水和不同类型的离子交换树脂，所采用的再生剂也是不同的。通常用于阳离子交换树脂的再生剂有 HCl、H_2SO_4 等，用于阴离子交换树脂的再生剂有 NaOH、Na_2CO_3、$NaHCO_3$ 等。具体来说，强酸性阳离子交换树脂可用 HCl 或 H_2SO_4 等强酸及 NaCl、Na_2SO_4；弱酸性阳离子交换树脂可以用 HCl、H_2SO_4 等；强碱性阴离子交换树脂可用 NaOH 等强碱及 NaCl；弱碱性阴离子交换树脂可以用 NaOH、Na_2CO_3、$NaHCO_3$ 等。

此外，再生剂的选择还应根据处理工艺、再生效果、经济性及再生剂的供应情况综合考虑。例如，HCl 与 H_2SO_4 相比较，HCl 的再生效果好，据测定，同样用 4 倍理论用量的再生剂，同样的再生流速，用 HCl 再生比用 H_2SO_4 可以提高 732# 树脂的交换率 42% ~ 50%，同时，H_2SO_4 是二元酸，虽然产生二级电离，但离解度小，酸的利用率很低，还会产生"钙化"生成难溶的 $CaSO_4$ 沉积，吸附于树脂表面，阻塞树脂的孔隙，使树脂交换能力降低，从而也使再生效率降低。但是，H_2SO_4 也有浓度高、价格便宜、腐蚀性相对较低的优点。HCl 虽然再生效果好，但有浓度低、价格贵、腐蚀性强等缺点。

3. 再生剂用量和再生率的控制

尽可能地减少再生剂用量，既可降低再生费用，又便于回收处理再生废液。为此尽量使用浓度较高的再生剂，采用顺流交换逆流再生方法。再生时，一般不追求过高的再生率，把交换剂的交换能力恢复到原来的 80% 左右就可以了。这样不仅可以节约再生剂，缩短再生时间，而且提高了再生液中回收物质的浓度，有利于回收。

4. 顺流再生与逆流再生

再生阶段的液流方向和交换时水流方向相同称为顺流再生，反之为逆流再生。

顺流再生的优点是设备简单、操作方便、工作可靠，缺点是再生剂用量多、获得的交换容量低、出水水质差。逆流再生时，再生剂耗量少，交换剂获得的工作容量大而且能保证出水质量，但逆流再生的设备较复杂，操作控制较严格。例如，用 33% 盐酸再生强酸性阳离子交换树脂，逆流再生可比顺流再生节约 50% 的盐酸用量。但采用这种方式，切忌搅乱树脂层，以免影响出水水质，所以要控制再生流速，一般要小于 1.5m/h。一般为了提高再生流速，缩短再生时间，再生时可通入 0.03 ~ 0.05MPa 压缩空气压住树脂层。

技能训练

阳床装填操作步骤如下：
① 拆卸阳床上人孔法兰盖；
② 将树脂装卸小车移动到喷射水管道处；
③ 点击背包中的软管连接喷射用水管道；
④ 点击背包中的软管连接喷射器出水口；
⑤ 点击阳床人孔，连接软管；
⑥ 打开阳床进水阀；
⑦ 装填前进水完毕；
⑧ 关闭阳床进水阀；
⑨ 打开喷射水阀门，注入树脂；
⑩ 打开底部排水阀，控制液位；
⑪ 树脂装填完毕；
⑫ 关闭喷射水阀门。

任务 4-5 化学氧化

学习目标

● 知识目标
① 掌握化学氧化法的适用对象；
② 掌握氧化剂的类型；
③ 理解氯氧化和臭氧氧化的原理；
④ 了解氯氧化和臭氧氧化的应用。

● 能力目标
① 能够运用化学氧化法处理含氰污水；
② 能够解析臭氧处理工艺系统；
③ 能够完成臭氧接触池的运行管理。

任务描述

运用化学氧化法处理含氰污水，解析臭氧处理工艺系统。

任务实施

任务名称	化学氧化
任务提要	掌握化学氧化法的适用对象、氧化剂类型；掌握化学氧化法应用（氯氧化原理及应用，臭氧氧化原理、设备及案例）

任务 1 描述	运用化学氧化法处理含氰污水	
知识储备	1. 化学氧化法的定义是什么？ 2. 化学氧化法的用途有哪些？ 3. 常用的氧化剂有哪两类？ 4. 按氧化剂在水处理过程中投加点的不同和产生的作用不同，化学氧化分为哪三类？	
任务 1 完成过程	含氰污水的化学氧化处理过程是什么？	
知识拓展	为什么化学氧化法处理含酚污水时的投氯量为理论投氯量的 10 倍左右？	
任务 2 描述	解析臭氧处理工艺系统各部分的作用	
知识储备	1. 臭氧的氧化能力如何？ 2. 为什么说臭氧是理想的绿色氧化药剂？ 3. 臭氧在水处理中的主要作用是什么？ 4. 臭氧氧化有机物的机理分为哪两种？	
任务 2 完成过程	1. 臭氧处理工艺系统分为哪三部分？每部分包括哪些设备？其主要作用是什么？ 2. 常用的臭氧接触反应器有哪些？	
知识拓展	1. 臭氧发生器的原理是什么？ 2. 使用臭氧时的注意事项有哪些？ 3. O_3/H_2O_2 氧化工艺的影响因素有哪些？	
任务评价	个人评价	
	组内互评	
	教师评价	
任务反思	收获心得	
	存在问题	
	改进方向	

 知识储备

一、化学氧化基本原理

化学氧化法就是向污水中投加氧化剂，将污水中的有毒、有害物质氧化成无毒或毒性小的新物质的方法。污水中的有机物（如色、嗅、味、COD）及还原性无机离子（如 CN^-、S^{2-}、Fe^{2+}、Mn^{2+}）等都可通过氧化法消除其危害。

氧化处理法的实质是在强氧化剂的作用下，水中的有机物被降解成简单的无机物，溶解的污染物被氧化为不溶于水，且易于从水中分离的物质。此法特别适用于污水中含有难以生物降解的有机物以及能引起色度、臭味的物质的处理，如农药、酚、氰化物、木质素等。

常用的氧化剂有氧类和氯类两种：前者包括氧、臭氧、过氧化氢、高锰酸钾等；后者中有气态氯、液氯、次氯酸钠、次氯酸钙（漂白粉）、二氧化氯等。

二、化学氧化的方法

（一）臭氧氧化

臭氧氧化是用臭氧作氧化剂对废水进行净化和消毒处理的方法。臭氧具有很强的氧化能力，因此在环境保护和化工等方面被广泛应用。

1783 年 M. 范马伦发现臭氧；1886 年法国的 M. 梅里唐发现臭氧有杀菌性能；1891 年德

国的西门子和哈尔斯克用放电原理制成臭氧发生装置；1908年在法国尼斯分别建造了用臭氧消毒自来水的试验装置。20世纪50年代臭氧氧化法开始用于城市污水和工业废水处理；20世纪70年代臭氧氧化法和活性炭等处理技术相结合，成为污水高级处理和饮用水除去化学污染物的主要手段之一。

1. 概述

臭氧氧化法是利用臭氧（O_3）的强氧化能力，使污水中的污染物氧化分解成低毒或无毒的化合物，使水质得到净化。它可用于消毒杀菌，去除水中的氰、酚等污染物，去除水中铁、锰等金属离子以及用于污水的脱色。

臭氧氧化在消除异味和降低水中BOD、COD等方面都有显著的效果。臭氧氧化处理污水有很多优点，臭氧的氧化能力强，使一些比较复杂的反应能够进行，反应速度快。因此，臭氧氧化的反应时间短、反应设备尺寸小、设备费用低，而且臭氧很容易分解，在水中既不产生二次污染又能增加水中的溶解氧。

臭氧可用电和空气（或氧气）采用无声放电法就地制取，不用储存，管理操作方便。由于具备这些特点，所以在污水净化及深度处理资源化回用方面已得到了广泛的重视和应用。

2. 工艺

用臭氧氧化法处理废水所使用的是含低浓度臭氧的空气或氧气。臭氧是一种不稳定、易分解的强氧化剂，因此要现场制造。臭氧氧化法水处理的工艺设施主要由臭氧发生器和气水接触设备组成。目前大规模生产臭氧的唯一方法是无声放电法。制造臭氧的原料气是空气或氧气。原料气必须经过除油、除湿、除尘等净化处理，否则会影响臭氧产率和设备的正常使用。用空气制成臭氧的浓度一般为10～20mg/L；用氧气制成臭氧的浓度为20～40mg/L。这种含有1%～4%（质量分数）臭氧的空气或氧气就是水处理时所使用的臭氧化气。

臭氧发生器所产生的臭氧，通过气水接触设备扩散于待处理水中，通常是采用微孔扩散器、鼓泡塔或喷射器、涡轮混合器等。臭氧的利用率要力求达到90%以上，剩余臭氧随尾气外排，为避免污染空气，尾气可用活性炭或霍加拉特剂催化分解，也可用催化燃烧法使臭氧分解。

3. 臭氧的接触反应设备

污水的臭氧处理在接触反应器内进行，为了使臭氧与水中杂质充分反应，应尽可能使臭氧化空气在水中形成微细气泡，并采用两相逆流操作，以强化传质过程，使气、水充分接触，迅速反应。

一般常用的臭氧接触反应器有微孔扩散板式鼓泡塔（见图4-36）和喷射器式接触反应器（见图4-37）。微孔扩散板式鼓泡塔中，臭氧化气从塔底的微孔扩散板喷出，以微小气泡上升，与污水逆流接触。这一设备的特点是接触时间长，水力阻力小，水无须提升，气量容易调节。适用于处理含有烷基苯磺酸钠、COD、BOD、氨氮等污染物的污水。

喷射器式接触反应器中，高压污水通过水射器将臭氧吸入水中。这种设备的特点是混合充分，但接触时间较短。适用于处理含有 CN^-、Fe^{2+}、Mn^{2+}、酚、细菌等污染物的污水。

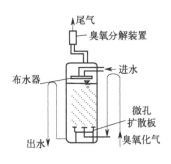

图 4-36 微孔扩散板式鼓泡塔

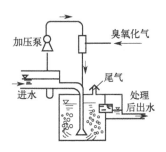

图 4-37 喷射器式接触反应器

4.用途

臭氧氧化法主要用于以下几个方面。

① 水的消毒：臭氧是一种广谱速效杀菌剂，对各种致病菌及抵抗力较强的芽孢、病毒等都有比氯更好的杀灭效果，水经过臭氧消毒后，水的浊度、色度等物理、化学性状都有明显改善，COD 一般能减少 50% ~ 70%。用臭氧氧化处理法还可以去除苯并 [a] 芘等致癌物质。

② 去除水中酚、氰等污染物质：用臭氧法处理含酚、氰废水实际需要的臭氧量和反应速度，与水中所含硫化物等污染物的量和水的 pH 值有关，因此应进行必要的预处理。把水中的酚氧化为二氧化碳和水，臭氧需要量在理论上是酚含量的 7.14 倍。用臭氧氧化氰化物，第一步把氰化物氧化成微毒的氰酸盐，臭氧需要量在理论上是氰含量的 1.84 倍；第二步把氰酸盐氧化为二氧化碳和氮，臭氧需要量在理论上是氰含量的 4.61 倍。臭氧氧化法通常是与活性污泥法联合使用，先用活性污泥法去除大部分酚、氰等污染物，然后用臭氧氧化法处理。此外，臭氧还可分解废水中的烷基苯磺酸钠、蛋白质、氨基酸、有机胺、木质素、腐殖质、杂环状化合物及链式不饱和化合物等污染物。

③ 水的脱色：印染、染料废水可用臭氧氧化法脱色。这类废水中往往含有重氮、偶氮或带苯环的环状化合物等发色基团，臭氧氧化能使染料发色基团的双价键断裂，同时破坏构成发色基团的苯、萘、蒽等环状化合物，从而使废水脱色。臭氧对亲水性染料脱色速度快、效果好，但对疏水性染料脱色速度慢、效果较差。含亲水性染料的废水，一般用臭氧 20 ~ 50mg/L，处理 10 ~ 3min，可达到 95% 以上的脱色效果。

④ 除去水中铁、锰等金属离子：铁、锰等金属离子，通过臭氧氧化，可成为金属氧化物而从水中离析出来。理论上臭氧耗量是铁离子含量的 0.43 倍，是锰离子含量的 0.87 倍。

⑤ 除异味和臭味：地面水和工业循环用水中的异味和臭味，是由放线菌、霉菌和水藻的分解产物及醇、酚、苯等污染物产生的。臭氧可氧化分解这些污染物，消除使人厌恶的异味和臭味。同时，臭氧可用于污水处理厂和污泥、垃圾处理厂的除臭。

5.优缺点

臭氧氧化法的主要优点是反应迅速，流程简单，没有二次污染问题。不过目前生产臭氧的电耗仍然较高，需要继续改进生产，降低电耗，同时需要加强对气水接触方式和接触设备的研究，提高臭氧的利用率。

（二）氯氧化

氯氧化法广泛应用于污水处理中，如应用于医院污水处理，工业污水处理，含氰、含酚、含硫化物的污水和染料污水的处理以及污水的脱色、除臭、杀菌等。

氯系氧化剂有液氯、漂白粉、氯气、次氯酸钠、二氧化氯等。它们在水溶液中可电离生成次氯酸离子，反应式如下：

$$Ca(ClO)Cl \longrightarrow Ca^{2+} + Cl^- + ClO^-$$
$$NaClO \longrightarrow Na^+ + ClO^-$$
$$Cl_2 + H_2O \longrightarrow H^+ + Cl^- + HClO$$
$$HClO \rightleftharpoons H^+ + ClO^-$$

HClO 和 ClO$^-$ 都具有强的氧化能力，但 HClO 的氧化能力比 ClO$^-$ 强。因此，氯氧化法通常在酸性溶液中较为有利。

1. 含氰污水的氯氧化

氯氧化氰化物是分阶段进行的。在一定的反应条件下，第一阶段将 CN$^-$ 氧化为 CNO$^-$，反应时间 10～15min，反应过程如下：

$$CN^- + ClO^- + H_2O \longrightarrow CNCl + 2OH^-$$
$$CNCl + 2OH^- \longrightarrow CNO^- + Cl^- + H_2O$$

由于反应过程生成的中间产物 CNCl 的毒性与 HCN 相等，且在酸性条件下稳定，因此，要求第一阶段反应在 pH 值为 10～11 的碱性条件下进行。

虽然氰酸盐毒性仅为氰的千分之一，但从水体安全角度出发，应消除氰酸盐对环境的污染，进行第二阶段的处理，以完全破坏碳氮键。即增加漂白粉或氯的投加量，进行完全氧化。此阶段控制 pH 值为 8～8.5，反应时间 1h 以内。反应过程如下：

$$2CNO^- + 3ClO^- + H_2O \xlongequal{\quad\quad} N_2 \uparrow + 3Cl^- + 2HCO_3^-$$

采用液氯氧化时，完成两段反应所需的总药剂理论量为 CN$^-$ ∶ Cl$_2$ =1 ∶ 6.83。实际上，为使 CN$^-$ 完全氧化，常加入 8 倍的氯气。

处理设备主要是反应池和沉淀池。反应过程中要连续搅拌，可采用压缩空气搅拌或水泵循环搅拌。小水量时，可采用间歇操作。设二池，交替反应与沉淀。

2. 硫化物的氯氧化

氯氧化硫化物的反应如下：

$$H_2S + Cl_2 \xlongequal{\quad\quad} S + 2HCl$$
$$H_2S + 3Cl_2 + 2H_2O \xlongequal{\quad\quad} SO_2 + 6HCl$$

硫化氢部分氧化成硫时，1mg/L H$_2$S 需 2.1mg/L Cl$_2$；完全氧化为 SO$_2$ 时，1mg/L H$_2$S 需 6.3mg/L Cl$_2$。

3. 含酚污水的氯氧化

采用氯氧化除酚，理论上投氯量与酚量之比为 6 ∶ 1 时，即可将酚完全破坏，但由于污水中存在其他化合物也与氯作用，实际投氯量必须过量数倍，一般要超出 10 倍左右。如果投氯量不够，则酚氧化不充分，而且生成具有强烈臭味的氯酚。当氯化过程在碱性条件下进行时，也会产生氯酚。

4.污水的脱色

氯有较好的脱色效果，可用于印染污水脱色。脱色效果与 pH 值以及投氯方式有关。在碱性条件下效果更好。若辅加紫外线照射，可大大提高氯氧化效果，从而降低氯用量。

 **技能训练**

1.臭氧接触池的启动操作

① 按臭氧发生器各接口管径接好各管路，连接好电缆。

② 接通臭氧发生器冷却水并调节冷却水流量，直到出水口出水正常，水流量参照技术参数表格中数据，流量达标后出水流量开关应闭合。

③ 开启气源处理设备。

④ 调节进气减压阀及臭氧出气阀，使压力表指针在 0.095MPa，允许波动 ±5%，此时进气压力开关应闭合。调节臭氧出气阀的同时，调节流量调节阀并观察流量计，使流量与技术参数表格数据相对应。

⑤ 接通臭氧发生器的供电电源，开启臭氧发生器的空气开关。

⑥ 各阀门及参数调节好后，关闭臭氧发生器各门柜。

⑦ 预吹操作：接通臭氧发生器的气源及冷却水后，联合调节进气减压阀及出气控制阀，使出气压力在 0.095MPa，允许波动 ±5%，出气流量与要求参数一致。此时进入臭氧发生室的只是干燥、洁净的气源气体；正常情况下每停机一天需增加 20 分钟预吹时间，臭氧发生器首次开机时，须对臭氧发生室预吹 2 小时，若首次开机后停机超过三天，再次开机仍需按此操作进行。

⑧ 预热操作：开启臭氧发生器空气开关，接通电源，如本地控制发生器，则将臭氧发生器面板上的"本地/远程"旋钮开关旋到"本地"侧，如远程控制臭氧发生器则旋到"远程"侧，再将远程开机信号启动。臭氧发生器面板上的绿灯亮，此时臭氧发生器开始在启辉功率下工作；发生器故障时设备面板上的红灯亮。正常情况下每停机一天需增加 10 分钟预热时间，臭氧发生器首次开机时，须预热 1 小时，若首次开机后停机超过三天，再次开机仍需按此操作进行。

⑨ 根据臭氧的需求量调节臭氧发生器面板上的"臭氧调节"旋钮，调节臭氧的浓度与产量，顺时针增大，反之减小。

⑩ 流量调节阀、压力调节阀及冷却水流量在首次开机调节好之后，以后每次开机不必重新调节，但应做相应的检查。

2.臭氧接触池的停止操作

① 如本地控制臭氧发生器，将臭氧发生器面板上"本地/远程"旋钮开关旋到"本地"侧，如远程控制发生器则将旋钮开关旋到"远程"侧。

关机时，将"臭氧调节"逆时针调至零刻度并关闭臭氧发生器，续吹时间可控制在 10 分钟。

② 直接按下臭氧发生器的"急停"也可使臭氧发生器停止工作，"急停"是为臭氧发生器出现紧急情况而设置的保护措施，并不能作为臭氧发生器的启动开关，所以只有在紧急情

况下才使用此方法停机。

③ 关闭臭氧发生器冷却水。

④ 关闭臭氧发生器的空气开关，切断臭氧发生器的供电电源。

⑤ 关闭气源处理设备。

任务 4-6　消毒

学习目标

●知识目标

① 理解消毒的定义、机理、方法、与灭菌的区别以及常用消毒剂的种类；

② 掌握氯消毒的原理和特点，加氯量的组成，加氯点，加氯设备的类型、工作过程，加氯工艺，副产物的形成和控制及应用；

③ 理解二氧化氯消毒法的原理、特点，二氧化氯的制备方法，设备的工作过程；

④ 掌握臭氧消毒系统的组成、工艺流程及应用；

⑤ 理解紫外线消毒的原理、特点，消毒系统的组成、工艺流程及应用。

●能力目标

能够完成消毒池余氯调控操作。

任务描述

某污水处理厂的 SBR 工艺中消毒池出水余氯偏低，请将其调节至正常范围内。

任务实施

任务名称	消毒
任务提要	应掌握的知识点：消毒法的目的、方法、所用的消毒剂、机理；消毒法应用（氯消毒、臭氧消毒、紫外线消毒）。 应掌握的技能点：SBR 工艺消毒池余氯偏低的处理
任务描述	消毒池余氯值为 0.3mg/L 左右（正常值 0.5～1.5mg/L），请将其调至正常范围内
基本 技术信息	该污水处理厂工艺流程图如图 2-1 所示，请根据工艺流程图思考问题。 1. 写出污水的走向。 2. 一级处理包括哪些构筑物？ 3. 消毒池： ① 消毒池的作用是什么？ ② 消毒的目的是什么？ ③ 消毒与灭菌的区别是什么？ ④ 可以引发传染病的病原体主要来自哪些污水？ ⑤ 消毒方法有哪些？ ⑥ 案例中使用的消毒方法是什么？ ⑦ 加氯量、需氯量、余氯量分别是什么？ ⑧ 氯消毒的机理是什么？ ⑨ pH 值与消毒作用的关系是什么？

任务 完成过程	制订处理方案	
	试操作成绩:	
	存在问题:	
工艺知识拓展	1.加氯点在哪里? 2.加氯设备有哪些? 3.氯消毒的优缺点是什么? 4.控制水中氯化消毒副产物的技术有哪三种?	
知识拓展	1.臭氧消毒 ①消毒机理: ②优点: ③缺点: ④臭氧消毒系统的组成: 2.紫外线消毒 ①消毒机理: ②紫外线产生方式及波长范围: ③优点: ④缺点: ⑤应用:	
任务评价	个人评价	
	组内互评	
	教师评价	
任务反思	收获心得	
	存在问题	
	改进方向	

 知识储备

二维码4-5

一、消毒的目的

消毒的目的主要是杀灭污水中的病原微生物,以防止其对人类及禽畜的健康产生危害和对生态环境造成污染。对于医疗机构污水,屠宰工业、生物制药等行业所排污水,国家生态环境部门在制定的污水排放标准中都规定了必须达到的细菌学指标。近年来实施较多的污水深度处理资源化回用和中水回用中,消毒已成为必不可少的工艺步骤之一。

二、消毒的方法

消毒方法可以分为物理方法和化学方法两类。物理方法主要有机械过滤、加热、冷冻、辐射、微电解、紫外线和微波消毒等方法;化学方法是利用各种化学药剂进行消毒,常用的化学消毒剂主要有氯及其化合物(二氧化氯、氯胺等)、臭氧、其他卤素、重金属离子等。

1. 紫外线消毒

紫外线消毒是一种物理方法,它不向水中增加任何物质,没有副作用,这是它优于氯化消毒的地方。紫外线消毒通常与其他物质联合使用,常见的联合工艺有 $UV+H_2O_2$、$UV+H_2O_2+O_3$、$UV+TiO_2$,消毒效果会更好。

(1)消毒机理 紫外线消毒是一种利用紫外线照射污水进行杀菌消毒的方法。紫外线的消毒机理是利用波长 254nm 及其附近波长区域对微生物的遗传物质核酸（RNA 或 DNA）的破坏而使细菌灭活。由于紫外线具有对隐孢子虫的高效杀灭作用和不产生副产物等特点，使其在给水处理中显示了很好的市场潜力。现在世界已有几千座市政污水处理厂安装使用了紫外消毒系统。

（2）优点 紫外线消毒的优点是：①紫外线消毒无须化学药品，不会产生二氯甲烷类消毒副产物；②杀菌作用快，效果好；③无臭味，无噪声，不影响水的口感；④容易操作，管理简单，运行和维修费用低。

2. 臭氧消毒

（1）消毒机理 臭氧消毒机理包括直接氧化和产生自由基的间接氧化，与氯和二氧化氯一样，通过氧化破坏微生物的结构，达到消毒的目的。优点是杀菌效果好，用量少，作用快，能同时控制水中铁、锰离子及色、味、嗅。但也有产生副产物的可能。由于臭氧分子不稳定，易自行分解，在水中保留时间很短（小于 30min），不能维持管网持续消毒效果，因此在使用中受到一定限制。

（2）优点 臭氧消毒具有如下优点：①反应快、投量少，臭氧能迅速杀灭扩散在水中的细菌、芽孢、病毒，且在很低的浓度时即有杀菌灭活作用；②适应能力强，在 pH 值为 5.6 ～ 9.8、水温 0 ～ 37℃的范围内，臭氧的消毒性能很稳定，在水中不产生持久性残余，无二次污染；③臭氧的半衰期很短，仅 20min；④能破坏水中有机物，改善水的物理性质和器官感觉，进行脱色和去嗅去味作用，使水呈蔚蓝色，而又不改变水的自然性质。

（3）缺点 臭氧消毒的缺点是：①因臭氧不稳定，故其无持续消毒功能，应设置氯消毒与其配合使用；②臭氧有毒性，池水中不允许超过 0.01mg/L，空气中不允许超过 0.001mg/L；③臭氧消毒法设备费用高，耗电大，此乃限制或影响臭氧消毒广泛推广使用的主要原因。

实际工程中，O_3 多不单独使用，常与颗粒活性炭联用对饮用水进行深度处理，即臭氧 - 活性炭水处理工艺，效果良好。对其生产成本进行分析，水厂规模在（5 ～ 40）×10^4t/d 的时候，因采用臭氧 - 活性炭工艺而增加的制水成本在 0.10 ～ 0.15 元 /t 之间。根据我国各自来水厂的供水状况，从提高水质和人们的生活水平考虑，这种工艺是完全可以接受的。

3. 二氧化氯消毒

（1）特点 二氧化氯消毒的优点是：① ClO_2 氧化能力强，其氧化能力是氯的 2.5 倍，能迅速杀灭水中的病原菌、病毒和藻类，包括芽孢、病毒和蠕虫等；②与氯不同，ClO_2 消毒性能不受 pH 值影响，这主要是因为氯消毒靠次氯酸杀菌而二氧化氯则靠自身杀菌；③ ClO_2 不与氨或氯胺反应，在含氨高的水中也可以发挥很好的杀菌作用，而使用氯消毒则会受到很大影响；④ ClO_2 随水温升高，灭活能力加大，从而弥补了因水温升高 ClO_2 在水中溶解度的下降；⑤ ClO_2 的残余量能在管网中持续很长时间，故对病毒、细菌的灭活效果比臭氧和氯更有效；⑥ ClO_2 能将水中少量的 S^{2-}、SO_3^{2-}、NO_2^- 等还原性酸根氧化去除，还可去除水中的 Fe^{2+}、Mn^{2+} 及重金属离子等，具有较强的脱色、去味及除铁、锰效果；⑦ ClO_2 对水中有机物的氧化是有选择的，与某些有机物进行氧化反应将起降解作用，生成含氧基团为主的产物，不产生氯化有机物，所需投加量小，约为氯投加量的 40%，且不受水中氨氮的影响，如采用 ClO_2 代替氯消毒，可使水中三氯甲烷生成量减少 90%。

（2）存在问题 二氧化氯消毒的安全性使其被认为是氯系消毒剂中最理想的更新换代产

品。但在其使用中也存在一些问题。

① ClO_2 加入水中后，会有 50% ～ 70% 转变为 ClO_2^- 与 ClO_3^-。很多实验表明 ClO_2^-、ClO_3^- 对红细胞有损害，对碘的吸收代谢有干扰，还会使血液中胆固醇升高。建议二氧化氯消毒时残余氧化剂总量（ClO_2+ClO_2^-+ClO_3^-）小于或等于 1.0mg/L，使对正常人群健康不致有影响。

② 二氧化氯性质比较活泼，易爆炸，不能贮存，需现场制备。在使用 ClO_2 时要十分注意安全。一般在 ClO_2 制备系统中应严格控制原料稀释浓度，防止误操作并应建立相应安全措施。ClO_2 储存要低温避光；ClO_2 间禁用火种，并设良好的通风换气设备。

 技能训练

消毒池余氯调控操作步骤见表 4-4。

表 4-4

项目名称	消毒池余氯调控操作	目标	调控消毒池余氯至正常范围
事故现象	消毒池余氯值为 0.3mg/L 左右，红色显示不正常参数		
操作步骤	① 确认余氯 0.3mg/L，低于规定值 0.5 ～ 1.5 mg/L； ② 调节加药计量泵的流量增大至余氯达到 0.5 ～ 1.5 mg/L； ③ 确认消毒池进水流量稳定，余氯稳定		

 情境任务评价

完成任务评价表（见表 4-5）。

表 4-5 情境 4 任务评价表

学生信息		考核项目及赋分										
		基本项赋分						技能项及赋分	加分项及赋分			情境考核及赋分
学号	姓名	出勤（5分）	态度（8分）	任务单（20分）	作业（10分）	合作（2分）	劳动（2分）	仿真操作（20分）	拓展问题（10分）	拓展任务（10分）	组长（3分）	综合考核（10分）
1												
2												
3												
…												
评价人												

 阅读材料

工匠精神铸造品质

工匠精神是对行业的精益求精，水处理行业更需要这种精神。在日常生产生活中，不管是生产还是管理，不管是仓储还是招投标，都要求我们要将这种精神进一步深化。将工作细化列出规程并坚定不移地去实施，是我们不懈的追求。

工作本身其实就是一种重复，但平庸和卓越的区别就在于如何对待这种重复；如果对重复感到了厌倦，就算更换工作环境也不能解决这种问题；因为不懂得专注和坚持的人，不能守住枯燥、冗长、反复作业的人，是无法在任何一个行业作出成果的。

山东化友水处理技术有限公司是一家以水处理药剂为主营业务的公司，公司有研发部门、生产部门、市场部门和物流部门，每个部门之间既有分工又有合作。作为化友人始终坚持精益求精的工作态度，做好自己本职工作的同时，加强彼此的协同作业，打造企业和谐发展的氛围。研发部门不断对产品进行推陈出新，新发明新创造不断涌现，给企业带来了无限的活力；生产部门工人进行安全生产培训和生产工艺的改进，在提高产品生产质量和效率的同时，也不断加强安全方面的改进工作；质量是产品的生命，而生产工人的安全是企业的生命；市场部门不断调查市场发展状况，协调企业发展方向，不断拓展企业市场，给企业发展提供了广阔的空间；物流仓储部门加强了货物仓储的调配，在缩减货物库存的同时满足企业发货需求，给企业建立了强大的后勤保障工作。

近年国家对环保方面作出了重大的调整，工业循环水处理已经越来越得到了社会和企业的认可；水处理行业发展前景喜人，山东化友不断调整生产工艺和生产流程，不断对产品作出改善，在水处理行业领域打造自己的优势。

🧑‍🤝‍🧑 感悟

工匠精神的内涵是执着专注、精益求精、一丝不苟、追求卓越。其中，执着专注是精神状态，是时间上的坚持、精神上的聚焦。精益求精是品质追求，是质量上的完美、技术上的极致。一丝不苟是自身要求，是细节上的坚守、态度上的严谨。追求卓越是理想信念，是理想上的远大、信念上的高远。工匠精神既体现敬业之美的精神原色，又表现创造之美的品质追求，更展现追求之美的价值升华。

情境 5
污泥的处理与处置

污泥是污水处理的副产物，也是必然的产物，如从沉淀池排出的沉淀污泥、从生物处理系统排出的剩余污泥等。这些污泥如不加以妥善处理，就会造成二次污染。因此，污泥的处理与处置是污水处理过程中的重要环节。

 **素质目标**

① 具有较高的政治思想觉悟和职业素养；
② 具有团队意识和相互协作精神；
③ 具有一定的语言表达能力、沟通能力及人际交往能力；
④ 具有事故保护和工作安全意识。

子情境 5-1　污泥的处理

任务 5-1　污泥浓缩和污泥脱水

任务 5-1-1　某城市污水处理厂污泥处理工艺解析

 学习目标

● 知识目标
① 理解污泥处理与处置的定义和目的；
② 了解污泥的来源、类型及性质表征参数；
③ 了解污泥处理与处置的一般流程、采用的方法；
④ 掌握污泥浓缩的目的和对象；
⑤ 掌握污泥浓缩方法的原理及特点；

⑥ 掌握污泥浓缩设备的构造、类型及工作过程等；

⑦ 掌握污泥脱水的目的和对象；

⑧ 掌握污泥脱水设备的类型、构造、特点及工作过程等；

⑨ 掌握污泥调理的目的和方法。

● 能力目标

① 能够解析案例中的污泥处理工艺流程；

② 能够完成离心脱水机的开停机操作。

 任务描述

请解析某城市污水处理厂的污泥处理工艺流程。

二维码 5-1

 任务实施

任务名称	污泥浓缩和污泥脱水
子任务名称	某城市污水处理厂污泥处理工艺解析
任务提要	应掌握的知识点：污泥处理与处置的目的，污泥处理的一般流程，污泥浓缩的目的、方法及设备，污泥脱水目的及脱水设备、调理目的及方法，污泥最终处置的途径。 应掌握的技能点：案例中污泥处理工艺流程解析
案例基本 技术信息	该污水处理厂工艺流程图见图 2-1。 根据流程图思考如下问题： 1. 什么是污泥的处理与处置？ 2. 用一句话概括污泥处理与处置的目的。 3. 污泥的含水率在相关水质标准中的规定是多少？
工艺分析任务 实施 1——浓缩池	1. 请讲述案例中的污泥处理工艺流程。 2. 案例中哪些环节产生的污泥需要进入污泥处理流程处理？ 3. 案例中哪些环节产生的固体沉淀物不需要进入污泥处理流程处理？ 4. 案例中浓缩池的作用是什么？ 5. 污泥浓缩的对象有哪些？ 6. 案例中使用的浓缩池的类型有哪些？ 7. 连续式重力浓缩池的工作原理是什么？ 8. 浓缩后的污泥可以处置吗？为什么？ 9. 浓缩产生的污水如何处理？
工艺分析任务 实施 2——离心 脱水系统	1. 根据图 5-1，说明离心脱水系统包括哪些设备，并将其作用填入表 5-1 中。 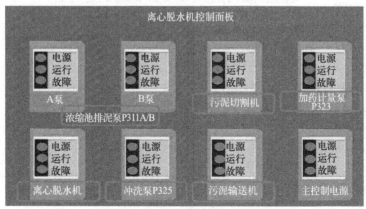 图 5-1 离心脱水机控制面板示意图

表 5-1　离心脱水系统设备主要作用

设备名称	主要作用

工艺分析任务 实施 2——离心 脱水系统	2.污泥脱水之前需要进行什么处理？其目的是什么？ 3.案例中使用的污泥调理方法是什么？其主要原理是什么？ 4.污泥脱水的对象有哪些？ 5.根据图 5-2，试描述离心脱水机的工作过程。 图 5-2　离心脱水机 6.离心脱水机有哪些特点？ 7.离心脱水机产生的污水如何处理？ 8.离心脱水机锥口排出的污泥如何处置？
工艺分析任务 总结	请解析案例中的污泥处理工艺流程
工艺知识拓展	1.什么是污泥的含水率？ 2.含水率在 85％以上、在 65％～85％以及在低于 60％时，污泥分别处于什么状态？ 3.按成分不同，污泥分成哪些类型？其主要特点是什么？ 4.按来源不同，污泥分成哪些类型？其来源分别是什么？ 5.污泥中的水分分为哪四种类型？其占比分别是多少？ 6.污泥浓缩方法有哪三种？ 7.污泥调理的方法有哪些？ 8.污泥的最终处置方法有哪些？
任务评价	个人评价	
	组内互评	
	教师评价	
任务反思	收获心得	
	存在问题	
	改进方向	

一、污泥的分类

1. 按成分不同分类

（1）污泥　以有机物为主要成分的沉淀物称为污泥。污泥的性质是易于发臭，颗粒较细，相对密度较小，含水率高且不易脱水，是属于胶体结构的亲水性物质。初次沉淀池与二次沉淀池的沉淀物均属污泥。

（2）沉渣　以无机物为主要成分的沉淀物称为沉渣。沉渣的主要性质是颗粒较粗，相对密度较大（约为2），含水率高且易于脱水，流动性差。沉砂池与某些工业污水处理后的沉淀物属于沉渣。

2. 按来源不同分类

① 初次沉淀污泥：来自初次沉淀池。
② 剩余活性污泥：来自活性污泥法后的二次沉淀池。
③ 腐殖污泥：来自生物膜法后的二次沉淀池。
④ 消化污泥：生污泥经厌氧消化或好氧消化处理后，称为消化污泥或熟污泥。
⑤ 化学污泥：用化学沉淀法处理污水后产生的沉淀物称为化学污泥或化学沉渣。例如，用混凝沉淀法去除污水中的磷、投加硫化物去除污水中的重金属离子、投加石灰中和酸性污水所产生的沉渣，以及酸、碱污水中和处理产生的沉渣均为化学污泥。

其中，前三种污泥可统称为生污泥或鲜污泥。

二、污泥的性质指标

1. 污泥的含水率

污泥中所含水分的质量与污泥总质量之比称为污泥含水率。污泥含水率一般都很高，其相对密度接近于1。污泥的体积、质量及所含固体物浓度之间的关系可用式(5-1)表示：

$$\frac{V_1}{V_2} = \frac{W_1}{W_2} = \frac{100-P_2}{100-P_1} = \frac{C_2}{C_1} \tag{5-1}$$

式中　V_1，W_1，C_1——污泥含水率为P_1时的污泥体积、质量与固体物浓度；

　　　　V_2，W_2，C_2——污泥含水率为P_2时的污泥体积、质量与固体物浓度。

式(5-1)适用于含水率大于65%的污泥。因为含水率低于65%以后，污泥颗粒之间不再被水填满，体积内有气泡出现，体积与质量不再符合式(5-1)所述关系。污泥含水率从99%降低至96%时，污泥体积可减少3/4，即：

$$V_2 = V_1 \frac{100-P_1}{100-P_2} = V_1 \frac{100-99}{100-96} = \frac{1}{4}V_1$$

2. 挥发性固体（VSS）和灰分

挥发性固体是指在600℃的燃烧炉中能被燃烧，并以气体逸出的固体，一般常用于表示污泥中有机物含量；灰分则是剩余的固体，用于表示无机物含量。

3. 污泥中的有毒有害物质

城市污水处理厂的污泥中含有相当数量的氮（约含污泥干重的 4%）、磷（约含 2.5%）、钾（约含 0.5%），有一定的肥效，可用于改良土壤。但其中含有病菌、病原微生物、寄生虫卵等，在施用前应进行必要的处理（如污泥消化）。污泥中的重金属是主要的有害物质，其含量取决于城市污水中工业污水所占的比例及其性质。污水经二级处理后，其中的重金属离子约有 50% 转移到污泥中。因此，重金属含量超过规定的污泥不能用作农肥。

三、污泥的浓缩

污泥浓缩是减小污泥体积的第一道工序，这种方法简单易行，不需要消耗大量的能量。浓缩的目的是降低污泥含水率，缩小污泥体积，减少后续处理构筑物的容积，降低污泥后续处理费用。

污泥浓缩的脱水对象是污泥颗粒间的空隙水。经浓缩后的污泥仍保持流动性。由于剩余活性污泥的含水率很高，达到 99% 以上，一般都应进行浓缩处理。污泥浓缩的方法主要有重力浓缩、气浮浓缩、离心浓缩、带式浓缩机浓缩和转鼓浓缩机浓缩等。常用浓缩方法的特性比较见表 5-2。

表 5-2　常用浓缩方法的特性比较

浓缩方法	优点	缺点	适用范围
重力浓缩法	贮泥能力强，动力消耗小；运行费用低，操作简便	占地面积较大；浓缩效果较差，浓缩后污泥含水率高；易发酵产生臭气	主要用于浓缩初沉污泥、初沉污泥和剩余活性污泥的混合污泥
气浮浓缩法	占地面积小；浓缩效果较好，浓缩后污泥含水率较低；能同时去除油脂；臭气较少	占地面积、运行费用小于重力浓缩法；污泥贮存能力小于重力浓缩法；动力消耗、操作要求高于重力浓缩法	主要用于浓缩初沉污泥、初沉污泥和剩余活性污泥的混合污泥。特别适用于浓缩过程中易发生污泥膨胀、易发酵的剩余活性污泥和生物膜法污泥
离心浓缩法	占地面积很小；处理能力大；浓缩后污泥含水率低；全封闭，无臭气产生	专用离心机价格高；电耗是气浮法的 10 倍；操作管理要求高	主要用于难以浓缩的剩余活性污泥和场地小、卫生要求高、浓缩后污泥含水率很低的场合

（一）污泥浓缩工艺

1. 重力浓缩

利用污泥自身的重力将污泥颗粒间隙的液体挤出，从而将污泥含水率降低的方法称为重力浓缩法，其处理构筑物称为污泥浓缩池。根据运行方式不同，可分为连续式和间歇式两种。前者用于大型污水处理厂，后者多用于小型污水处理厂（站）。

（1）间歇式污泥浓缩池　间歇式污泥浓缩池可建成矩形或圆形，如图 5-3 所示。运行时，应先排出浓缩池中的上清液，腾出池容，再投入待浓缩的污泥。为此，应在池深度方向的不同高度设上清液排出管。浓缩时间一般不宜小于 12h。浓缩池中的上清液应回到初次沉淀池前重新进行处理。

（2）连续式污泥浓缩池　连续式污泥浓缩池可采用沉淀池的形式，一般为竖流式或辐流式，图5-4所示为带刮泥机及搅拌栅的连续式污泥浓缩池。

污泥由中心进泥管连续进入池内，上清液由溢流堰流出，浓缩污泥用刮泥机缓缓刮至池中心的污泥斗，并从排泥管排出，刮泥机上装有搅拌栅，随着刮泥机转动，周边线速度为1～2m/min，每条栅条后面可形成微小涡流，有助于污泥颗粒之间的絮凝，使颗粒逐渐变大，并可造成空穴，促使污泥颗粒的空隙水和气泡逸出。搅拌栅有促进浓缩作用，浓缩效果可提高20%以上。浓缩池的底坡采用1/100～1/12坡度。

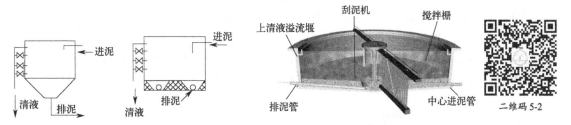

图5-3　间歇式污泥浓缩池　　图5-4　带刮泥机及搅动栅的连续式污泥浓缩池

重力浓缩法主要用于浓缩初沉污泥及初沉污泥与剩余污泥或初沉污泥与腐殖污泥的混合液。

2. 气浮浓缩

气浮浓缩法通过压力溶气罐溶入过量空气，然后骤然减压释放出大量微小气泡，并使其迅速且均匀地附着于污泥固体颗粒上，使固体颗粒的密度小于水而产生上浮，从而达到固体颗粒与水分离的目的。气浮浓缩法特别适用于密度接近于$1g/cm^3$的污泥，尤其是生物除磷系统的剩余污泥。在剩余污泥产量不大的活性污泥法处理系统中，气浮浓缩法展现出良好的适用性。

气浮浓缩的工艺流程与污水的气浮处理基本相同。进水室的作用是使减压后的溶气水大量释放出微细气泡，并迅速附着在污泥颗粒上。气浮池的作用是上浮浓缩，在池表面形成浓缩污泥层，由刮泥机刮出池外。不能上浮的颗粒沉至池底，随设在池底的清液出水管一起排出。部分清液回流加压，并在溶气罐中压入压缩空气，使空气大量地溶解在水中。减压阀的作用是使加压溶气水减压至常压，进入进水室起气浮作用。

气浮浓缩的工艺流程如图5-5所示。气浮法一般用于浓缩活性污泥，也用于腐殖污泥。其浓缩效果比重力浓缩法好，浓缩时间短，污泥处于好氧环境，基本没有气味问题，但运行费用较重力浓缩法高。

为了提高气浮浓缩的效果，可采用无机混凝剂如铝盐、铁盐、活性二氧化硅等，或有机高分子聚合电解质如聚丙烯酰胺（PAM）等，在水中形成易于吸附或俘获空气泡的表面和构架。改变气-液界面、固-液界面的性质，使其易于互相吸附。使用何种混凝剂及其剂量，一般通过试验确定。

3. 离心浓缩

离心浓缩法是利用污泥中的固体颗粒与水的密度不同，在高速旋转的离心机中，二者所受的离心力不同而被分离，从而使污泥得到浓缩。被分离的污泥和水分别由不同的通道导出机外。用于离心浓缩的离心机有转盘式离心机、篮式离心机和转鼓式离心机等。

离心浓缩法的效率高，需时短，占地面积小，一般需添加混凝剂和助凝剂，运行费用和机械维修费用较高。

另外一种常用的离心设备是离心筛网浓缩器，如图5-6所示。污泥从中心分配管压入旋转筛网笼，压力仅需0.03MPa，筛网笼低速旋转，使清液通过筛网从出水集水室排出，浓缩污泥从底部排出，筛网定期用反冲洗系统反冲。

4.带式浓缩机浓缩

带式浓缩机主要用于污泥浓缩脱水一体化设备的浓缩段。重力带式机械浓缩机主要由框架、进泥配料装置、脱水滤布、可调泥耙和泥坝组成。其浓缩过程如下：污泥进入浓缩段时被均匀摊铺在滤布上，好似一层薄薄的泥层，在重力作用下泥层中污泥的表面水大量分离并通过滤布空隙迅速排走，而污泥固体颗粒则被截留在滤布上。带式机械浓缩机通常具备很强的可调节性，其进泥量、滤布走速、泥耙夹角和高度均可进行有效的调节以达到预期的浓缩效果。

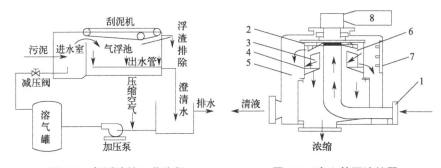

图5-5 气浮浓缩工艺流程　　　　图5-6 离心筛网浓缩器

1—中心分配管；2—进水布水器；
3—排出器；4—旋转筛网；5—出水集水室；
6—流量调节转向器；7—反冲洗系统；8—电动机

污泥浓缩脱水一体化设备的浓缩过程是关键控制环节，因此水力负荷显得更为重要。设备厂家通常会根据具体的泥质情况提供水力负荷或固体负荷的建议值。应当注意的是，不同厂商设备之间的水力负荷可能相差很大，质量一般的设备只有 $20 \sim 30 m^3/(m \cdot h)$，但好的设备可以做到 $50 \sim 60 m^3/(m \cdot h)$ 甚至更高，设备带宽最大为3.0m。在没有详细的泥质分析资料时，设计选型的水力负荷可按 $40 \sim 45 m^3/(m \cdot h)$ 考虑。

5.转鼓机械浓缩

转鼓浓缩机将需要浓缩的污泥经污泥泵和加药泵送入动态絮凝反应器内，随后进入转鼓浓缩机内部的转鼓中。转鼓表面覆盖一层合成滤布，并以一定速度旋转。当水透过滤布后，絮凝后的污泥被截留在转鼓的滤布上，从而实现泥水分离，达到浓缩效果。一般而言，污泥可以被浓缩到3.5%～11%，具体浓度取决于进泥的含固量、絮凝剂的加入量、转鼓的转速以及转鼓的倾角等因素。

转鼓浓缩机具有多种优点，常见的包括：全封闭运行，能有效防止污泥、水、气外溢，减少环境污染；结构紧凑，占地面积小；固体捕获率较高，通常可达95%左右；高性能且耐用，基本无须维护；能耗较低，聚合物消耗少；整体采用不锈钢和高分子材料结构，具有较好的耐腐蚀性。

在实际应用中，转鼓浓缩机可单独使用，也可与带式脱水机等配合使用，组成污泥浓缩脱水一体机等设备。它广泛应用于污水处理厂、冶金、矿山、煤炭、化工、建材、环保等领域的污泥处理，以及工业生产中的固液分离、矿泥废水废渣处理等场合。例如，用于污泥预处理系统中，可省去污泥浓缩池，大大减少占地，节约投资费用；用于各种工业制造过程中的固液分离；还可用作自来水进水前的过滤、雨水过滤等。

（二）污泥浓缩工艺的发展趋势

（1）高效节能化　随着能源成本的上升和环保要求的提高，未来的污泥浓缩工艺将更加注重降低能耗，通过优化设备设计、改进运行参数等方式，提高能源利用效率。

（2）智能化控制　利用先进的传感器技术和自动化控制系统，实现对污泥浓缩过程的实时监测和精确控制，以确保工艺的稳定性和高效性。

（3）组合工艺的应用　将多种浓缩技术进行组合，发挥各自的优势，例如将重力浓缩与机械浓缩相结合，或者将化学调理与物理浓缩相结合，以提高浓缩效果和处理能力。

（4）环保可持续　在工艺设计和运行中，更加注重减少化学药剂的使用，降低对环境的二次污染，并探索利用可再生能源和资源回收的方式，实现污泥处理的可持续发展。

（5）小型化和一体化　为了适应不同规模的污水处理需求，污泥浓缩设备将向小型化、一体化方向发展，便于安装、操作和维护。

（6）新材料和新技术的应用　研发和应用新型的过滤材料、絮凝剂等，以提高浓缩效率和降低成本。

（7）强化预处理　通过优化污泥的预处理步骤，如改善污泥的可压缩性和脱水性能，为后续的浓缩和处理创造更好的条件。

（8）多领域交叉融合　与生物技术、信息技术等领域的交叉融合，为污泥浓缩工艺带来新的思路和方法，例如利用微生物技术改善污泥性质，或者通过大数据分析优化工艺运行。

总之，污泥浓缩工艺将朝着更加高效、节能、环保、智能和可持续的方向发展，以满足日益严格的环保要求和资源回收利用的需求。

四、污泥的脱水

（一）机械脱水基本原理

污泥机械脱水是以过滤介质（如滤布）两面的压力差作为推动力，使污泥中的水分强制通过过滤介质，从而使污泥达到脱水目的。过滤的水分称为滤液，被截留在介质上的固体颗粒称为滤饼。污泥脱水的推动力，可以是在过滤介质的一面造成负压（如真空吸滤脱水），或加压污泥将水分压过过滤介质（如压滤脱水）或造成离心力（如离心脱水），等等。

机械脱水前的预处理的目的是改善污泥脱水性能，提高脱水设备的生产能力。方法包括化学调理法、淘洗法、热处理法和冷冻法等。其中化学调理法由于可靠、设备简单、操作方便，被长期广泛采用。

（二）机械脱水设备

污泥机械脱水的方法有真空过滤法、压滤法和离心法等。常用的机械脱水设备有真空过滤脱水机、板框压滤机、带式压滤机、离心机等。

1. 真空过滤脱水机

真空过滤脱水使用的设备称为真空过滤脱水机，可用于经预处理后的初次沉淀污泥、化学污泥及消化污泥等的脱水。国内使用较多的是GP型转鼓真空过滤机，其构造如图5-7所示。

GP型转鼓真空过滤机的一个主要缺点是过滤介质紧包在转鼓上，导致清洗不充分，易于堵塞，影响生产效率。为此，可用链带式转鼓真空过滤机，用辊轴把过滤介质转出，既便于卸料，又易于介质清洗。链带式转鼓真空过滤机的构造如图5-8所示。

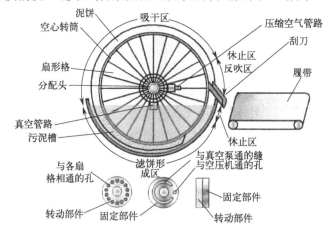

图 5-7　GP 型转鼓真空过滤机

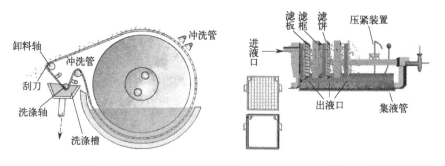

图 5-8　链带式转鼓真空过滤机　　　图 5-9　板框压滤机

二维码 5-3

2. 板框压滤机

压滤脱水采用板框压滤机。板框压滤机基本构造如图5-9所示，其构造简单，过滤推动力大，适于各种污泥，但不能连续运行。板框压滤机由板与框相间排列而成，滤板两侧覆有滤布，用压紧装置把板与框压紧，即在板与框之间构成压滤室。在板与框的上端中间相同部位开有小孔，压紧后成为一条通道，加压到 0.2 ～ 0.4MPa 的污泥由该通道进入压滤室。滤板的表面刻有沟槽，下端钻有供滤液排出的孔道，滤液在压力下，通过滤布，沿沟槽与孔道排出滤机，使污泥脱水。板框压滤机几乎可以处理各种性质的污泥。预处理以使用无机絮凝剂为主。由于使用较高的压力和较长的加压时间，脱水效果比真空过滤机和离心机好。

3. 带式压滤机

用于滚压脱水的设备是带式压滤机，如图5-10所示。它由滚压轴及滤布带组成。污泥先经浓缩段（主要依靠重力过滤），使污泥失去流动性，以免在压榨段被挤出滤布，浓缩段的停留时间为 10 ~ 20s。然后进入压榨段，压榨时间为 1 ~ 5min。

滚压的方式有两种。一种是滚压轴上下相对，压榨时间几乎是瞬时，但压力大，如图 5-10（a）所示。另一种是滚压轴上下错开，如图 5-10（b）所示，依靠滚压轴施加于滤布上的张力压榨污泥，压榨的压力受张力限制，压力较小，压榨时间较长，但在滚压过程中产生的剪切力作用于污泥，可促进污泥脱水。带式压滤机的主要特点是将压力施加在滤布上，用滤布的压力和张力使污泥脱水，而不需要真空和加压设备，动力消耗少，可以连续生产。

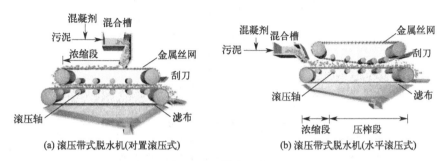

(a) 滚压带式脱水机(对置滚压式)　　　(b) 滚压带式脱水机(水平滚压式)

图 5-10　带式压滤机

4. 离心机

污泥离心脱水是以污泥颗粒的重力作为脱水的推动力，推动的对象是污泥的固相。常用的设备是低速锥筒式离心机，构造示意图如图 5-2 所示。其主要组成部分为螺旋输送器、锥形转筒、空心转轴。污泥从空心转轴筒端加入，通过轴上小孔进入锥筒，螺旋输送器固定在空心转轴上，空心转轴与锥筒通过驱动装置同向转动，但两者之间有速差，前者稍慢，后者稍快。污泥中的水分和污泥颗粒由于受到的离心力不同而分离，污泥颗粒聚集在转筒外缘周围，由螺旋输送器将泥饼从锥口推出。随着向前推进，泥饼不断被离心压密而不会受到进泥的扰动，分离液由转筒末端排出。离心脱水对预处理要求较高，需要使用高分子调节剂进行调节。

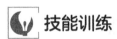 技能训练

离心脱水机开停操作考核表见表 5-3。

表 5-3　离心脱水机开停操作考核表

序号	考核内容	考核要点	配分/分	评分标准	检测结果	扣分/分	得分/分	备注
1	准备工作	穿戴劳保用品	3	未穿戴整齐扣 3 分				
		工具、用具准备	2	工具选择不正确扣 2 分				
2	操作程序	确认配套设备处于备用状态	10	未确认扣 10 分				
3		确认污泥、药液、冲洗水管路中的阀门灵活	5	未确认扣 5 分				
4		按规程配制污泥调理剂溶液	5	未按规程进行操作，每少一步扣 2 分				

序号	考核内容	考核要点	配分/分	评分标准	检测结果	扣分/分	得分/分	备注
5	操作程序	按规程开启脱水机，并空转1～2min	10	未按规程进行操作，每少一步扣2分				
				未空转扣5分				
6		按规程启运加药泵	5	未按规程进行操作，每少一步扣2分				
7		按规程启运污泥泵	5	未按规程进行操作，每少一步扣2分				
8		进泥，检查是否有较大浮渣和砂粒进入	5	未检查扣5分				
9		经常检查油箱液位、轴承的油流量、冷却水及冷却油温度、设备振动情况、电流表读数	10	未检查油位扣2分				
				未检查油流量扣2分				
				未检查冷却水扣2分				
				未检查油温扣2分				
				未检查振动扣2分				
				未检查电流扣2分				
10		调节各项运行参数	5	未进行调节扣5分				
11		按规程停运加药泵	5	未按规程进行操作，每少或错一步扣2分				
12		按规程停运污泥泵	5	未按规程进行操作，每少或错一步扣2分				
13		待离心机继续空转几分钟，排出转筒内剩余固体	5	未等待，或等待时间不够扣5分				
14		开冲洗阀冲洗离心机10min左右	5	未冲洗扣2分				
				未冲洗干净扣3分				
15		按规程停运离心机	10	未按规程进行操作，每少或错一步扣2分				
16	使用工具	正确使用工具	2	工具使用不正确扣2分				
		正确维护工具	3	工具乱摆乱放扣3分				
17	安全及其他	按照国家法规或企业规定	—	违规一次总分扣5分，严重违规停止操作			—	
		在规定时间内完成操作	—	每超时1min总分扣5分，超时3min停止操作			—	
合计			100	总分				

任务5-1-2　UASB工艺脱水机开机

 学习目标

● 知识目标

① 掌握带式压滤机的构造、类型、工作过程等；

② 巩固污泥脱水的相关知识（目的、调理、常用设备等）。

● 能力目标

能够完成带式压滤机的开停机操作。

任务描述

某污水处理厂二级处理采用UASB工艺，现在需要对带式压滤机进行开机操作。

任务实施

任务名称	UASB 工艺脱水机开机
任务提要	应掌握的知识点：带式压滤机、板框压滤机的构造、类型、工作过程。 应掌握的技能点：带式压滤机的开机操作
任务描述	某污水处理厂二级处理采用 UASB 工艺，现在需要对脱水机进行开机操作。 （UASB 工艺，带式脱水机开车）
基本 技术信息	该污水处理厂工艺流程图如图 3-52 所示，请根据流程图思考如下问题： 1. 简述污水的走向。 2. 一级处理主要构筑物有哪些？ 3. 二级处理主要构筑物有哪些？ 4. 此污水处理厂污泥处理的工艺流程是什么？ 5. 此污水处理厂采用的脱水机的类型是什么？ 6. 根据图 5-11，说明带式压滤机系统包括哪些设备？并将其作用填入表 5-4。 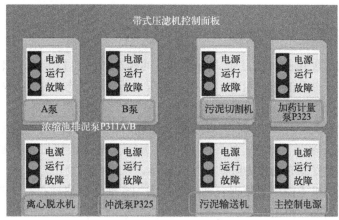 **图 5-11 带式压滤机控制面板** **表 5-4 带式压滤机系统设备及作用** 表格 7. 污泥脱水之前需要进行什么处理？案例中使用的方法是什么？ 8. 说出带式压滤机的构造。 9. 带式压滤机的特点是什么？ 10. 带式压滤机滚压轴的滚压方式分为哪两种？其主要特点分别是什么？ 11. 此污水处理厂带式压滤机滚压轴的滚压方式是什么？ 12. 带式压滤机产生的污水如何处理？ 13. 带式压滤机脱水后的污泥如何处置？

设备名称	主要作用

任务 完成过程	制订开机方案	
	试开机成绩：	
	存在问题：	
工艺知识 拓展	板框压滤机的类型、特点、构造、工作过程；板框压滤机、带式压滤机、离心脱水机三种设备的比较（比较的内容有脱水泥饼含水率、运行情况、附属设备、操作管理工作量、投资费用、适用场合）	
任务评价	个人评价	
	组内互评	
	教师评价	
任务反思	收获心得	
	存在问题	
	改进方向	

 知识储备

二维码 5-4

一、结构

滚压脱水使用的机械是带式压滤机，其构造如图 5-12 所示。滚压带式压滤机由滚压轴及滤布带组成，特点是将压力施加在滤布上，用滤布的压力或张力使污泥脱水，而不需要真空或加压设备。

滚压的方式有两种，一种是滚压轴上下相对，压榨时间短但压力大，如图 5-12（a）所示；另一种是滚压轴上下错开，如图 5-12（b）所示，依靠滚压轴施于滤布的张力压榨污泥，因此压榨的压力受滤布的张力限制，压力较小，压榨时间较长。

带式压滤机不能用于处理含油污泥，因为含油污泥使滤布有"防水"作用，而且容易使滤饼从设备侧面被挤出。

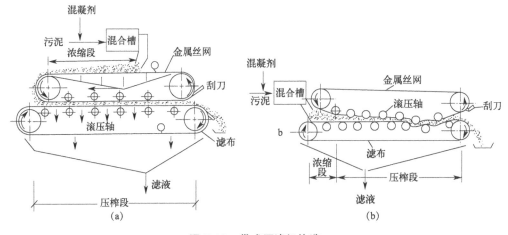

图 5-12 带式压滤机构造

二、结构特点

带式压滤机的构造紧凑、式样新颖、操作管理方便、处理能力大、滤饼含水率低，效果好。它与同类型设备相比，具有以下特点。

① 第一个脱水辊采用 T 型泄水槽，使压榨后的大量水迅速排出，从而提高了脱水效果。

② 第一重力脱水段为倾斜式，污泥液面距滤布高达 300mm，使污泥在重力脱水段静水头高度增加，提高了重力脱水能力。

③ 噪声低、无振动。

④ 滤带跑偏等设有自动控制装置，滤带张力和滤带移动速度可自由调整，操作管理方便。

⑤ 重力脱水段长，第一与第二重力脱水段总长 5m 多，使污泥在压榨前充分脱水失去流动性。同时，重力脱水段还设置反转等特殊机构，经楔形、S 形压榨等作用使污泥滤饼获得最低含水量。

⑥ 化学药物用量少。

三、工作原理

经过浓缩的污泥与一定浓度的絮凝剂在静、动态混合器中充分混合以后，污泥中的微小固体颗粒聚凝成体积较大的絮状团块，同时分离出自由水，絮凝后的污泥被输送到浓缩重力脱水段的滤带上，在重力的作用下自由水被分离，形成不流动状态的污泥，然后夹持在上下两条滤带之间，经过楔形预压区、低压区和高压区由小到大的挤压力、剪切力作用下，逐步挤压污泥，以达到最大程度的泥、水分离，最后形成滤饼排出。

（1）化学预处理脱水　为了提高污泥的脱水性，改良滤饼的性质，增加物料的渗透性，需对污泥进行化学处理。压滤机使用独特的水中絮凝造粒混合器的装置以达到化学加药絮凝的作用，该方法不但絮凝效果好，还可节省大量药剂，运行费用低，经济效益十分明显。

（2）重力浓缩脱水段　污泥经布料斗均匀送入滤带，并随滤带向前运行，游离态水在自重作用下通过滤带流入接水槽，重力脱水也可以说是高度浓缩段，主要作用是脱去污泥中的自由水，使污泥的流动性减小，为进一步挤压做准备。

（3）楔形区预压脱水段　重力脱水后的污泥流动性几乎完全丧失，随着带式压滤机滤带的向前运行，上下滤带间距逐渐减少，物料开始受到轻微压力，并随着滤带运行，压力逐渐增大。楔形区的作用是延长重力脱水时间，增加絮团的挤压稳定性，为进入压力区做准备。

（4）挤压辊高压脱水段　物料脱离楔形区就进入压力区，物料在此区内受挤压，压力沿滤带运行方向随挤压辊直径的减少而增加，物料受到挤压体积收缩，物料内的间隙游离水被挤出，此时，基本形成滤饼，继续向前至压力尾部的高压区，经过高压后滤饼的含水量可降至最低。

物料经过以上各阶段的脱水处理后形成滤饼排出，通过刮泥板刮下，上下滤带分开，经过高压冲洗水清除滤网孔间的微量物料，继续进入下一步脱水循环。

四、应用

带式压滤机适用于城市污水处理厂和制药、电镀、造纸、皮革、印染、冶金、化工、屠宰、食品、酿酒、洗煤等行业及环保工程中废水处理工序的污泥脱水，在工业生产中也可用于固液分离之场合，是环境治理和资源回收的理想设备。

五、常见问题及解决措施

带式压滤机在运行过程中可能会出现以下常见问题，产生原因及相应的解决措施如下。

1. 滤带跑偏

产生原因：滤带张力不均匀；辊筒表面有污垢或磨损不均；物料分布不均匀。

解决措施：调整滤带张力，使其在整个长度上均匀一致；清洁或更换磨损的辊筒；确保物料均匀分布在滤带上。

2. 滤饼含水率过高

产生原因：压力不足；滤带速度过快；絮凝效果不佳。

解决措施：增加压榨压力；适当降低滤带速度；优化絮凝剂的种类、用量和搅拌条件，改善絮凝效果。

3. 滤带堵塞

产生原因：物料中的固体颗粒过大；滤带冲洗不彻底。

解决措施：对物料进行预处理，控制固体颗粒大小；加强滤带的冲洗，确保冲洗水压力和流量足够。

4. 驱动装置故障

产生原因：链条或皮带松动；减速机异常。

解决措施：调整链条或皮带的张紧度；检查并维修减速机。

5. 滤液不清澈

产生原因：滤布破损；滤布选择不当。

解决措施：更换破损的滤布；重新选择合适孔径和材质的滤布。

 技能训练

带式压滤机开机操作如下。

① 启动空压机；

② 启动空压机进气阀（开度到 30），将进气压力调整到 0.3MPa；

③ 启动清洗水泵，清洗滤带；

④ 开启清水控制阀（开度在 10 左右）；

⑤ 启动带式压滤机；

⑥ 开启药剂控制阀（开度在 10 左右）；

⑦ 启动加药泵；

⑧ 全开污泥泵入口阀，开启进料污泥泵；

⑨ 开启污泥泵出口阀（开度在 20 左右）；

⑩ 调整空压机的进气阀开度（开度到 60），使得进气压力为 0.6MPa。

任务 5-2　污泥的消化

学习目标

● 知识目标

① 理解污泥厌氧消化、好氧消化的目的、原理、过程、特点、影响因素等；

② 掌握污泥厌氧消化系统的组成及各部分的作用，特别是厌氧消化池的类型、构造、工作过程、异常情况及其处理等；

③ 掌握污泥厌氧消化的工艺流程、厌氧消化池的构造；

④ 掌握污泥好氧消化的机理及工艺。

● 能力目标

能够完成污泥消化池产气量下降的处理。

任务描述

某污水处理厂的污泥消化池的产气量下降，现在需要处理此问题。

任务实施

任务名称		污泥的消化
任务提要		掌握厌氧消化法的分类、原理与作用，厌氧消化池，厌氧消化工艺及运行管理；掌握好氧消化法的机理，好氧消化池，消化工艺
任务描述		某污水处理厂的污泥处理采用厌氧消化工艺，现需要对污泥消化池产气量下降的问题进行处理
知识储备		1.按消化温度的不同，污泥厌氧消化分为哪几类？ 2.污泥厌氧消化的原理与作用分别是什么？ 3.厌氧消化法的主要构筑物包括哪些？ 4.厌氧消化池主要由哪几部分组成？ 5.厌氧消化池运行过程中常见的异常现象和处理措施有哪些？
任务 完成过程		制订处理方案
		试操作成绩：
		存在问题：
知识拓展		1.什么是好氧消化？ 2.好氧消化的优缺点有哪些？ 3.好氧消化池主要由哪些部分组成？ 4.好氧消化工艺有哪些？
任务评价	个人评价	
	组内互评	
	教师评价	
任务反思	收获心得	
	存在问题	
	改进方向	

知识储备

一、厌氧消化

（一）厌氧消化的分类

厌氧消化法可分为人工消化法和自然消化法。在人工消化法中，根据池盖构造的不同，可分为定容式（固定盖）消化池和动容式（浮动盖）消化池；按容积大小可分为小型消化池（1500～2500m³）、中型消化池（2500～5000m³）、大型消化池（5000～10000m³）；按消化温度的不同又可分为低温消化（低于20℃）、中温消化（30～37℃）、高温消化（45～55℃）；按运行方式可分为一级消化、二级消化。

1. 中温厌氧消化

中温厌氧消化温度维持在35℃±2℃，固体停留时间应大于20d，有机物容积负荷一般为2.0～4.0kg/（m³·d），有机物分解率可达到35%～45%，产气率（标准状态，以去除VSS计）一般为0.75～1.10m³/kg。

2. 高温厌氧消化

高温厌氧消化温度控制在55℃±2℃，适合嗜热产甲烷菌生长。高温厌氧消化有机物分解速度快，可以有效杀灭各种致病菌和寄生虫卵。一般情况下，有机物分解率可达到35%～45%，停留时间可缩短至10～15d。缺点是能量消耗较大，运行费用较高，系统操作要求高。

（二）原理与作用

污泥厌氧消化主要处理对象是初次沉淀污泥、剩余活性污泥和腐殖污泥。厌氧消化是利用兼性菌和厌氧菌进行厌氧生化反应，分解污泥中有机物质，实现污泥稳定化的一种非常有效的污泥处理工艺。污泥中的有机物在厌氧微生物的作用下，被分解为甲烷与二氧化碳等最终产物，使污泥得到稳定。

污泥厌氧消化的作用主要体现在以下几个方面。

① 污泥稳定化。对有机物进行降解，使污泥稳定化，不会腐臭，避免在运输及最终处置过程中对环境造成不利影响。

② 污泥减量化。通过厌氧过程对有机物进行降解，减少污泥量，同时可以改善污泥的脱水性能，减少污泥脱水的药剂消耗，降低污泥含水率。

③ 消化过程中产生沼气。可以回收生物质能源，降低污水处理厂能耗及减少温室气体排放。

厌氧消化处理后的污泥可满足国家《城镇污水处理厂污染物排放标准》（GB 18918）中污泥稳定化相关指标的要求。

（三）应用

污泥厌氧消化可以实现污泥处理的减量化、稳定化、无害化和资源化，减少温室气体排放。该工艺可以用于污水厂污泥的就地或集中处理。通常厌氧消化工艺处理规模越大，综合效益越明显。

（四）厌氧消化池

厌氧消化法的主要构筑物有消化池、化粪池、双层沉淀池和沼气池等。

1. 消化池的池形

厌氧消化池的基本池形有圆柱形与蛋形两种，如图 5-13 所示。

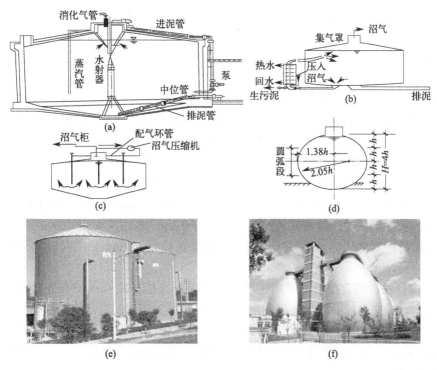

图 5-13　消化池基本池形

图 5-13（a）～（c）和图 5-13（e）为圆柱形，池径一般为 6～35m，视污水厂规模而定，池总高与池径之比取 0.8～1.0，池底、池盖倾角一般取 15°～20°，池顶集气罩直径取 2～5m，高 1～3m；图 5-13（d）和（f）为蛋形。大型消化池可采用蛋形，容积可做到 10000m³ 以上，蛋形消化池在工艺与结构方面具有如下优点：①搅拌充分、均匀、无死角，池底部与顶部的截面积较小，污泥不会在池底固结，也不易产生浮渣层；②在容积相等的条件下，池总表面积比圆柱形小，散热面积小，易于保温；③结构与受力条件最好，只承受轴向与径向压力与张力，如采用钢筋混凝土结构，节省材料；④防渗水性能好，聚集沼气效果也好。

2. 消化池构造

（1）投配、排泥及溢流系统　生污泥需先排入污泥投配池，然后用泵抽送至消化池。污泥投配池一般为矩形，至少设两个，常以 12h 贮泥量设计。投配池加盖，设排气管及溢流管。如果采用消化池外加热生污泥的方式，则投配池可兼作污泥加热池。消化池排泥管设在池底，依靠消化池内静水压力将熟污泥排至污泥的后续处理装置。消化池投配过量、排泥不及时或沼气产量与用量不平衡等情况发生时，沼气室内的沼气受压缩，气压增加，甚至可能压破池顶盖。因此，沼气池必须设置溢流装置，及时溢流，以保持沼气室内压力恒定。溢流装置应绝对避免集气罩与大气相通。溢流装置常用形式有倒虹管式、大气压式和水封式等。

（2）沼气的收集与贮存设备　由于产气量与用气量经常不平衡，因此必须设储气柜调节沼气量。图 5-14 所示的两种储气柜为低压浮盖式和高压球形罐。

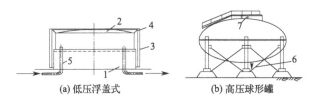

图 5-14　储气柜

1—水封柜；2—浮盖；3—外轨；4—滑轮；5，6—导气管；7—安全阀

储气柜的容积一般建议按沼气日总产量的 30% ～ 50% 设计，以确保在沼气产量波动时能够满足使用需求。低压浮盖式的浮盖重量取决于柜内气压，气压的大小可用盖顶加减铸铁块的数量进行调节。浮盖的直径与高度比一般采用 1.5 ： 1，浮盖插入水封柜以免沼气外泄。当需长距离输送沼气时，可采用高压球形罐。

（3）搅拌设备　消化池的搅拌方法有三种，可进行连续搅拌，也可间歇搅拌。

① 泵加水射器搅拌。图 5-13（a）是泵加水射器搅拌示意图。生污泥用污泥泵加压后，射入水射器，水射器顶端浸没在污泥面以下 0.2 ～ 0.3m，泵压应大于 0.2MPa，生污泥量与水射器吸入的污泥量之比为 1 ：（3 ～ 5）。消化池直径大于 10m 时，可设两个或两个以上水射器。

② 联合搅拌法。联合搅拌法是将生污泥加温、沼气搅拌联合在一个装置内完成，如图 5-13（b）所示，经空气压缩机加压后的沼气和经污泥泵加压后的生污泥分别从热交换器（兼作生、熟污泥与沼气的混合器）的下端射入，并将消化池内的熟污泥抽吸出来，共同在热交换器中加热混合，然后从消化池的上部向下喷入，完成加温搅拌过程。如消化池直径大于 10m，可设两个或两个以上热交换器。

③ 沼气搅拌。沼气搅拌比较充分，可促进有机物分解，缩短消化时间。沼气搅拌装置如图 5-13（c）所示。经空气压缩机压缩后的沼气通过消化池顶盖上面的配气环管，通入每根立管，立管数量根据搅拌气量和立管内的充气速度而定。搅拌气量按每 1000m³ 池容 5 ～ 7m³/min 计，气流速度按 7 ～ 15m/s 计。立管末端在同一平面上，距池底 1 ～ 2m，或在池壁与池底连接面上。

④ 污泥加热。污泥加热方法有池内蒸汽直接加热和池外加热两种。

池内蒸汽直接加热法是利用插在消化池内的蒸汽竖管直接向消化池内送入蒸汽，加热污泥 [参见图 5-13（a）]。这种加热方法比较简单，热效率高。但竖管周围的污泥易过热，消化污泥的含水率也会增加。

池外加热法是将生污泥预先加热后，投配到消化池中。池外加热法可分为投配池内加热和热交换器两种。投配池内加热，即在投配池内，用蒸汽将生污泥加热到所需温度，然后一次投入消化池。而热交换器法是在消化池外，用热交换器将生污泥加热后，送入消化池 [参见图 5-13（b）]。热交换器一般采用套管式，以热水为热媒，如图 5-15 所示。生污泥从管内通过，流速 1.5 ～ 2.0m/s，热水从套管通过，流速 1.0 ～ 1.5m/s。

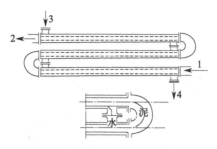

图 5-15 套管式热交换器
1—污泥入口；2—污泥出口；3—热媒进口；4—热媒出口

（五）厌氧消化工艺

1. 标准消化法

标准消化法（一级消化），原理如图 5-16 所示。生污泥可在 1d 内从 2～3 个入口分批加入池内，一般为 2～3 次。随着分解的进行逐渐分成明显的三层，自上而下分别为浮渣层、分离液层和污泥层。污泥层的上部仍可进行消化反应，下层较稳定，稳定后的污泥最后沉积于池底。分离液通常返回到污水处理厂入口，但这样容易造成污水综合处理效率降低。

2. 快速厌氧消化法

图 5-17 是一级快速消化池工作原理图。它与标准消化池的最大差别是消化池内设有搅拌装置，因此混合均匀，操作性能好，可以解决池内沉淀问题，故被逐渐推广使用。

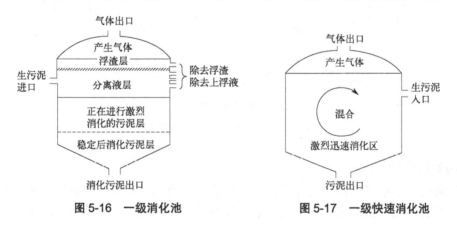

图 5-16 一级消化池   **图 5-17 一级快速消化池**

3. 二级厌氧消化法

图 5-18（a）为二级厌氧消化法示意图。由于它能在各种负荷下操作，故不能确定属于标准消化法或快速消化法。此种方法在第二个消化池内污泥沉降浓缩分离的同时，仍可产生一部分气体，该工艺适合于初沉池污泥或混有少量二沉池污泥的混合污泥的厌氧消化，且运转效果较好。对于活性污泥或其他深度处理污水的污泥，由于消化后难以沉淀分离，则不宜采用此种工艺，而应当采用厌氧接触消化池法，如图 5-18（b）所示。

二级厌氧消化法具有以下特点。

① 提高处理能力和效率。将产酸菌和产甲烷菌分别置于两个反应器内，为它们提供了各自最佳的生长和代谢条件，使其能够发挥更大的活性，从而较单相厌氧消化工艺显著提高

了处理能力和效率。

② 分工明确且增强稳定性。产酸反应器对污水进行预处理，不仅为产甲烷反应器提供了更适宜的基质，还能解除或降低水中有毒物质的毒性，改变难降解有机物的结构，减少对产甲烷菌的毒害作用和影响，进而增强了系统运行的稳定性。

③ 抗冲击能力较强。产酸相的有机负荷率高，缓冲能力较强，冲击负荷造成的酸积累不会对产酸相产生明显影响，也不会对后续的产甲烷相造成危害。

④ 反应器体积优化。产酸菌的世代时间远远短于产甲烷菌，产酸菌的产酸速度高于产甲烷菌降解酸的速率，所以产酸反应器的体积通常小于产甲烷反应器的体积。

⑤ 适用废水类型广泛。适于处理高浓度有机污水、悬浮物浓度很高的污水、含有毒物质及难降解物质的工业废水和污泥。

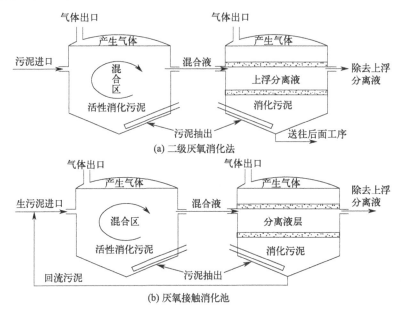

图 5-18　二级厌氧消化法示意图

4. 两相厌氧消化法

两相消化是根据消化机理进行设计的。目的是使消化过程中三个阶段的菌种群有更适合生长繁殖的环境。厌氧消化可分为水解与发酵阶段、产氢产乙酸阶段、产甲烷阶段。各阶段的菌种、消化速度对环境的要求及消化产物等都不相同，使运行管理产生诸多不便。采用两相消化法，即第一、第二阶段与第三阶段分别在两个消化池中进行，使各自都有最佳环境条件。故两相消化具有池容积小、加温与搅拌能耗少、运行管理方便、消化更彻底的优点。

两相消化的设计如下：第一相消化池的容积采用投配率为100%，即停留时间为1d，第二相消化池容积采用投配率为15% ~ 17%，即停留时间6 ~ 6.5d。第二相消化池有加温、搅拌设备及集气装置，产气量为1.0 ~ 1.3m³/kg，每去除1kg有机物的产气量为0.9 ~ 1.1m³/kg。

近年来，两相式污泥消化工艺竞相开发，其特点主要是根据污泥和固体有机物厌氧生物处理的三阶段理论，构造并控制第一段生物反应器，将生物固体中的有机物进行液化与酸性发酵，然后进入第二段的厌氧生物反应器进行碱性发酵，产生甲烷。

（六）沼气的收集、贮存及利用

1. 沼气的性质

沼气成分包括 CH_4、CO_2 和 H_2S 等气体。甲烷的含量为 60%～70%，决定了沼气的热值；CO_2 含量为 30%～40%；H_2S 含量标准状态一般为 $0.1～10g/m^3$，会产生腐蚀及恶臭。沼气（标准状态）的热值一般为 $21000～25000kJ/m^3$，$5000～6000kcal[1]/m^3$ 及 $6.0～7.0kW \cdot h/m^3$，经净化处理后可作为优质的清洁能源。

2. 沼气收集、净化与纯化

（1）沼气的收集与储存　沼气是高湿度的混合气，具有强烈的腐蚀性，收集系统应采用高防腐等级的材质。

沼气管道应沿气流方向设置一定的坡度，在管道的低点、沼气压缩机、沼气锅炉、沼气发电机、废气燃烧器、脱硫塔等设备的沼气管线入口、干式气柜的进口和湿式气柜的进出口处都需设置冷凝水去除装置。在消化池和贮气柜适当位置设置水封罐。由于沼气产量的波动以及沼气利用的需求，沼气系统需设置沼气贮柜来调节产气量的波动及系统的压力。沼气贮柜有高压（～10bar[2]）、低压（30～50mbar）和无压三种类型。沼气贮柜的体积应根据沼气的产量波动及需求波动来选择，储存时间通常为 6～24h。为了保证系统的正常运行，可根据沼气利用单元的压力要求，在沼气收集系统中设置压力提升装置。

（2）沼气净化　沼气在利用之前，须进行去湿、除浊和脱硫处理。

去湿和除浊处理常采用沉淀物捕集器和水沫分离器（过滤器）来去除沼气中的沉淀物和水沫。

应根据沼气利用设备的要求选择沼气脱硫方法。脱硫有物化法和生物法两类。物化法脱硫主要有干法和湿法两种。干式脱硫剂一般为氧化铁。湿法吸收剂主要为 NaOH 或 Na_2CO_3 溶液。生物脱硫在适宜的温度、湿度和微氧条件下，通过脱硫细菌的代谢作用将 H_2S 转化为单质硫。

（3）沼气纯化　厌氧消化产生的沼气含有 60%～70% 的甲烷，经过提纯处理后，可制成甲烷浓度 90% 以上的天然气，成为清洁的可再生能源。

一般沼气经初步除水后，进入脱硫系统，脱硫除尘后的气体在特定反应条件下，全部或部分除去二氧化碳、氨、氮氧化物、硅氧烷等多种杂质，使气体中甲烷浓度达到 90%～95%。

3. 沼气利用

消化产生的沼气一般可以用于沼气锅炉、沼气发电机和沼气拖动。沼气锅炉利用沼气制热，热效率可达 90%～95%。沼气发电机是利用沼气发电，同时回收发电过程中产生的余热。通常 $1m^3$ 的沼气可发电 $1.5～2.2kW \cdot h$，补充污水处理厂的电耗；内燃机热回收系统可以回收 40%～50% 的能量，用于消化池加温。沼气拖动是利用沼气直接驱动鼓风机，用于曝气池的供氧。

将沼气进行提纯后，达到相当于天然气品质要求，可作为汽车燃料、民用燃气和工业燃气。

---

❶ 1kcal=4.1868kJ。

❷ 1bar=0.1MPa。

（七）二次污染控制和要求

1. 消化液的处理与磷的回收利用

污泥消化上清液（沼液）中含有高浓度的氮、磷（氨氮 300 ～ 2000mg/L，总磷 70 ～ 200mg/L）。沼液肥效很高，有条件时，可作为液态肥进行利用。

针对污泥上清液中高氮磷、低碳源的特点，可采用基于磷酸铵镁（鸟粪石）法的磷回收技术和厌氧氨氧化工艺的生物脱氮技术，对污泥消化上清液进行处理，以免加重污水处理厂水处理系统的氮磷负荷，影响污水处理厂的正常运行。

2. 消化污泥中重金属的钝化耦合

污泥中的重金属主要以可交换态、碳酸盐结合态、铁锰氧化物结合态、硫化物及有机结合态和残渣态五种形态存在。其中，前三种为不稳定态，容易被植物吸收利用；后两种为稳定态，不易释放到环境中。污泥中锌和镍主要以不稳定态的形式存在；铜主要以硫化物及有机结合态存在；铬主要以残渣态存在；汞、镉、砷、铅等毒性大的金属元素几乎全部以残渣态存在。在污泥的厌氧消化过程中，硫酸盐还原菌等能促使污泥中硫酸盐的还原和含硫有机质的分解，生成 S^{2-}。所生成的硫离子能够与污泥中的重金属反应生成稳定的硫化物，使铜、锌、镍、铬等重金属的稳定态含量升高，从而降低对环境的影响。另外，温度、酸度等环境条件的变化，CO_3^{2-} 等无机物以及有机物与重金属的络合，微生物的作用，同样可以引起可交换的离子态向其他形态的转化，使重金属的形态分布趋于稳定态，因此它们可以起到稳定、固着重金属的作用。

3. 臭气、烟气、沼气和噪声处理

厌氧消化池是一个封闭的系统，通常不会有臭气逸出，但是污泥在输送和贮存过程会有臭气散发。对厌氧消化系统内会散发臭气的点应进行密闭，并设排风装置，引接至全厂统一的除臭装置中进行处理。

沼气燃烧尾气污染物主要为 SO_2 和 NO_x，排放浓度应遵守相关标准的要求。

当沼气产生量高于沼气利用量时或沼气利用系统未工作时，沼气通过废气燃烧器烧掉。

沼气发电和沼气拖动设备会产生噪声，产生噪声的设备应设在室内，建筑应采用隔音降噪处理。人员进入时，须戴护耳罩。

（八）厌氧消化系统的运行控制和管理要点

1. 运行控制要点

（1）系统启动　消化池启动可分为直接启动和添加接种污泥启动两种方式。通过添加接种污泥可缩短消化系统的启动时间，一般接种污泥量为消化池体积的 10%。通常厌氧消化系统启动需 2 ～ 3 个月时间。

消化系统启动时先将消化池充满水，并加温到设计温度，然后开始添加生污泥。在初始阶段生污泥添加量一般为满负荷的五分之一，之后逐步增加到设计负荷。在启动阶段需要加强监测与测试，分析各参数以及参数关系的变化趋势，及时采取相应措施。

（2）进出料控制　连续稳定的进出料操作是消化池运行的重要环节。进料浓度、体积及组成的突然变化都会抑制消化池性能。理想的进出料操作是 24h 稳定进料。

（3）温度　温度是影响污泥厌氧消化的关键参数。温度的波动超过 2℃就会影响消化效

果和产气率。因此，操作过程中需要控制稳定的运行温度，变化范围宜控制在 ±1℃内。

（4）碱度和挥发性有机酸　消化池总碱度应维持在 2000 ～ 5000mg/L，挥发性有机酸浓度一般小于 500mg/L。

挥发性有机酸与碱度反映了产酸菌和产甲烷菌的平衡状态，是消化系统是否稳定的重要指标。

（5）pH 值　厌氧消化过程的 pH 值受到有机酸、游离氨、碱度等的综合影响。消化系统的 pH 值应在 6.0 ～ 8.0 之间运行，最佳 pH 值范围为 6.8 ～ 7.2。当 pH 值低于 6.0 或者高于 8.0 时，产甲烷菌会受到抑制，影响消化系统的稳定运行。

（6）毒性　由于 H_2S、游离氨及重金属等对厌氧消化过程有抑制作用，因此，厌氧消化系统的运行要充分考虑此类毒性物质的影响。

2. 安全管理

为了防止沼气爆炸和 H_2S 中毒，需注意以下事项。

① 甲烷（CH_4）在空气中的浓度达到 5% ～ 14%（体积比）区间时，遇明火就会产生爆炸。所以，在贮气柜进口管线上、所有沼气系统与外界连通部位以及沼气压缩机、沼气锅炉、沼气发电机等设备的进出口处、废气燃烧器沼气管进口处都需要安装消焰器。同时，在消化池及沼气系统中还应安装过压安全阀、负压防止阀等，避免空气进入沼气系统。

② 沼气系统的防爆区域应设置 CH_4/CO_2 气体自动监测报警装置，并定期检查其可靠性，防止误报。

③ 消化设施区域应按照受限空间对待，参照行业标准《化学品生产单位受限空间作业安全规范》（AQ 3028）执行。

④ 定期检查沼气管路系统及设备的严密性，发现泄漏，应迅速停气检修。

⑤ 沼气贮存设备因故需要放空时，应间断释放，严禁将贮存的沼气一次性排入大气；放空时应认真选择天气，在可能产生雷雨或闪电的天气严禁放空。另外，放空时应注意下风向有无明火或热源。

⑥ 沼气系统防爆区域内一律禁止明火，严禁烟火，严禁铁器工具撞击或电焊操作。防爆区域内的操作间地面应敷设橡胶地板，入内必须穿胶鞋。

⑦ 防爆区域内电气装置设计及防爆设计应遵循《爆炸危险环境电力装置设计规范》（GB 50058）相关规定。

⑧ 沼气系统区域周围一般应设防护栏、建立出入检查制度。

⑨ 沼气系统防爆区域的所有厂房、场地应符合国家规定的甲级防爆要求设计。具体遵循《建筑设计防火规范》（GB 50016），并可参照《石油化工企业设计防火标准》（2018 年版）（GB 50160）相关条款。

二、好氧消化

（一）好氧消化概述

污泥好氧消化是在不投加底物的条件下，对污泥进行较长时间的曝气，使污泥中微生物处于内源呼吸阶段进行自身氧化。因此微生物机体的可生物降解部分（约占 MLVSS 的 80%）可被氧化去除，消化程度高，剩余消化污泥量少。

污泥好氧消化主要优缺点如下。

① 优点：污泥中可生物降解有机物的降解程度高；上清液 BOD 浓度低，消化污泥量少，无臭、稳定、易脱水，处置方便；消化污泥的肥分高，易被植物吸收；好氧消化池运行管理方便简单，构筑物基建费用低。

② 缺点：运行能耗大，运行费用高；不能回收沼气；因好氧消化不加热，所以污泥有机物分解程度随温度波动大，消化后的污泥进行重力浓缩时，上清液 SS 浓度高。

（二）好氧消化机理

污泥好氧消化处于内源呼吸阶段，细胞质反应方程如下：

$$C_5H_7NO_2 + 7O_2 \longrightarrow 5CO_2 + 3H_2O + H^+ + NO_3^-$$
$$113 \qquad 224$$

可见，氧化 1kg 细胞质需氧 224/113≈2kg。

在好氧消化中，氨氮被氧化为 NO_3^-，pH 值将降低，因此，需要有足够的碱度来调节，以便使好氧消化池内的 pH 值维持在 7 左右。池内溶解氧不得低于 2mg/L，并应使污泥保持悬浮状态，因此，必须要有充足的搅拌强度，污泥的含水率在 95% 左右，以便于搅拌。

（三）好氧消化池

好氧消化池的构造与完全混合式活性污泥法曝气池相似。如图 5-19 所示。主要构造包括：①好氧消化室，用来进行污泥消化；②泥液分离室，使污泥沉淀回流并把上清液排消化污泥管；③曝气系统，由压缩空气管、中心导流筒组成，提供氧气并起搅拌作用。

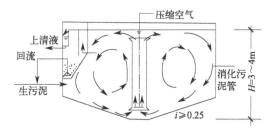

图 5-19　好氧消化池工艺图

（四）好氧消化工艺

污泥好氧消化一般有三种工艺：CAD、A/AD、ATAD。

1.CAD 工艺

传统的好氧消化工艺（conventional aerobic digestion，CAD）的构造及设备与传统活性污泥法相似，但污泥停留时间很长，其常用的工艺流程主要有连续进泥和间歇进泥两种，如图 5-20 所示。

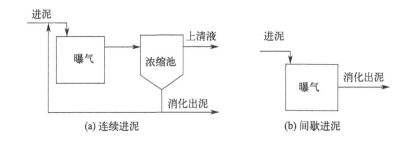

图 5-20　CAD 工艺流程

一般较大规模污水处理厂的好氧消化池采用连续进泥的方式，运行方式与活性污泥法相似。较小规模污水处理厂的好氧消化池可采用间歇进泥、定期进泥和排泥，通常每天一次。

影响 CAD 运行的因素有以下几个方面。

（1）温度　温度对好氧消化的影响很大，温度高时，微生物代谢活性强，即比衰减速率（比衰减速率反映了微生物的死亡和自身分解的速度）较大，达到要求的有机物 VSS 去除率所需的污泥停留时间短。当温度降低时，为达到污泥稳定处理的目的，则要延长污泥停留时间。

（2）固体停留时间（SRT）　VSS 的去除率随着 SRT 的增大而提高，但是相应地处理后剩余物中的惰性成分也不断增加，当 SRT 增大到某一个特定值，即使再增大 SRT，VSS 的去除率也不会再明显提高。活性污泥比耗氧速率（SOUR）也存在着相似的规律，SOUR 随 SRT 的增大而逐渐下降，当 SRT 增大到某一个特定值，即使再增大 SRT，SOUR 也不会有明显下降。这一特定的点与进泥的性质、可生物降解性及温度有较大关系，一般温度为 20℃时，SRT 为 25 ～ 30d。

（3）pH 值　污泥好氧消化的速率在 pH 值接近中性时最大，当 pH 值较低时，微生物的新陈代谢受到抑制，有机物的去除率随之降低。在 CAD 工艺中，会发生硝化反应，消耗碱度，引起 pH 值下降至 4.5 ～ 5.5。因此大部分的 CAD 工艺中都要添加化学药剂如石灰等来调节 pH 值。

（4）曝气与搅拌　在好氧消化中，确定恰当的曝气量是很重要的。一方面要为微生物好氧消化提供充足的氧源（消化池内 DO 浓度大于 2.0mg/L），同时满足搅拌混合的要求，使污泥处于悬浮状态。另一方面，若曝气量过大会增加运行费用。好氧消化可采用鼓风曝气和机械曝气，在寒冷地区采用淹没式的空气扩散装置有助于保温，而在气候温暖的地区可采用机械曝气。当氧的传输效率太低或搅拌不充分时，会出现泡沫问题。

（5）污泥类型　CAD 消化池内污泥停留时间与污泥的来源有关。一般认为，CAD 适用于处理剩余污泥，而对初沉污泥则需要更长的停留时间。这是因为初沉池污泥以可降解颗粒有机物为主。微生物首先要氧化分解这部分有机物，合成新的细胞物质，只有当有机物不足时，才会消耗自身物质，进入内源呼吸阶段。

CAD 工艺具有运行简单、管理方便、基建费用低等优点。但由于需长时间连续曝气，运行费用较高。且受气温影响较大，在低温时处理效果变差，对病原菌的灭活能力较低。另外，CAD 工艺中会发生硝化反应，一方面消耗碱度，引起 pH 值下降，另一方面因硝化反应耗氧，而致使供氧的动力费用提高。因此促使人们对传统好氧消化工艺进行改造，提出了缺氧 / 好氧消化工艺（A/AD）。

2.A/AD 工艺

缺氧 / 好氧消化工艺（anoxic/aerobic digestion，A/AD）即在 CAD 工艺的前端加一段缺氧区，使污泥在该段发生反硝化反应，其产生的碱度可补偿硝化反应中所消耗的碱度，所以不必另行投碱就可使 pH 值保持在 7 左右。A/AD 工艺需氧量比 CAD 工艺要少。

图 5-21 中介绍了 A/AD 工艺的三种常见的流程图。其中，Ⅰ 工艺可实现对间歇进泥的 CAD 工艺的改造，通过间歇曝气产生好氧和缺氧期，并要在缺氧期加搅拌设备而使污泥处于悬浮状态，促使污泥发生充分的反硝化。Ⅱ、Ⅲ 工艺是将缺氧区和好氧区分建在两个池子

里，而且两个工艺都需要硝化液回流，以提供反硝化所需的硝酸盐。

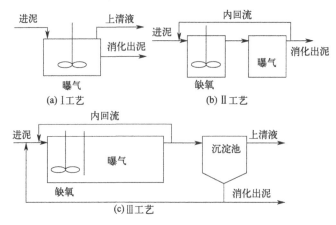

图 5-21　A/AD 工艺流程

A/AD 消化池内污泥浓度及污泥停留时间等都与 CAD 工艺相似。CAD 和 A/AD 工艺的主要缺点是供氧的动力费用较高、污泥停留时间较长，特别是对病原菌的去除率低。将温度提高到高温范围（43～70℃）会大大提高对病原菌的去除，由此而开发了高温好氧消化工艺。

3.ATAD 工艺

自热高温好氧消化工艺（autoheated thermophilic aerobic digestion，ATAD）利用有机物好氧氧化所释放的代谢热，达到并维持高温，而不需要外加热源。由于采用较高的温度，消化时间大大缩短（约 6d），高温好氧消化具有较高的悬浮固体去除率，并且能达到杀灭病原菌的目的，见图 5-22。

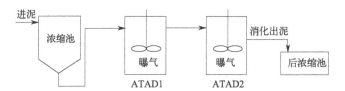

图 5-22　ATAD 工艺流程

达到自热高温好氧消化通常需要以下三个条件。

① 进泥首先要经过浓缩，MLSS 浓度达 40000～60000mg/L（或 VSS 浓度最少为 25000mg/L），这样才能产生足够的热量。

② 反应器要加盖，采用封闭的反应器，同时反应器外壁还要采取绝热措施，以减少热传导的热损失。

③ 采用高效氧转移设备减少蒸发热损失，有时甚至采用纯氧曝气。

为防止短流并尽量杀灭病原菌，典型的 ATAD 系统一般采用间歇（分批）操作，至少两个反应器串联运行。第一段温度通常为 45℃左右，一般不超过 55℃。第二段温度通常为 50～60℃，一般不超过 70℃。

ATAD 工艺的影响因素有以下几个方面。

① 进泥的要求。进入 ATAD 的污泥均应先进行浓缩，一方面可以减少消化反应器

的体积，降低搅拌和曝气的能耗；另一方面可以提供足够的热量，使反应器温度达到高温范围。一般污泥经过重力浓缩即可满足要求。污泥负荷（以 BOD_5 和 MLVSS 计）为 F/M=0.1 ~ 0.15kg/（kg·d）的污泥适合用 ATAD 法处理。

② 曝气和搅拌。ATAD 采用高效率的曝气系统，氧转移率一般大于 15%，这样不仅可以减少能量消耗，还可降低因供氧造成的热能损失。在 ATAD 中由于进泥的浓度相当高，再加上高温的作用，一般会有泡沫产生，有时甚至相当严重。因此在 ATAD 设备中应提供相应的泡沫控制设备。

③ pH 值。在 ATAD 中，由于高温抑制了硝化细菌的生长繁殖，硝化作用一般不会发生，因此需氧量会比 CAD 大大降低，同时在 CAD 中由于硝化作用而使 pH 值降低的问题也得到了解决，实际上，在 ATAD 中 pH 值通常可以达到 7.2 ~ 8.0。而 pH 值的提高也会相应地提高对病原菌的灭活效果。

ATAD 法能加快生物反应速率，使需要的消化池容积缩小；能杀灭大部分的病原细菌、病毒和寄生虫；同时由于高温抑制了硝化作用，大大减少了氧的需求。这些优点使得 ATAD 在北美和欧洲的一些小型污水厂被广泛采用。

20 世纪 80 年代以后，人们又开发了一种两段污泥消化工艺将自热高温好氧消化工艺与中温厌氧消化工艺相结合，即以一个一段的高负荷 ATAD 系统对污泥进行预处理后再进入中温厌氧反应器。工艺流程如图 5-23 所示。

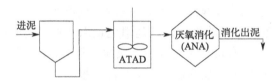

图 5-23　两段污泥消化工艺

各污泥好氧消化工艺的比较及应用如表 5-5 所示。

表 5-5　污泥好氧消化工艺比较

工艺	优点	缺点
CAD	工艺成熟； 机械设备简单； 操作运行简单； 能够在一池中同时实现浓缩和污泥稳定； 上清液 BOD 含量低	动力费用高； 对病原菌的灭活率低； 需要相当长的 SRT； 需要相当大的反应器体积； 由于硝化作用使 pH 值下降； 消化污泥的脱水性能差
A/AD	提供 pH 控制； 其他同 CAD	工艺较新，运行经验少； 动力费用仍较高； 其他同 CAD
ATAD	SRT 短，反应器体积小； 抑制硝化作用，需氧量相对少； pH 值没有下降； 对病原菌的杀灭效果好； 比 CAD、A/AD 能耗低； 脱水性能可能优于 CAD 及 A/AD	机械设备复杂； 泡沫问题； 新工艺，经验少； 动力费仍相当高； 需增加浓缩工序； 进泥中应含有足够的可降解固体

消化池运行过程中常见的异常现象和处理措施有哪些？

（1）产气量下降　产气量下降的原因与解决办法如下。

① 投加的污泥浓度过低，甲烷菌的底物不足。应设法提高投配污泥浓度。

② 消化污泥排量过大，使消化池内甲烷菌减少，破坏甲烷菌与营养的平衡。应减少排泥量。

③ 消化工艺温度降低，可能是由于投配的污泥过多或加热设备发生故障。解决办法是减少投配量与排泥量，检查加温设备，保持消化温度。

④ 消化池容积减少，原因是消化池内浮渣的积累使消化池的容积减小。应及时排除浮渣。

⑤ 沼气漏出。原因是消化池、输气系统的装置和管路漏气，应及时进行检修。

⑥ 过多的酸生成。投加污泥量过大，使池内 pH 值下降，对厌氧菌产生抑制，使产气量减少。对策是先减少或终止投泥和排泥，继续加热，观察池内 pH 值的变化情况。

（2）消化池排泥不畅　由于池内浮渣与沉砂量增多，检查池内搅拌效果及沉砂池的沉砂效果，尽量减少大量无机物，排除浮渣与沉砂。

（3）有机酸积累，碱度不足　其解决办法是先控制 pH 值，同时减少投配量，观察池内碱度的变化，如不能改善，则应增加碱度，如投加石灰、$CaCO_3$ 等。

（4）沼气的气泡异常　沼气的气泡异常有以下三种表现形式。

① 连续喷出像啤酒开盖后出现的气泡，这是消化状态严重恶化的征兆，原因可能是排泥量过大，池内污泥量不足，或有机物负荷过高，或搅拌不充分，或温度下降，或池内浮渣较多。解决办法是减少或停止排泥，加强搅拌，减少污泥投配。

② 大量气泡剧烈喷出，但产气量正常，池内由于浮渣层过厚，沼气在层下集聚，一旦沼气穿过浮渣层就有大量沼气喷出。对策是破碎浮渣层，进行充分搅拌。

③ 不起泡。可暂时减少或中止投配污泥，充分搅拌，调节消化温度到正常值。

（5）消化池沼气压力升高　其原因是消化池沼气输出管道产生阻力，一般有以下几种情况。

① 采用沼气非连续搅拌时，搅拌初期池内沼气因搅拌而大量溢出，造成流量短时间内增大，引起压力升高。一般采用缩短搅拌周期的办法，即可避免此类现象发生。

② 沼气管存在水阻现象，一般沼气管 U 形弯处易发生此类情况。在最低点处设放水阀，并定期放水即可。

③ 沼气过滤和脱硫系统因结垢引起阻力增大。定期清洗沼气过滤器和脱硫系统中的滤料，即可防止结垢过多。

（6）化学沉积　在消化系统出水管的弯头及后浓缩池出水口处，常产生鸟粪石沉积，氨氮和镁离子浓度较高是鸟粪石形成的主要原因，严重时鸟粪石的厚度可达 5cm，常发生堵塞管道现象。解决办法有：在弯头处增设法兰短管，定期拆开清理；投加铁盐，与磷酸根结合生成磷酸铁，阻止或减缓鸟粪石结晶体的形成。

（7）上清液水质恶化　上清液水质恶化表现为 BOD 和 SS 浓度增加，原因可能是排泥量不够，固体负荷过大，消化程度不够，搅拌过度，等等。解决办法是分析上述可能原因，分别加以解决。

子情境 5-2　污泥的处置

任务 5-3　污泥的干化和焚烧

 学习目标

● 知识目标

① 理解污泥焚烧工艺的使用条件、特点、类型及其原理；
② 理解污泥干燥的目的、原理、设备的类型等；
③ 掌握污泥焚烧设备的类型、构造、工作过程等。

● 能力目标

能够完成回转式污泥焚烧炉的开车操作。

 任务描述

某污水处理厂的回转式污泥焚烧炉需要开车启动。

任务实施

任务名称	污泥的干化和焚烧		
任务提要	知识点：污泥的干化（目的、分类、工艺、设备）；污泥的焚烧（分类、原理，设备）		
任务描述	某污水处理厂的污泥处理采用干化焚烧工艺，需要对回转式污泥焚烧炉进行开车操作		
知识储备	1. 在什么情况下采用污泥焚烧工艺？焚烧的热量由什么提供？		
	2. 污泥焚烧前要进行的预处理是什么？不需要进行的是什么？为什么？		
	3. 污泥干燥的原理、目的是什么？干燥设备有哪些类型？		
	4. 污泥焚烧分为哪两种类型？		
	5. 什么是污泥的完全焚烧？		
	6. 污泥完全焚烧的设备有哪些？		
	7. 回转式焚烧炉怎样工作的？		
任务 完成过程	制订处理方案		
	试操作成绩： 存在问题：		
知识拓展	1. 什么是湿式燃烧？		
	2. 湿式燃烧有哪些用途？		
	3. 污泥干化焚烧处理的关键技术包括哪些？		
任务评价	个人评价		
	组内互评		
	教师评价		
任务反思	收获心得		
	存在问题		
	改进方向		

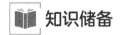 知识储备

一、污泥干化（干燥）

污泥无论来自工业还是市政，其处理的一个可行目标就是使所有来自工业中的污染物作为原料返回到工艺中去。污染物事实上都是中间过程流失的原料，造成流失的媒介大多数情况下是水，去除水，将使得大量的潜在污染物重新得到利用。

污泥所含的污染物一般均有很高的热值，但是由于大量水分的存在，这部分热值无法得到利用。如果焚烧高含水率的污泥，不但达不到热值，还需要大量补充燃料才能完成燃烧。

如果将污泥的含水率降到一定程度，燃烧就是可能的，而且，燃烧所得到的热量可以满足部分甚至全部进行干化的需要。同样的道理，无论制造建材还是其他利用，减少含水率是关键。因此，可以说污泥干化或半干化事实上是污泥资源化利用的第一步。

1. 污泥干化概述

干化是为了去除水分，水分的去除要经历以下两个主要过程。

（1）蒸发过程 指物料表面的水分汽化。由于物料表面的水蒸气压低于介质（气体）中的水蒸气分压，水分从物料表面移入介质。

（2）扩散过程 是与汽化密切相关的传质过程。当物料表面水分被蒸发掉，物料表面的湿度低于物料内部湿度，此时，需要热量的推动力将水分从内部转移到表面。

上述两个过程的持续、交替进行，基本上反映了干燥的机理。干燥是由表面水汽化和内部水扩散这两个相辅相成、并行不悖的过程来完成的，一般来说，水分的扩散速度随着污泥颗粒的干燥度增加而不断降低，而表面水分的汽化速度则随着干燥度增加而增加。由于扩散速度主要是热能推动的，对于热对流系统来说，干燥器一般均采用并流工艺，多数工艺的热能供给是逐步下降的，这样就造成在后半段高干度产品干燥时速度的降低。对热传导系统来说，当污泥的表面含湿量降低后，其换热效率急速下降，因此必须有更大的换热表面积才能完成最后一段水分的蒸发。

污泥干燥中所谓的干化和半干化的区别在于干燥产品最终的含水率不同，这一提法是相对的。全干化指较高含固率的类型，如含固率85%以上；而半干化则主要指含固率在50%～65%之间的类型。

如果说干化的目的是卫生化，则必须将污泥干燥到较高的含固率，最高可能要求达到90%以上，此时，污泥所含的水分大大低于环境温度下的平均空气湿度，回到环境中时会逐渐吸湿。

如果说干化的目的仅仅是减量化，则会产生不同的含固率要求。将含固率为20%的湿泥干化到90%或干化到60%，其减量比例分别为78%和67%，相差仅11个百分点。根据最终处置目的的不同，对含固率的要求不同。比如填埋，填埋场的垃圾含固率平均低于60%，要求污泥达到90%含固率从经济上来讲没有实际意义。

所以，将污泥干燥到该处置环境下的平衡稳定湿度，即周围空气中的水蒸气分压与物料表面上的水蒸气压达到平衡，应该是最经济合理的要求。

有些污泥干化工艺可以将湿污泥处理至含固率为50%～65%，而这时的处理量明显高于全干化时的处理量。其原因如下。

① 对于干燥系统来说，干燥时间决定了干燥器的处理量。当物料的最终含水率较高（所谓半干化）时，蒸发相同水量的时间要少于最终含水率高的情况（所谓全干化），单位处理时间内可以有更高的处理量。

② 污泥在不同的干燥条件下失去水分的速率是不一样的，当含湿量高时失水速率高，相反则降低。大多数干化工艺需要 20 ～ 30min 才能将污泥从含固率 20％干化至 90％。

2. 污泥干化工艺

干化意味着在单位时间里将一定数量的热能传给物料所含的湿分，这些湿分受热后汽化，与物料分离，失去湿分的物料与汽化的湿分被分别收集起来，这就是干化的工艺过程。从设备角度来描述这一过程，包括上料、干化、气固分离、粉尘捕集、湿分冷凝、固体输送和储存等。

如果因物料的性质（黏度、含水率等）可能造成干化工艺的不稳定性的（如黏着、结块等），则有必要采用部分干化后产品与湿物料混合的工艺（返料、干泥返混）。此时，在上料之前和固体输送之后应相应增加输送、储存、分离、粉碎、筛分、提升、混合、上料等设备。

（1）污泥干化的加热方式　分为直接干化和间接干化两种。

干化是依靠热量来完成的，热量一般都是能源燃烧产生的。燃烧产生的热量存在于烟道气中，这部分热量的利用形式有两类。

① 直接利用。将高温烟道气直接引入干燥器，通过气体与湿物料的接触、对流进行换热。这种做法的特点是热量利用的效率高，但是如果被干化的物料具有污染物性质，也将带来排放问题，因为高温烟道气的进入是持续的，因此也造成同等流量的、与物料有过直接接触的废气必须经特殊处理后排放。

② 间接利用。将高温烟道气的热量通过热交换器，传给某种介质，这些介质可能是导热油、蒸汽或者空气。介质在一个封闭的回路中循环，与被干化的物料没有接触。热量被部分利用后的烟道气正常排放。间接利用存在一定的热损失。

对干化工艺来说，直接或间接加热具有不同的热效率损失，也具有不同的环境影响，是进行项目环境影响评价和经济性考察的重要内容。

直接加热形式中热源烟气直接成为介质，其热效率接近燃烧效率本身。其余加热形式均是通过换热设备将热传给某种介质的间接加热。烟气可以通过热交换器将热量传给空气，空气作为换热介质与湿物料进行接触。烟气可以通过热交换器将热传递给导热油或蒸汽，然后利用导热油或蒸汽来加热金属或工艺气体，由金属热表面或工艺气体与湿物料进行接触。这两类通过热交换器的换热均形成一定的热损失，一般来说在 8％ ～ 15％之间。

以导热介质为热油对间接干化工艺加以说明：热源与污泥无接触，换热是通过导热油进行的，相应设备为导热油锅炉。

导热油锅炉在我国是一种成熟的化工设备，其标准工作温度为 280℃，这是一种有机质为主要成分的流体，在一个密闭的回路中循环，将热量从燃烧所产生的烟气转移到导热油中，再从导热油传给介质（气体）或污泥本身。导热油获得热量和将热量给出的过程形成一定的热量损失。一般来说，导热油锅炉的热效率介于 80％ ～ 90％之间（含废热利用）。

根据干燥器的最大蒸发量，以及该干燥工艺的实际热能消耗，可以得到一个每小时最大热能净消耗的需求量，将导热油锅炉的热效率考虑进来，即可得到导热油锅炉的选型参照标准。

（2）污泥干化的热源　干化的主要成本在于热能，降低成本的关键在于是否能够选择和利用恰当的热源。

干化工艺根据加热方式的不同，其可利用的能源来源有一定区别，一般来说间接加热方式可以使用所有的能源，其利用的差别仅在温度、压力和效率。直接加热方式则因能源种类不同，受到一定限制，其中燃煤炉、焚烧炉的烟气因量大和腐蚀性污染物存在而难以使用，蒸汽因其特性无法利用。

按照能源的成本，从低到高，分列如下。

烟气：来自大型工业、环保基础设施（垃圾焚烧炉、电站、窑炉、化工设施）的废热烟气是零成本能源，如果能够加以利用，是热干化的最佳能源。温度必须高，地点必须近，否则难以利用。

燃煤：非常廉价的能源，以烟气加热导热油或蒸汽，可以获得较高的经济可行性。尾气处理方案是可行的。

热干气：来自化工企业的废能。

沼气：可以直接燃烧供热，价格低廉，也较清洁，但供应不稳定。

蒸汽：清洁，较经济，可以直接全部利用，但是将降低系统效率，提高折旧比例。可以考虑部分利用的方案。

燃油：较为经济，以烟气加热导热油或蒸汽，或直接加热利用。

天然气：清洁能源，但是价格较高，以烟气加热导热油或蒸汽，或直接加热利用。

所有的干化系统都可以利用废热烟气来进行。其中，间接干化系统通过导热油进行换热，对烟气无限制性要求；而直接干化系统由于烟气与污泥直接接触，虽然换热效率高，但对烟气的质量具有一定要求，这些要求包括含硫量、含尘量、流速和气量等。

只有间接加热工艺才能利用蒸汽进行干化，但并非所有的间接工艺都能获得较好的干化效率。一般来说，蒸汽由于温度相对较低，必然在一定程度上影响干燥器的处理能力。

蒸汽的利用一般是首先对过热蒸汽进行饱和，只有饱和蒸汽才能有效地加以利用。饱和蒸汽通过换热表面与工艺气体（空气、氮气）或物料接触时，蒸汽冷凝为水，释放出全部汽化热，这部分能量就是蒸汽利用的主要能量。

（3）污泥干化厂的系统组成　一般来说，干化工艺需要配备以下基础配套设施，但根据工艺可能有较大变化。

① 冷却水循环系统：用于干泥产品的冷却等。

② 冷凝水处理系统：用于工艺气体及其所含杂质的洗涤等。

③ 工艺水系统：提供用于安全系统的自来水。

④ 电力系统：提供整个系统的供电。

⑤ 压缩空气系统：用于气动阀门的控制。

⑥ 氮气储备系统：用于干泥料仓以及工艺回路的惰性化。

⑦ 除臭系统：用于湿泥料斗、储仓、工艺回路的不可凝气体的处理。

⑧ 制冷系统：用于导热油热量撤除。

⑨ 消防系统：为整厂配置灭火系统和安全区。

（4）干泥返混　进料含水率的变化对于干化系统来说是非常重要的经济参数。这个数值越低，意味着投资越大。此外，它还是一个有关安全性的重要参数。

含水率因不同来源的湿泥（可能来自几个不同的污水处理厂）、脱水机的运行不正常（机械故障、机械效率降低、更换絮凝剂或改变添加量）等原因，可能出现波动。当波动幅度超过一定范围时，就可能对干化的安全性形成威胁。

产生危险的原因在于干燥系统本身的特点。一般干燥系统在调试的过程中，给热量及其相关的工艺气体量已经确定，仅通过监测干燥器出口的气体温度和湿度来控制进料装置的给料量。

给热量的确定，意味着单位时间里蒸发量的确定。当进料含水率变化，而进料量不变时，系统内部的湿度平衡将被打破，如果湿度增加，可能导致干化不均；如果湿度减少，则意味着粉尘量的增加和颗粒温度的上升。

全干化系统的含水率变化较为敏感，在直接进料时，理论上最多只允许2个百分点的波动（如设定20%，而实际22%），此时由于污泥水分的急剧减少，干燥器内产品的温度会升高，形成危险环境。由于这一区间非常狭小，对调整湿泥进料量的监测反馈系统要求较高。

解决湿泥含水率变化敏感性的最好方法是在可能的范围内降低最终产品的含固率。当最终含固率从90%降为80%时，理论上可允许5个百分点的波动（如设定20%，而实际25%）。

大多数全干化工艺都采用了干泥返混。这样做的目的一般都是为了避免污泥的胶粘相特性使之在干燥器内易于黏着、板结，另外一个好处正是由此扩大了可允许的湿泥波动范围。

干泥返混一般要求将原含固率20%～25%的湿泥，经过添加相当于湿泥重量1～2倍的已经干化到90%以上的干泥细粉，将其混合到平均含固率60%～70%。从绝干物质量上增加了7倍以上。如果将干燥器的湿泥进料含固率设定为60%，其最高理论波动范围可以达到66%，这对返混工艺来说应该是可以轻松实现的。

3. 污泥干化设备

目前，市场上的污泥干燥设备主要有：三通式回转圆筒干燥机（即转鼓干燥机）、普通回转圆筒干燥机、间接加热式回转圆筒干燥机、带粉碎装置的回转圆筒干燥机、流化床干燥机、蝶式干燥机、桨叶式干燥机、盘式干燥机、带式干燥机、太阳能污泥干燥房等。

（1）三通式回转圆筒干燥机　三通式回转圆筒干燥机的结构如图5-24所示。

由于普通的回转圆筒干燥机，包括三通式回转圆筒干燥机，只能干燥颗粒状的物料，所以，湿污泥首先要与干污泥进行混合，产生含水40%左右的半干污泥，然后再进入三通式回转圆筒干燥机进行干燥。干湿污泥的比例大约为（1.5～2）∶1。因此，此系统需要混合机、粉碎机和筛分机。整个系统的投资很大。其运行参数为：热空气进口温度为650℃；热空气出口温度为100℃；蒸发每公斤水需消耗8170kJ的热量。

（2）普通回转圆筒干燥机　普通回转圆筒干燥机的工艺流程与三通式回转圆筒干燥机相似，只是能耗稍高。

转筒干燥机的主体是略带倾斜并能回转的圆筒体。湿物料从左端上部加入，经过圆筒内部时，与通过筒内的热风或加热壁面进行有效接触而被干燥，干燥后的产品从右端下部收集。在干燥过程中，物料借助于圆筒的缓慢转动，在重力的作用下从较高一端向较低一端移动。干燥过程中所用的热载体一般为热空气、烟道气或水蒸气等。如果热载体（如热空气、烟道气）直接与物料接触，则经过干燥机后，通常用旋风除尘器将气体中挟带的细粒物料捕集下来，废空气则经旋风除尘器后放空。

回转圆筒干燥机是一种处理大量物料干燥的干燥机。由于运转可靠，操作弹性大，适应性强，处理能力大，广泛使用于冶金、建材、轻工等行业。回转圆筒干燥机一般适用于颗粒状物料，也可用部分掺入干物料的办法干燥黏性膏状物料或含水量较高的物料，并已成功地用于溶液物料的造粒干燥中。

图 5-24　三通式回转圆筒干燥机　　　　图 5-25　回转圆筒干燥机

回转圆筒干燥机（图 5-25）的主体是略带倾斜并能回转的圆筒体。湿物料从高端上部加入，与通过筒体内的热风或加热壁面进行有效接触被干燥，干燥后的产品从低端下部收集。在干燥过程中，物料借助于圆筒的缓慢转动，在重力的作用下从较高一端向较低一端移动。筒体内壁上装有抄板，它不断地把物料抄起又洒下，使物料的热接触表面增大，以提高干燥速率并促使物料向前移动。回转圆筒干燥机是传统干燥设备之一，由于有其他干燥设备不可替代的一些特点，所以人们在不断地进行优化改进后，目前仍被广泛使用于冶金、建材、化工等领域。

（3）间接加热式回转圆筒干燥机　　间接加热式回转圆筒干燥机的工艺流程也与三通式回转圆筒干燥机相似。将待干燥的污泥通过进料装置均匀地送入回转圆筒内。在间接加热式回转圆筒干燥机中，热量通过筒壁内部的加热装置（如蒸汽盘管或热油夹套）传递给筒壁，再由筒壁传导给污泥。随着圆筒的转动，污泥在筒内不断被翻动和向前输送，逐渐受热，水分得以蒸发。干燥完成的污泥在圆筒的另一端排出。这种干燥机的优点主要有：间接加热的方式可以避免污泥受到污染，保证干燥后的污泥质量；能够处理较大产量的污泥；结构相对简单，操作方便，故障少，设备维护费用较低；适应范围较广，可用于不同类型的污泥干燥。

在实际应用中，也需要注意一些问题，例如，要根据污泥的特性（如初始含水率、成分等）合理调整干燥机的运行参数，以确保干燥效果和效率；定期对设备进行维护和检查，保证其正常运行和安全性等。

（4）带粉碎装置的回转圆筒干燥机　　由于带粉碎装置的回转圆筒干燥机可直接干燥湿污泥，因此不需要混合过程，也就不需要混合机、粉碎机和筛分机，因此回转圆筒干燥机系统的投资小。但是，对于湿污泥的干燥，其终水分只能到 30% ～ 40%。如果干燥到 10% 以下水分，需要两级干燥。如果干燥后的污泥用于焚烧，30% ～ 40% 已经足够。

直接干燥湿污泥，由于回转圆筒很短，因此回转圆筒干燥机可采用较高的进口温度。对于污泥干燥，其进口温度可达 850℃ 以上，所以热能消耗比上述的所有回转圆筒干燥机都低，每公斤水需消耗 7659kJ 的热量（对于两级干燥）。

（5）带式干燥机　　带式干燥机（图 5-26、图 5-27）由若干个独立的单元段组成。每个单元段包括循环风机、加热装置、单独或公用的新鲜空气抽入系统和尾气排出系统。对干燥介质数量、温度、湿度和尾气循环量操作参数，可进行独立控制，从而保证带式干燥机工作的可靠性和操作条件的优化。带式干燥机操作灵活，湿物进料，干燥过程在完全密封的箱体内进行，劳动条件较好，避免了粉尘的外泄。

图 5-26　带式干燥机　　　　　　　　图 5-27　带式干燥机结构简图

物料由加料器均匀地铺在网带上，网带采用 12～60 目不锈钢丝网，由传动装置拖动在干燥机内移动。干燥机由若干单元组成，每一单元热风独立循环，部分尾气由专门排湿风机排出，废气由调节阀控制，热气由下往上或由上往下穿过铺在网带上的物料，加热干燥并带走水分。网带缓慢移动，运行速度可根据物料温度自由调节，干燥后的成品连续落入收料器中。上下循环单元根据用户需要可灵活配备，单元数量可根据需要选取。

（6）桨叶式干燥机　空心桨叶干燥机主要由带有夹套的 W 形壳体和两根空心桨叶轴及传动装置组成，是一种连续传导加热干燥机。轴上排列着中空叶片，轴端装有热介质导入的旋转接头。干燥水分所需的热量由带有夹套的 W 形槽的内壁和中空叶片壁传导给物料。物料在干燥过程中，带有中空叶片的空心轴在给物料加热的同时又对物料进行搅拌，从而进行加热面的更新。

加热介质为蒸汽、热水或导热油。加热介质通入壳体夹套内和两根空心桨叶轴，以传导加热的方式对物料进行加热干燥，不同的物料空心桨叶轴结构有所不同。

物料由加料口加入，在两根空心桨叶轴的搅拌作用下，更新界面，同时推进物料至出料口，被干燥的物料由出料口排出。

桨叶式干燥机（图 5-28）需要由蒸汽或导热油提供热量。所以需要锅炉及锅炉房。另外其产品是粉状，对存储和使用不便。在干燥后，需要进行造粒。桨叶式干燥机在小型废水处理厂得到了广泛的应用。

（7）盘式干燥机　工艺的能源采用天然气或沼气，利用热油炉加热导热油，然后通过导热油在干燥器圆盘和热油炉之间的循环，将热量间接传递给污泥颗粒，从而使污泥干化。污泥涂层机为盘式工艺的重要设备，循环的干燥污泥颗粒在此被涂覆上一层薄的湿污泥，涂覆过的污泥颗粒被送入污泥颗粒干燥器，均匀地散在顶层圆盘上。通过与中央旋转主轴相连的耙臂上的耙子的作用，污泥颗粒在上层圆盘上作圆周运动，从内逐渐扫到圆周的外延，然后散落到第二层圆盘上，借助于旋转耙臂的推动作用，污泥颗粒从干燥器的上部圆盘通过干燥器直至底部圆盘。

每个污泥颗粒平均循环 5～7 次，每次都有新的湿污泥层涂覆到输入的颗粒表面，最后形成一个坚硬的圆形颗粒。

干燥后的颗粒进入分离料斗，一部分颗粒被分离出再返回涂层机，另一部分粒径合格的颗粒通过进一步冷却后送入颗粒储存料仓。

排气风机将污泥干燥器中的气体抽出，经冷凝器去除气体中的气态水后，送入热油锅炉中，经高温焚烧，彻底去除气味后高空排放。

盘式干燥机的结构与桨叶式干燥机相似，优点是工艺简单，尾气量少，容易处理。但也需要由蒸汽或导热油提供热量，所以需要锅炉及锅炉房。

盘式干燥机的传热效果相对较差，主要体现在以下几个方面。

① 接触面积有限。盘式干燥机中物料与加热面的接触面积相对较小，限制了热量的传递效率。

② 热阻较大。由于结构和物料分布等原因，热量在传递过程中遇到的热阻较大，导致传热速度较慢。

然而，尽管其传热效果相对不佳，但在一些特定情况下仍有应用优势。例如，对于一些对温度和传热速度要求不是特别高，但对物料的干燥均匀性和处理特殊性质物料有较高要求的场合，盘式干燥机的其他特点可以弥补传热效果的不足。

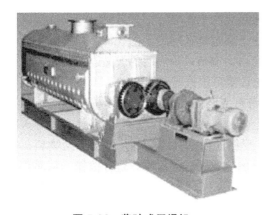

图 5-28　桨叶式干燥机

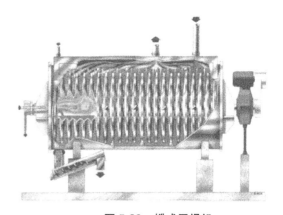

图 5-29　蝶式干燥机

（8）蝶式干燥机　蝶式干燥机的结构如图 5-29 所示。蝶式干燥机可以对污泥进行半干或全干处理。其产品也是粉状。

（9）太阳能污泥干燥房　将脱水后的污泥放置于温室中，利用太阳能蒸发污泥中的水分即可获得 60% ~ 80% 的干化污泥，运行中可利用搅拌轮将污泥翻转平铺在地板上或增加强制通风以提高蒸发效率。这种工艺设计简单，投资运行费用低，但需要很大的占地面积，适合于产泥量较低、污泥用作农业应用并需长期储存的场合。

（10）流化床干燥机　工艺的热能采用蒸汽，通过换热器将热量间接传递给污泥，从而使污泥干化。工艺的主要设备为流化床干燥器。污泥直接送入流化床干燥器内，无须任何前段准备。在流化床内通过激烈的流态化运动形成均匀的污泥颗粒，整个系统在一封闭性的气体回路中运行，干化系统中的细颗粒在旋风除尘器中被收集，然后与少量湿污泥混合后送回污泥干燥器。经除尘后的气体中含有大量的气态水，需要经过污水厂出水冷却回收气态水后方可进入鼓风机，经增压后返回流化床干燥器。

在运行期间，循环的气体自成惰性化，氧气的含量降低到几乎为零。流化床干燥机的干化能力由能量的供应所决定，即由热油温度或蒸气温度决定。根据所能获得的热量和床内的固定温度，一个特定的水蒸发量被确定。进料量的波动或进料水分的波动，在连续供热温度保持恒定的情况，会使蒸发率发生变化。一旦温度变化，自动控制系统分别通过每台泵的变频调速控制器调节给供料分配器供料泵的供料速率，从而使干燥机的温度保持恒定。根据污泥的特性和污泥的含水率，污泥的进料量有所变化。

干化颗粒经冷却后，通过被密闭安装在惰性气体环境中的传送带送至干颗粒储存料仓。为保证安全，料仓同时被惰性气体化。干化系统中产生的少量废气被送入生物过滤器，经生物除臭处理后排入大气。

二、污泥焚烧

污泥经焚烧后，含水率可降为 0，使运输与最终处置大为简化。污泥在焚烧前应进行有效的脱水干燥。焚烧所需热量由污泥自身所含有机物的燃烧热值或辅助燃料提供。如采用污泥焚烧工艺，则前处理不必用污泥消化或其他稳定处理，以免由于有机物减少而降低燃烧热值。

污泥焚烧可分为两种类型：完全焚烧和湿式燃烧（即不完全焚烧）。

（一）完全焚烧

在高温、供氧充足、常压条件下，焚烧污泥，使污泥所含水分被完全蒸发，有机物质被完全氧化，焚烧的最终产物是 CO_2、H_2O 等气体及焚烧灰。

1. 回转焚烧炉

回转焚烧炉又称转窑，如图 5-30 所示。它是一个大圆柱筒形，外围有钢箍，钢箍落在传动轮轴上，由传动轮轴带动炉体旋转。炉体内壁衬以重型硬面耐火砖并设有径向炒板，促使污泥翻动。炉体的进料端比出料端略高，炉身具有一个倾斜度，炉料可以沿炉体长度方向移动。回转炉的前段约 1/3 炉长长度为干燥带，后段约 2/3 炉长长度为燃烧带。

回转炉投入运转之前，先用石油气或燃料油燃烧预热炉膛，然后投入脱水后的污泥饼。污泥从炉体高端进入，从低端排出，燃料油从低端喷入，所以低端始终具有最高温度，而高端温度较低。随着炉体转动，污泥从高端缓缓向低端移动。首先在干燥带内，污泥进行预热干燥，达到临界含水率 10% ~ 30% 后，污泥的温度和热气体的湿球温度一样约 160℃，进行恒速蒸发，然后温度开始上升，达到着火点，在燃烧带内经干馏后的污泥着火燃烧，污泥颗粒径为 3 ~ 10mm 时，其燃烧受内部扩散控制，所以气体与颗粒的相对速度越大或灰尘越薄，燃烧速度越快。燃烧带的温度可达 700 ~ 900℃。

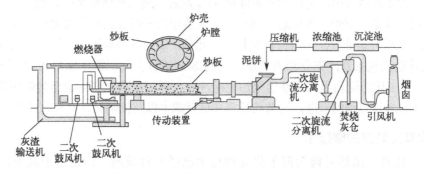

图 5-30　回转窑式污泥系统的流程和设备

2. 立式多段焚烧炉

立式多段焚烧炉是一个内衬耐火材料的钢制圆筒，一般分成6～12层。各层都有旋转齿耙，所有的耙都固定在一根空心转轴上，转数为1r/min。空气由轴的中心鼓入，一方面使轴冷却，另一方面把空气预热到燃烧所需的温度。齿耙用耐高温的铬钢制成，泥饼从炉的顶部进入炉内，依靠齿耙的耙动，翻动污泥，并使污泥自上逐层下落。顶部两层为干燥层、温度为480～680℃，可使污泥含水率降至40%以下。中部几层为焚烧层，温度达760～980℃。下部几层为缓慢冷却层，温度为260～350℃，这几层主要起冷却并预热空气作用。其构造如图5-31所示。

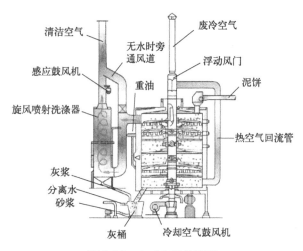

图 5-31　立式多段焚烧炉

（二）湿式燃烧

湿式燃烧指经浓缩的污泥（含水率约为96%），在液态下加温加压并压入压缩空气，使有机物被氧化去除，从而改变污泥结构与成分，脱水性能大大提高。湿式燃烧有80%～90%的有机物被氧化，故又称为不完全焚烧或湿式氧化。

湿式燃烧是在高温、高压下进行，所用的氧化剂为空气中的氧气或纯氧、富氧。湿式燃烧法主要应用于：①污泥或高浓度工业污水；②含危险物、有毒物、爆炸物的污水；③回收有用物质如混凝剂、碱等；④再生活性炭等。

三、污泥干化－焚烧联合技术

污泥的干化、焚烧工艺日趋成熟和完善。上海市青浦区污泥干化焚烧项目是上海市"十三五"期间环保重点工程、青浦区重大环境基础项目。项目于2021年通过质监站现场竣工验收进入试生产期。该项目设计总规模600t/d，分二期建设，其中近期规模300t/d，可完全满足青浦日常污泥处理。

该项目创新采用"薄层干化＋鼓泡式流化床＋烟气处理"的干化焚烧处理工艺，设置两条生产线。在污泥干化过程中，污泥含水率降至55%左右后送入焚烧炉焚烧，烟气经净化处理工艺达标后排放。从余热锅炉、静电除尘器排出的灰渣作为一般废物外运处置；袋式除尘器收集的飞灰经稳定化后外运处置，可用作建筑材料。此外，项目依据顺流设计、错落有序原则，优化半干污泥输送系统布置，充分利用焚烧车间约24m垂直空间，将干化机布置于焚烧主车间12.5m平台，半干化污泥利用重力跌落至污泥缓冲仓，再短距离水平输送至焚烧炉焚烧，有效解决了污泥干化输送过程的难题，对节约投资和运行成本以及控制臭气具有积极意义。

1. 干化焚烧处理关键技术

（1）废气治理　虽然目前污泥干化处理技术已经非常成熟，但是由于其原料来源的差异，其化学特性也不尽相同。同时，由于燃烧产生的废气对生态环境的影响也不同，比如燃烧产生的二氧化硫和重金属对生态影响很大，由于二噁英等有害气体的存在，所以要加强对废物的监测和处置，以使废气达到国家规定的排放标准。就拿二噁英来说，它是一种对环境有很大危害的气体，由于在污泥干化过程中会发生化学反应，从而减少二噁英的生成，通过加入化学助剂，可以将燃烧物质与氧充分混合，减少二噁英的排放。或通过其他处理方式，如通过使用袋式收尘器或活性炭自身的吸附性来减少二噁英的含量。

（2）提高污泥处理后产品的利用率　尽管污泥干化后产生的产物，可以通过回收再利用来达到环保和绿色的目标，但是在国内，污泥的资源量较大，所以如何提高污泥的利用率就显得尤为重要。对污泥焚烧后的化学组成进行了比较，结果表明，其组成与陶粒的组成相似。这样，污泥燃烧后的产品就可以取代黏土，制成砖、瓷砖等建筑用材，减少填埋场地的占地面积，并且由于其优异的化学性能，可以为建筑业提供高质量的原料，并且可以减少建筑工程的造价。

（3）减少污泥处置费用　在实践中，由于采用了不同的干燥燃烧设备，因此，最终的费用也会有所不同。从实践中可以看出，污泥的处置费用既包含了设备自身的费用，也包含了设备运行的费用。以使用范围很广的流化床焚烧炉为例，国内设备的价格比国外的设备要便宜 $25\% \sim 50\%$，所以国产焚烧机的生产成本比国外具有一定优势。针对不同工业生产的污泥，特别是某些特定的工业企业，应参照其组成，采用最经济、最环保的工艺，以减少污泥的处理费用。

（4）二次污染控制　污泥中只有80%左右的碳以挥发性物质的形式被彻底燃烧，而不像煤炭那样能够充分燃烧，它是一种完全挥发的物质，所以在污泥燃烧中，挥发性气态燃烧是存在的主要现象。其燃烧过程中 O_2、CO_2 浓度的变化趋势与燃烧过程中的丙烷-空气混合燃烧相似，从理论上讲，污泥燃烧是完全可行的。德国污泥燃烧基本上没有附加烟气脱硝设备，能够将 NO_x 浓度控制在 $200mg/m^3$ 以下，说明通过设计合理的流化床燃烧系统，能够达到排放标准。例如，杭州市萧山区污水处理厂4000t/d污水处理厂的CFB（循环流化床）焚烧炉及烟气治理装置，在实际使用中也获得了良好的效果。污泥灰分中的 SiO_2、Al_2O_3、CaO 可以作为生态水泥、砖、陶瓷、轻骨料等烧结材料，也可作为水泥、陶瓷、轻集料等胶结材料的添加剂，达到回收利用目的。然而，由于目前市场容量有限，在实际操作中无法完全满足污泥处理的产能要求。

2. 污泥干化焚烧工艺的应用发展趋势

由于投资少，运行费用少，利用现有设施、余热和能源的焚烧、混合焚烧和半干化处理技术已被广泛接受。因此，进一步降低外加热能和有效利用污泥热能是今后的一个主要发展趋势。例如，在处理过程中，怎样有效地保证燃烧过程中的水分含量，以减少生产费用，通过高压挤出技术、深度脱水技术代替前期热干化技术，应用和运行成本分析、污泥直接投料和干化后投料燃烧的优选方案，这些将是今后污泥干化焚烧的主要发展趋势。

近年来，我国的污泥焚化处置已有相当的发展，为二次环境的治理作出了巨大的贡献。然而，我国已建的垃圾焚化项目由于其运营周期太短，从节约能源和环境保护等方面考虑，在实际操作中应注意一些问题。与热电厂、水泥厂、城市垃圾联合焚烧处理方案相比，污水的投入量对原有的工艺进行了优化，对烟尘及废料的治理效果较为明显。由于污水中氮、硫等成分多，燃烧时所排放的 SO_2、NO_x 等会使原烟道的负荷增大，为了防止二噁英的形成和污染物的合成，以及 SO_2 对焚烧的侵蚀，必须进行相应的改进，以改善操作的控制。在使用泥石粉生产建筑材料时，必须对重金属进行严格的控制。

 技能训练

回转式污泥焚烧炉的开车操作考核及评分见表 5-6。

表 5-6　考核评分表

序号	考核内容	考核要点	配分/分	评分标准	检测结果	扣分/分	得分/分	备注
1	准备工作	穿戴劳保用品	3	未穿戴整齐扣3分				
		工具、用具准备	2	工具选择不正确扣2分				
2		检查炉体保温是否完好，杂物是否清除，燃料油是否满足开车条件	5	未检查炉体扣3分				
				未检查杂物扣2分				
3		确认引风机、鼓风机、灰渣输送机、转炉旋转阀、旋风分离器、燃烧器、燃料油泵等完好备用	10	每少检查一项扣2分				
4		按规程启运引风机	5	未按规程进行操作，每少或错一步扣2分				
5		按规程启运二次燃烧室鼓风机	5	未按规程进行操作，每少或错一步扣2分				
6		启动回转炉旋转阀	5	未按规程进行操作，每少或错一步扣2分				
7		启动回转炉	5	未按规程进行操作，每少或错一步扣2分				
8		启动旋风分离器的旋转阀	5	未按规程进行操作，每少或错一步扣2分				
9		检测炉内可燃气体浓度，引燃料气点燃长明灯		否认项		—		
10	操作程序	启动燃料油泵	5	未按规程进行操作，每少或错一步扣2分				
11		启动回转炉燃烧器	5	未按规程进行操作，每少或错一步扣2分				
12		启动二次燃烧室燃烧器	5	未按规程进行操作，每少或错一步扣2分				
13		调整回转炉燃烧器进风量	5	未操作扣5分				
14		调整二次燃烧室进风量	5	未操作扣5分				
15		按照升温曲线对回转炉和二次燃烧室进行升温，检查并确认燃烧室内温度高于300℃；二次燃烧室内温度高于500℃	10	未按时检查燃烧室温度扣5分				
				未按时检查二次燃烧室温度扣5分				
16		按规程启运污泥进料器	5	未按规程进行操作，每少或错一步扣2分				
17		按规程启运灰渣输送器	5	未按规程进行操作，每少或错一步扣2分				
18		再次检查、调节燃烧室温度和二次燃烧室温度，使其符合工艺控制参数	5	未按时检查燃烧室温度扣3分				
				未按时检查二次燃烧室温度扣2分				
19	使用工具	正确使用工具	2	工具使用不正确扣2分				
		正确维护工具	3	工具乱摆乱放扣3分				

序号	考核内容	考核要点	配分/分	评分标准	检测结果	扣分/分	得分/分	备注
20	安全及其他	按照国家法规或企业规定		违规一次总分扣 5 分；严重违规停止操作			—	
		在规定时间内完成操作		每超时 1min 总分扣 5 分，超时 3min 停止操作			—	
合计			100	总分				

任务 5-4　污泥的最终处置与利用

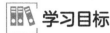 学习目标

● 知识目标

① 了解污泥最终处置与利用的途径；

② 理解污泥堆肥的方法、过程等。

● 能力目标

能够利用各种资源检索所需要的信息。

 知识储备

（1）污泥的农肥利用　我国城市污水处理厂污泥中含有的氮、磷、钾等植物性营养物质非常丰富，可作为农业肥料使用，污泥中含有的有机物亦可作为土壤改良剂。

（2）土地处理　土地处理有两种方式：改造土壤和设置污泥的专用处理场。如将污泥投放于废弃露天矿场、尾矿场、采石场、粉煤灰堆场以及戈壁滩与沙漠等地，可改造不毛之地为可耕地。污泥投放期间，应经常测定地下水和地面水，控制投放量。

（3）污泥堆肥　污泥堆肥是污泥农业利用的有效途径。堆肥方法有污泥单独堆肥、污泥与城市垃圾混合堆肥两种。污泥堆肥一般采用在好氧条件下，利用嗜温菌、嗜热菌的作用，分解污泥中有机物质并杀灭传染病菌、寄生虫卵与病毒，提高污泥肥分。堆肥可分为两个阶段，即一级堆肥阶段与二级堆肥阶段。一级堆肥可分为三个过程：发热、高温消毒及腐熟。一级堆肥阶段耗时 7～9d，在堆肥仓内完成。二级堆肥阶段是在一级堆肥完成后，停止强制通风，采用自然堆放方式，使其进一步熟化、干燥、成粒。堆肥成熟的标志是物料呈黑褐色，无臭味，手感松散，颗粒均匀，蚊蝇不繁殖，病原菌、寄生虫卵等以及植物种子均被杀灭，氮、磷、钾等肥效增加且易被作物吸收，符合国家规定的卫生评价标准。堆肥过程中产生的废液就地处理或送污水处理厂处理。

（4）制造建筑材料

① 提取活性污泥中含有的丰富的粗蛋白与球蛋白酶，配制成活性污泥树脂，与纤维填料混匀，压制成型，制造生化纤维板。

② 利用污泥或焚烧污泥灰生产污泥砖、地砖。

（5）污泥裂解　污泥经干化、干燥后，可以用煤裂解的工艺方法，将污泥裂解制成可燃

气、焦油、苯酚、丙酮、甲醇等化工原料。

（6）污泥填埋与填海造地　污泥填埋和填海造地曾经是处理污泥的方式，但随着环保要求的提高和可持续发展理念的深入人心，它们存在诸多问题和限制。

1）污泥填埋

① 占用土地资源：需要大量的土地来建设填埋场，这在土地资源日益紧张的情况下是一个显著的问题。

② 潜在的环境污染：污泥中的有害物质可能会随着时间渗滤到土壤和地下水中，造成土壤和地下水污染。例如，重金属和有机污染物可能会在地下扩散，影响周边的生态环境和居民的用水安全。

③ 长期稳定性难以保证：填埋的污泥可能会在未来发生沉降、滑坡等问题。

④ 气体排放：填埋的污泥可能会产生甲烷等气体，如果不加以收集和处理，会对大气环境造成影响。

2）污泥填海造地

① 生态破坏：严重破坏海洋生态系统，影响海洋生物的栖息地和生存环境。例如，填海可能导致海洋生物的觅食、繁殖和迁徙受到阻碍。

② 水质污染：污泥中的污染物可能会释放到海水中，导致海水水质恶化。

③ 法律限制：由于会对海洋环境造成严重影响，许多国家和地区已经禁止或严格限制这种做法。

在过去特定的历史时期和一些地区，由于技术和经济条件的限制，污泥填埋和填海造地曾被采用。但如今，更倾向于采用污泥的资源化利用和无害化处理技术，如干化焚烧、堆肥等，以实现环境友好和可持续的污泥处置。

 情境任务评价

完成任务评价表（表5-7）。

表5-7　情境5任务评价表

学生信息		考核项目及赋分										
		基本项及赋分						技能项及赋分	加分项及赋分			情境考核及赋分
学号	学生姓名	出勤（5分）	态度（8分）	任务单（20分）	作业（10分）	合作（2分）	劳动（2分）	仿真操作（20分）	拓展问题(10分)	拓展任务（10分）	组长（3分）	综合考核（10分）
1												
2												
3												
...												
评价人												

陈同斌与城市污泥无害化处理的故事

对于我国许多城市而言，城市污泥就像顽疾，没有太好的处理办法，偷倒、偷排事件时有发生。在浙江绍兴市的镜湖、袍江就曾发生过污泥偷倒事件，并引发广泛关注。

如何对城市污泥更好地进行无害化处理和资源化利用，中国科学院地理科学与资源研究所环境修复中心主任陈同斌及其团队在这方面付出了近20年时间，并联合北京中科博联环境工程有限公司共同开发出一整套智能控制工程技术和设备。

一、外来"和尚"难"念经"

2007—2008年，陈同斌牵头的调查小组对我国两岸三地144个城市的市政污水处理厂的污泥泥质进行了调查，这是我国第一次如此大范围的相关调查。

他们将调查结果与欧美国家的城市污泥泥质做比较发现，我国污泥泥质的有机质含量偏低，这和我国排水系统的设计有关，雨水和污水都混合在一起处理，雨水会带来很多地表的泥沙，污泥的有机质比率就降低了。另外，我国污泥的热值太低，70%以上的污泥不适合做焚烧处理。国外较为普遍的厌氧消化处理方法也不适合我国。由于处理难度大，一些城市将未处理的污泥随意堆放现象严重，使得污泥二次污染问题成为一种环境公害。

二、"雇佣"微生物帮忙

在陈同斌看来，随着城市化进程的加速和经济的发展，城市污泥问题会逐步演变成重大环境问题和社会热点问题。作为科研"国家队"，他们有必要做一些前瞻性研究和技术储备。

针对我国城市污泥的特点和引用国外技术"不灵"的现状，陈同斌及其团队研发了一套系统的技术方案——智能好氧发酵技术（CTB）。

这套技术的步骤，首先是根据具体的好氧发酵（堆肥）环境，将一定比例的调理剂与城市污泥混匀。再根据他们建立的四阶段堆肥发酵理论，通过好氧发酵智能监控系统（CompSoft）进行自动检测和控制，分别培养堆体的耐高温微生物，并使堆体在最短时间内达到无害化所需的温度。

这套工艺看上去极其复杂，因为能实时在线监控发酵过程中的工艺参数变化、臭气产生和排放、监控适合微生物繁殖的生存条件，还能应对停电等突发状况。但操作起来同样也极其简单，操作人员不用一直坐在屏幕前监控，按几个键后就可以等待处理了。

值得一提的是，这种处理办法可以大大减少占地面积和缩短污泥发酵时间，原本需要2～6月的堆肥时间被缩减到14～20天，从而大幅度降低投资成本和占地面积。

另外，处理完后的污泥发酵产物可以制作植物营养基质或有机肥，按照设计的专用肥配方，可以将不同比例的原料进行配料、混合、过筛、包装，甚至还可生产出价廉物美的有机—无机复合肥产品。

👥 **感悟**

一项发明从原理变为工程技术，一套技术从概念构思到产业化应用，需要走非常复杂曲折的道路，需要长期的积淀和时间的磨炼。陈同斌希望CTB工艺能为解决我国污水处理行业发展的瓶颈提供好的思路。

附录一　城镇污水处理厂污染物排放标准（GB 18918—2002）内容摘录

附表 1-1　基本控制项目最高允许排放浓度（日均值）

序号	基本控制项目		一级标准		二级标准	三级标准
			A 标准	B 标准		
1	化学需氧量（COD）/（mg/L）		50	60	100	120①
2	生化需氧量（BOD₅）/（mg/L）		10	20	30	60①
3	悬浮物（SS）/（mg/L）		10	20	30	50
4	动植物油 /（mg/L）		1	3	5	20
5	石油类 /（mg/L）		1	3	5	15
6	阴离子表面活性剂 /（mg/L）		0.5	1	2	5
7	总氮（以 N 计）/（mg/L）		15	20	—	—
8	氨氮（以 N 计）②/（mg/L）		5（8）	8（15）	25（30）	—
9	总磷（以 P 计）/（mg/L）	2005 年 12 月 31 日前建设的	1	1.5	3	5
		2006 年 1 月 1 日起建设的	0.5	1	3	5
10	色度（稀释倍数）		30	30	40	50
11	pH		6～9			
12	粪大肠菌群数 /（个 /L）		10³	10⁴	10⁴	—

①下列情况下按去除率指标执行：当进水 COD 大于 350mg/L 时，去除率应大于 60%；BOD 大于 160mg/L 时，去除率应大于 50%。

②括号外数值为水温＞12℃时的控制指标，括号内数值为水温≤12℃时的控制指标。

附表 1-2　部分一类污染物最高允许排放浓度（日均值）　　单位：mg/L

序号	项目	标准值
1	总汞	0.001
2	烷基汞	不得检出
3	总镉	0.01
4	总铬	0.1
5	六价铬	0.05
6	总砷	0.1
7	总铅	0.1

附表 1-3　选择控制项目最高允许排放浓度（日均值）　　单位：mg/L

序号	选择控制项目	标准值	序号	选择控制项目	标准值
1	总镍	0.05	10	总氰化物	0.5
2	总铍	0.002	11	硫化物	1.0
3	总银	0.1	12	甲醛	1.0
4	总铜	0.5	13	苯胺类	0.5
5	总锌	1.0	14	总硝基化合物	2.0
6	总锰	2.0	15	有机磷农药（以 P 计）	0.5
7	总硒	0.1	16	马拉硫磷	1.0
8	苯并 [a] 芘	0.00003	17	乐果	0.5
9	挥发酚	0.5	18	对硫磷	0.05

序号	选择控制项目	标准值	序号	选择控制项目	标准值
19	甲基对硫磷	0.2	32	1,4- 二氯苯	0.4
20	五氯酚	0.5	33	1,2- 二氯苯	1.0
21	三氯甲烷	0.3	34	对硝基氯苯	0.5
22	四氯化碳	0.03	35	2,4- 二硝基氯苯	0.5
23	三氯乙烯	0.3	36	苯酚	0.3
24	四氯乙烯	0.1	37	间甲酚	0.1
25	苯	0.1	38	2,4- 二氯酚	0.6
26	甲苯	0.1	39	2,4,6 – 三氯酚	0.6
27	邻 - 二甲苯	0.4	40	邻苯二甲酸二丁酯	0.1
28	对 - 二甲苯	0.4	41	邻苯二甲酸二辛酯	0.1
29	间 - 二甲苯	0.4	42	丙烯腈	2.0
30	乙苯	0.4	43	可吸附有机卤化物（AOX，以 Cl 计）	1.0
31	氯苯	0.3			

附表 1-4　污泥稳定化控制指标

稳定化方法	控制项目	控制指标
厌氧消化	有机物降解率 /%	＞ 40
好氧消化	有机物降解率 /%	＞ 40
好氧堆肥	含水率 /%	＜ 65
	有机物降解率 /%	＞ 50
	蠕虫卵死亡率 /%	＞ 95
	粪大肠菌群菌值	＞ 0.01

附表 1-5　污泥农用时污染物控制标准限值

序号	控制项目	最高允许含量（以干污泥重量计）	
		在酸性土壤上（pH ＜ 6.5）	在中性和碱性土壤上（pH ≥ 6.5）
1	总镉 / (mg/kg)	5	20
2	总汞 / (mg/kg)	5	15
3	总铅 / (mg/kg)	300	1000
4	总铬 / (mg/kg)	600	1000
5	总砷 / (mg/kg)	75	75
6	总镍 / (mg/kg)	100	200
7	总锌 / (mg/kg)	2000	3000
8	总铜 / (mg/kg)	800	1500
9	硼 / (mg/kg)	150	150
10	石油类 / (mg/kg)	3000	3000
11	苯并 [a] 芘 / (mg/kg)	3	3
12	多氯代二苯并二噁英 / 多氯代二苯并呋喃（PCDD/PCDF）/ (ng/kg)	100	100
13	可吸附有机卤化物（AOX）（以 Cl 计）/ (mg/kg)	500	500
14	多氯联苯（PCB）/ (mg/kg)	0.2	0.2

附录二 污水综合排放标准（GB 8978—1996）内容摘录

附表 2-1　第一类污染物最高允许排放浓度

序号	污染物	最高允许排放浓度	序号	污染物	最高允许排放浓度
1	总汞	0.05mg/L	8	总镍	1.0mg/L
2	烷基汞	不得检出	9	苯并 [a] 芘	0.00003mg/L
3	总镉	0.1mg/L	10	总铍	0.005mg/L
4	总铬	1.5mg/L	11	总银	0.5mg/L
5	六价铬	0.5mg/L	12	总 α 放射性	1Bq/L
6	总砷	0.5mg/L	13	总 β 放射性	10Bq/L
7	总铅	1.0mg/L			

附表 2-2　第二类污染物最高允许排放浓度

（1997 年 12 月 31 日之前建设的单位）

序号	污染物	适用范围	一级标准	二级标准	三级标准
1	pH	一切排污单位	6～9	6～9	6～9
2	色度（稀释倍数）	染料工业	50	180	—
		其他排污单位	50	80	—
3	悬浮物（SS）/（mg/L）	采矿、选矿、选煤工业	100	300	—
		脉金选矿	100	500	—
		边远地区砂金选矿	100	800	—
		城镇二级污水处理厂	20	30	—
		其他排污单位	70	200	400
4	五日生化需氧量（BOD$_5$）/（mg/L）	甘蔗制糖、苎麻脱胶、湿法纤维板工业	30	100	600
		甜菜制糖、酒精、味精、皮革、化纤浆粕工业	30	150	600
		其他排污单位	30	60	300
5	化学需氧量（COD）/（mg/L）	甜菜制糖、焦化、合成脂肪酸、湿法纤维板、染料、洗毛、有机磷农药工业	100	200	1000
		味精、酒精、医药原料药、生物制药、苎麻脱胶、皮革、化纤浆粕工业	100	300	1000
		石油化工工业（包括石油炼制）	100	150	500
		城镇二级污水处理厂	60	120	—
		其他排污单位	100	150	500
6	石油类/（mg/L）	一切排污单位	10	10	30
7	动植物油/（mg/L）	一切排污单位	20	20	100
8	挥发酚/（mg/L）	一切排污单位	0.5	0.5	2.0
9	总氰化合物/（mg/L）	电影洗片（铁氰化合物）	0.5	5.0	5.0
		其他排污单位	0.5	0.5	1.0
10	硫化物/（mg/L）	一切排污单位	1.0	1.0	2.0
11	氨氮/（mg/L）	医药原料药、染料、石油化工工业	15	50	—
		其他排污单位	15	25	—

序号	污染物	适用范围	一级标准	二级标准	三级标准
12	氟化物 /（mg/L）	黄磷工业	10	20	20
		低氟地区（水体含氟量＜0.5mg/L）	10	20	30
		其他排污单位	10	10	20
13	磷酸盐（以P计)/（mg/L）	一切排污单位	0.5	1.0	—
14	甲醛 /（mg/L）	一切排污单位	1.0	2.0	5.0
15	苯胺类 /（mg/L）	一切排污单位	1.0	2.0	5.0
16	硝基苯类 /（mg/L）	一切排污单位	2.0	3.0	5.0
17	阴离子表面活性剂（LAS)/（mg/L）	合成洗涤剂工业	5.0	15	20
		其他排污单位	5.0	10	20
18	总铜 /（mg/L）	一切排污单位	0.5	1.0	2.0
19	总锌 /（mg/L）	一切排污单位	2.0	5.0	5.0
20	总锰 /（mg/L）	合成脂肪酸工业	2.0	5.0	5.0
		其他排污单位	2.0	2.0	5.0
21	彩色显影剂 /（mg/L）	电影洗片	2.0	3.0	5.0
22	显影剂及氧化物总量	电影洗片	3.0	6.0	6.0
23	元素磷	一切排污单位	0.1	0.3	0.3
24	有机磷农药（以P计）/（mg/L）	一切排污单位	不得检出	0.5	0.5
25	粪大肠菌群数 /（个/L）	医院[①]、兽医院及医疗机构含病原体污水	500	1000	5000
		传染病、结核病医院污水	100	500	1000
26	总余氯（采用氯化消毒的医院污水）/（mg/L）	医院[①]、兽医院及医疗机构含病原体污水	＜0.5[②]	＞3(接触时间≥1h)	＞2(接触时间≥1h)
		传染病、结核病医院污水	＜0.5[②]	＞6.5(接触时间≥1.5h)	＞5(接触时间≥1.5h)

①指50个床位以上的医院。

②加氯消毒后须进行脱氯处理，达到本标准。

注：其他排污单位指在该控制项目中除所列行业以外的一切排污单位。

参考文献

[1] 胡亨魁.水污染治理技术 [M].2 版.武汉：武汉理工大学出版社，2009.

[2] 王有志.水污染控制技术 [M].北京：中国劳动社会保障出版社，2010.

[3] 高廷耀，顾国维，周琪.水污染控制工程 [M].3 版.北京：高等教育出版社，2007.

[4] 唐受印，戴友芝.水处理工程师手册 [M].北京：化学工业出版社，2000.

[5] 李海，孙瑞征，陈振选，等.城市污水处理技术及工程实例 [M].北京：化学工业出版社，2002.

[6] 缪应祺.水污染控制工程 [M].北京：化学工业出版社，2002.

[7] 崔玉川.城镇污水污泥处理构筑物设计计算 [M].北京：化学工业出版社，2013.

[8] 潘涛，李安峰，杜兵.废水污染控制技术手册 [M].北京：化学工业出版社，2013.

[9] 郭正，张宝军.水污染控制与设备运行 [M].北京：高等教育出版社，2007.

[10] 薛叙明.环境工程技术 [M].北京：化学工业出版社，2011.

[11] 徐亚同，黄民生.废水生物处理的运行管理与异常对策 [M].北京：化学工业出版社，2003.

[12] 张统.间歇活性污泥法污水处理技术及工程实例 [M].北京：化学工业出版社，2002.

[13] 李旭东，杨芸.废水处理技术及工程应用 [M].北京：机械工业出版社，2003.

[14] 纪轩.污水处理工必读 [M].北京：中国石化出版社，2004.

[15] 王宝贞，王琳.水污染治理新技术：新工艺、新概念、新理论 [M].北京：科学出版社，2004.

[16] 王金梅，薛旭明.水污染控制技术 [M].北京：化学工业出版社，2004.

[17] 彭党聪.水污染控制工程实践教程 [M].北京：化学工业出版社，2004.

[18] 谢经良，沈晓南，彭忠.污水处理设备操作维护问答 [M].北京：化学工业出版社，2006.

[19] 唐玉斌.水污染控制工程 [M].哈尔滨：哈尔滨工业大学出版社，2006.

[20] 周正立，张悦.污水生物处理应用技术及工程实例 [M].北京：化学工业出版社，2006.

[21] 张宝军.水污染控制技术 [M].北京：中国环境科学出版社，2007.

[22] 李亚峰，佟玉衡，陈立杰.实用废水处理技术 [M].2 版.北京：化学工业出版社，2007.

[23] 王继斌，宋来洲，孙颖.环保设备选择、运行与维护 [M].北京：化学工业出版社，2007.

[24] 谭万春.UASB 工艺及工程实例 [M].北京：化学工业出版社，2009.

[25] 王强，黄佳锐，谢经良.污水处理设备操作维护问答 [M].3 版.北京：化学工业出版社，2024.

[26] 张素青，王兵.水污染控制 [M].2 版.北京：中国环境出版集团，2022.

[27] 张宝军，王国平，袁永军，等.水处理工程技术 [M].重庆：重庆大学出版社，2021.

[28] 苏伊士水务工程有限责任公司.得利满水处理手册 [M].北京：化学工业出版社，2021.

[29] 相会强，苏少林.环保设备 [M].北京：中国环境出版集团，2020.

[30] 李敏.水污染控制技术 [M].北京：冶金工业出版社，2019.

[31] 刘晓玲，宋永会.市政污泥资源化新技术 [M].北京：科学出版社，2019.

[32] 李东光.絮凝剂配方与制备 [M].北京：化学工业出版社，2019.

[33] 杭世珺，张大群，宋桂杰.净水厂、污水厂工艺与设备手册 [M].2 版.北京：化学工业出版社，2019.

[34] 冯霄.水污染防治与处理技术研究 [M].西安：西安交通大学出版社，2018.

[35] 叶林顺.水污染控制工程 [M].广州：暨南大学出版社，2018.

[36] 李一平.水污染防治 [M].北京：中国水利水电出版社，2018.

[37] 孟卿君，刘汉斌，李志健，等.水处理剂：配方工艺及设备 [M].北京：化学工业出版社，2018.

[38] 刘振江，崔玉川 . 城市污水厂处理设施设计计算 [M].3 版 . 北京：化学工业出版社，2018.

[39] 郑梅 . 污水处理工程工艺设计从入门到精通 [M]. 北京：化学工业出版社，2018.

[40] 白润英 . 水处理新技术、新工艺与设备 [M].2 版 . 北京：化学工业出版社，2017.

[41] C·P·莱斯利·格雷迪，格伦·T·戴杰，南希·G·洛夫，等 . 废水生物处理：第 3 版 [M]. 张锡辉，刘勇弟，
    吴光学，译 . 北京：中国建筑工业出版社，2017.

[42] 张晶，王秀花，王向举 . 环境工程设计案例图集 [M]. 北京：化学工业出版社，2017.

[43] 曲久辉，任南琪，冯玉杰，等 . 水处理科学与技术：典藏版 [M]. 北京：科学出版社，2017.

[44] 张大群 . 污水处理机械设备设计与应用 [M].3 版 . 北京：化学工业出版社，2017.

[45] 宁平 . 环境工程 [M]. 北京：科学出版社，2016.

[46] 尹士君，李亚峰 . 水处理构筑物设计与计算 [M].3 版 . 北京：化学工业出版社，2015.

[47] 郑兴灿 . 城镇污水处理厂一级 A 稳定达标技术 [M]. 北京：中国建筑工业出版社，2015.

[48] 刘景明 . 水处理工 [M]. 北京：化学工业出版社，2014.

[49] 黄天寅，袁煦 . 水处理构筑物构造 [M]. 北京：中国建筑工业出版社，2014.